재료의 변형 거동 및 강화기구
Deformation Behavior and Strengthening Mechanisms of Materials

목 차

1장. 재료의 탄성 거동 ··· 3
   1-1   서론 ··· 5
   1-2   재료의 응력과 변형률과의 관계 ··· 7
   1-3   응력과 변형률의 정의 ··· 12
   1-4   응력 텐서의 표현 ··· 29
   1-5   2차원에서 응력의 변환 ··· 39
   1-6   3차원에서 응력의 변환 ··· 48
   1-7   변형률의 기본 ··· 63
   1-8   탄성영역에서의 응력-변형률 관계 ··· 76
   1-9   탄성변형에너지 ··· 82

2장. 전위론 ·· 93
   2-1 서론 ··· 95
   2-2 재료의 격자 결함 ··· 96
   2-3 전위 이동에 의한 슬립 ··· 113
   2-4 조그, 킹크와 전위교차 ··· 122
   2-5 전위이동 및 전위증식에 의한 소성변형 ································· 129
   2-6 응력-변형 거동에 미치는 결정방위와 계면의 영향 ··············· 143
   2-7 슬립 이외 변형 모드 ··· 152
   2-8 전위의 탄성 특성-전위의 분리 ··· 162
   2-9 Peach-Koehler 식 ··· 184
   2-10 일반 결정 구조에서 전위 ··· 189

3장. 강화기구 ·· 203
3-1 서론 ·· 205
3-2 장애물 기반 강화 : 결정 재료의 강화기구 소개 ·· 206
3-3 가공경화 ·· 213
3-4 결정립 크기 경화소개 ·· 218
3-5 고용체 강화 ·· 223
3-6 상부 항복점과 변형 시효 ·· 232
3-7 석출 경화 ·· 237
3-8 변형 구배 강화 ·· 245

4장. 고체의 소성 변형 ·· 261
4-1 서론 ·· 263
4-2 고체의 소성 변형 거동 ·· 265

Appendix 1. 강화 기구 ·· 289
A1-1 단위와 차원 ·· 291
A1-2 단위의 접두어 ·· 294

Appendix 2. 벡터와 행렬 ·· 296
A2-1 벡터 ·· 296
A2-2 행렬 ·· 309

서 문

현대 사회는 다양한 첨단 기술과 산업의 발전으로 인해 고성능 재료의 수요가 빠르게 증가하고 있다. 이러한 재료들은 항공우주, 자동차, 에너지, 전자 기기와 같은 첨단 산업에서 핵심적인 역할을 하고 있다. 따라서 재료의 변형과 강화 메커니즘을 이해하고 이를 활용하는 것은 금속공학, 재료공학, 신소재공학 및 기계공학을 전공하는 학부생, 대학원생, 그리고 관련 분야에 종사하고 있는 연구자들에게 매우 중요한 과제이다. 이 책은 재료의 변형과 강화 메커니즘에 대한 이론적 기초부터 실질적 응용까지 폭넓게 다루며, 독자들에게 재료공학의 핵심 개념을 체계적으로 제공하고자 한다. 첫 장에서는 재료 내부에서 발생하는 다양한 결함들, 예를 들어 점결함, 선결함, 면결함 및 체적결함의 종류와 특성을 살펴보고, 이러한 결함들이 재료의 물리적, 기계적 성질에 어떻게 영향을 미치는지 설명한다. 이를 통해 독자들은 재료의 미세구조와 거시적 성질 간의 상호작용을 명확히 이해할 수 있다. 특히, 이 책은 저자가 지난 30년 이상 다양한 구조재료의 합금을 설계하고 최적의 공정을 개발하는 연구를 수행하면서 얻은 경험과 통찰을 기반으로 작성되었다. 재료의 변형 및 강화 메커니즘에 대한 이론뿐만 아니라, 연구 현장에서 중요하다고 판단된 내용을 체계적으로 정리하고, 실제 응용에도 적용이 가능한 내용을 포함시켰다. 독자들은 이 책을 통해 단순한 이론적 학습을 넘어, 실제 연구 및 산업 현장에서 활용할 수 있는 실질적이고 응용 가능한 지식을 얻을 수 있을 것이다. 이와 더불어, 전위론에 관한 설명은 기존의 교재들이 영문 교재를 단순히 번역하는 데 치중하며 놓쳤던 다양하고 중요한 내용을 포함하고 있다. 이 책은 전위의 생성, 이동, 상호작용, 그리고 이를 통한 소성 변형 메커니즘을 구체적이고 종합적으로 다루며, 현대 재료공학의 실제적 문제들을 해결하는 데 도움을 줄 수 있는 풍부한 자료를 제공한다. 기존 교재들과 차별화된 이 점은 독자들이 전위론과 그 응용에 대해 깊이 있는 이해를 얻는 데 큰 도움이 될 것이다.

재료의 강도를 증가시키기 위한 다양한 강화 기구들도 이 책의 주요한 특징이다. 고용체 경화, 석출 경화, 가공 경화, 결정립 크기 경화 등 각각의 메커니즘을 상세히 설명하며, 이를 통해 재료의 설계와 성능 최적화를 위한 이론적 기반을 제공한다. 특히, 신소재를 설계하고 개발하는 데 필요한 현대적 강화 전략과 설계 방법론을 다루어, 첨단 합금, 복합재료, 나노소재 설계에 실질적인 도움을 줄 것으로 기대된다. 또한, 이 책의 그림을 작성하는 데 큰 도움을 준 국립순천대학교 MMCL(Micromechanics and Microstructure Control Laboratory)의 구성원들에게 깊은 감사를 전한다. 이들의 헌신적인 노력과 협력 덕분에 책의 시각 자료가 보다 명확하고 풍부하게 완성될 수 있었다. 이 자리를 빌려 다시 한 번 진심으로 감사의 말씀을 드린다. 아울러, 이 책의 후속작으로 **2권**이 준비되고 있음을 알려드린다. 2권에서는 **파괴, 피로, 크립** 등 재료의 기계적 거동과 관련된 내용을 심도 있게 다룰 예정이다. 이를 통해 재료공학 및 신소재 설계와 관련된 연구와 실무에 더욱 포괄적이고 실질적인 도움을 제공하고자 한다. 독자 여러분이 이 책을 통해 재료의 변형 및 강화 메커니즘에 대한 깊이 있는 이해를 얻고, 이를 기반으로 재료 설계 및 응용 연구에서 창의적이고 혁신적인 성과를 이루기를 바란다. 이 책은 단순히 학문적 지식을 전달하는 데 그치지 않고, 독자들이 미래 기술의 발전에 기여할 수 있는 통찰력과 실질적 도구를 제공하는 것을 목표로 하고 있다. 여러분의 학문적 여정과 연구 활동에 이 책이 든든한 동반자가 되기를 기대한다.

저자 **최 시 훈**

재료의 변형 거동 및 강화기구

Deformation Behavior and Strengthening
Mechanisms of Materials

최 시 훈 · 지음

에듀컨텐츠·휴피아
CH Educontents Huepia

1장.
재료의 탄성 거동

1-1. 서론

1-2. 재료의 응력과 변형률과의 관계

1-3. 응력과 변형률의 정의

1-4. 응력 텐서의 표현

1-5. 2차원에서 응력의 변환

1-6. 3차원에서 응력의 변환

1-7. 변형률의 기본

1-8. 탄성영역에서의 응력-변형률 관계

1-9. 탄성변형에너지

에듀컨텐츠·휴피아
CH Educontents·Huepia

1-1. 서론

 이 장에서는 고체 재료의 응력(stress)과 변형률(strain)을 수학적으로 정의하고, 이를 연결하는 기본적인 관계식을 학습한다. 특히, 훅의 법칙(Hooke's law)을 적용하여 탄성 영역에서의 응력-변형률 관계를 설명하며, 이를 통해 재료 내부에서 발생하는 변형과 응력장을 이해하는 것이 목표이다. 응력과 변형률의 개념은 전위(dislocation) 주변에서 발생하는 탄성 변형장(strain field) 및 응력장(stress field)을 해석하는 데 필수적이며, 이는 금속의 소성(plasticity) 변형과 관련된 금속가공(metal forming) 공정 및 현상학적 항복함수(phenomenological yield function)를 이해하는 데 중요한 기초 개념이 된다. 따라서, 이러한 기본적인 개념을 충분히 이해하는 것이 중요하며, 관련 지식이 부족한 학생들은 집중적으로 학습할 것을 권장한다. 변형된 고체의 상태를 기술하는 수학적 식들은, 해당 물질이 탄성적으로 변형되든 소성적으로 변형되든 연속체(continuous body)의 거동을 기술하는 기본 원리에 기반한다. 이러한 물리적 현상을 설명하는 학문이 연속체 역학(continuum mechanics)이며, 응력과 변형률을 연결하는 방정식들은 재료의 탄성 거동을 나타내는 기본 방정식으로 간주된다.

 이 장에서는 고체 재료가 탄성 변형을 할 때 나타나는 응력-변형률 관계를 보다 구체적으로 설명하고, 이를 통해 탄성 재료의 역학적 거동을 정량적으로 기술할 수 있는 기초 개념을 확립하는 것을 목표로 한다. 이를 위해 1차원 및 다축 응력 상태에서 응력-변형률 관계를 유도하고, 2차원 및 3차원 응력 텐서(tensor)의 개념을 설명하며, 응력 변환과 탄성 변형에너지를 해석하는 과정을 학습할 것이다. 또한, 실험적 관점에서 응력-변형률 관계를 측정하는 다양한 기계적 시험법(예: 인장, 압축, 전단 시험 등)을 소개하며, 이러한 시험을 통해 측정된 데이터를 활용하여 재료의 물성을 평가하는 방법도 함께 다룰 것이다. 따라서, 이 장에서 배운 개념들은 향후 고급 재료 역학, 소성 변형 및 항복 조건, 손상 및 파괴 역학을 학습하는 데 필수적인 기초 지식이 되므로, 개념과 수식 유도를 깊이 이해하는 것이 중요하다.

1-2. 재료의 응력과 변형률과의 관계

재료의 기계적 성질(mechanical property)을 측정하기 위한 방법은 측정 목적과 시편의 형상에 따라 매우 다양한 방법이 가능하다[1]. 측정하고자 하는 시편이 원통형의 경우에는 그림 1-1(a)와 그림 1-1(b)에 나타낸 봉상 시편을 사용하여 일축으로 인장을 가하는 인장(tension) 시험 및 일축으로 압축을 가하는 압축(compression) 시험이 있다. 시편을 직접 고정할 수 없는 경우에는 표면에 단단한 물질로 직접 눌러서 측정하는 인덴테이션 경도(indentation hardness) 시험이 있다. 시편의 한쪽 부분을 고정하고 다른 쪽 부분 끝에 힘을 수직으로 가하여 구부리는 칸티레버 밴딩(cantilever bending) 시험이 있다. 시편의 양 끝단을 고정된 물체에 고정하고 시편의 중앙을 시편의 면에 수직한 방향으로 다이를 이용하여 힘을 가하여 시편을 구부리는 3점 밴딩(three-point bending) 시험과 중앙 부분에 2점에 힘을 가하여 시편을 구부리는 4점 밴딩(four-point bending) 시험이 있다. 시편의 형상의 변화가 발생되지 않은 상태로 큰 변형을 부여하는 것이 가능한 비틀림(torsion) 시험이 있다.

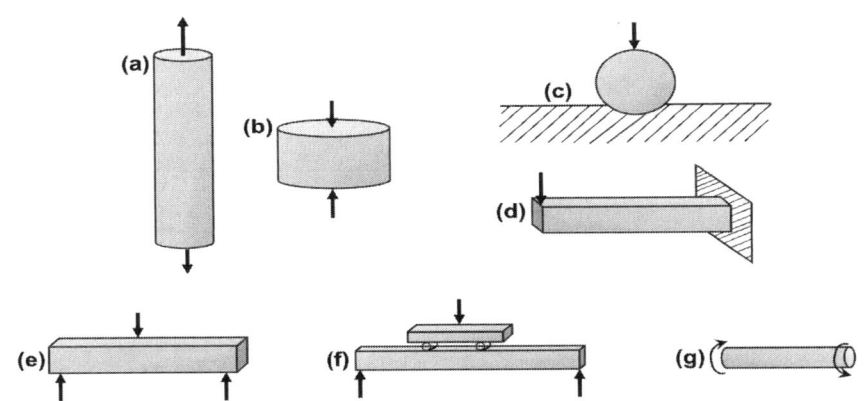

그림 1-1. 시편의 형상 및 하중 부여 방법에 따른 재료의 기계적 시험법: (a) 인장 (b) 압축, (c) 인덴테이션 경도, (d) 칸티레버 밴딩, (e) 3점 밴딩, (f) 4점 밴딩, (g) 비틀림

재료의 시험법은 시험에 사용하는 시편의 형상에 따라서도 분류하는 것이 가능하다. 그림 1-2(a)에서 보여주고 있듯이 시편이 원형이던지 아니면 직육면체의 각형이던지 시편의 표면이 매끄러운 상태의 경우가 재료의 기계적 시험법에서 가장 일반적으로 사용하는 시편의 형상이다. 시편의 중앙부에 변형을 집중시켜서 재료의 변형 및 파괴 거동을 분석하는 경우에는 그림 1-2(b)와 같이 시편 중앙부에 노치(notch)를 만들어서 기계적 시험을 수행하는 경우도 있다. 또한 그림 1-2(c)와 같이 노치보다 더 작은 곡률반경을 가진 노치와 노치 끝단에 예비 균열(precrack)을 미리 만들어 변형 및 파괴 거동을 분석하는 경우도 있다.

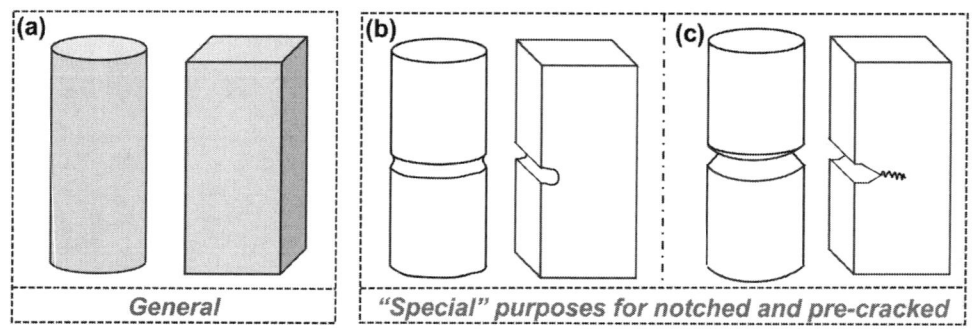

그림 1-2. 일반 및 특수 시편 형상: (a) 일반 시편, (b) 노치가 있는 특수 시편, (c) 초기 균열이 포함된 특수 시편

그림 1-3은 봉상 시편을 일축 인장 시험하는 경우에 일반적으로 사용하는 인장 시험 시편의 형상을 보여준다. 크로스헤드(cross-head)와 연결된 그립(grip)에 의해 이동되는 부분과 로드셀(load cell) 연결된 그립을 물리적으로 고정시킨 후 어느 한 부분에 해당하는 그립을 이동하게 된다. 이때 그립에 고정되는 시편의 영역은 일정한 직경을 가진다. 시편의 중앙부분을 기준으로 일정 길이에 해당하는 부분은 직경을 감소시켜 인장 시험 동안 변형이 발생하여 초기 직경의 감소가 발생하도록 유도하게 해야 한다. 중앙 부위의 일정 길이는 일정한 직경을 가지도록 하여 연신계(extensometer)를 시편에 기계적

으로 접촉시켜 인장하는 동안 변위를 정량적으로 측정할 수 있도록 한다. 이렇게 연신계가 시편에 고정되는 영역을 게이지 길이(gauge length)라고 명명한다. 이런 형태의 인장시편은 각 국가별 표준(standard) 시편의 형상을 규격화한 후 사용하고 있다. 유럽 지역에서는 EN 규격, 독일 지역에서는 DIN 규격, 미국 지역에서는 ASTM 규격, 일본 지역은 JIS 규격, 한국 지역에서는 KS 규격을 사용하고 있다. 재료가 판상의 경우에는 직사각형의 단면을 가진다. 이는 일반적으로 압연(rolling) 공정에 의해 제조되는 구조재료의 경우에는 단면이 직사각형이기 때문에 대부분 이런 형상의 시편을 이용하여 기계적 성질을 측정한다.

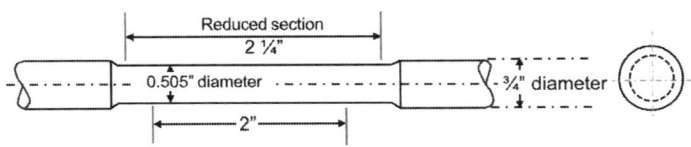

그림 1-3. 축소 단면을 가진 인장 시험 시편의 설계 도면: 직경 0.505인치와 2 1/4인치 길이의 축소 구간 포함

그림 1-4는 인장 시편을 이용하여 일축 인장 시험을 수행하기 위해 사용되는 일반적인 일축 인장 장비를 도식적으로 나타낸 것이다. 인장 장비의 형태는 제조사에 따라 각각 다르기 때문에 여기서 보여주는 것은 개념적으로 이해하기 위한 목적으로 사용되어야 한다. 일반적인 인장 시험기의 크로스헤드를 이동하는 방식은 그림 1-4와 같이 스크류(screw) 방식으로 하는 방식과 유압(hydraulics) 방식으로 하는 방식이 가장 일반적이다. 크로스헤드가 이동하는 동안 로드셀에서 연결된 시편에 작용하는 하중을 측정하게 된다. 측정된 하중에 시편의 초기 단면적(Ao)을 나눠 가장 일반적으로 사용하고 있는 응력 값을 산출하게 된다. 인장 시험 동안 시편에 발생하는 변위는 시편에 장착되어 있는 연신계로부터 얻어진 전기적 신호를 디지털 값으로 변환하여 측정하게 된다. 이렇게 측정된 변위는 시편에 발생하는 변형률 값을 계산하는데 활용하게 된다. 이와 관련된 자세한 내용은 뒤에서 좀 더 다룰 예정이다.

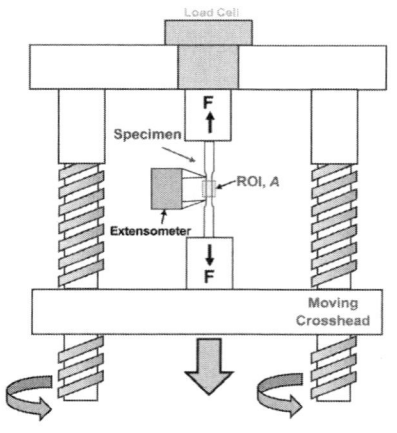

그림 1-4. 일축 인장 시험 장비의 모식도

만일 연한(ductile) 금속을 이용하여 그림 1-3의 형상을 가진 인장시편을 가공하고 그림 1-4에서 설명한 가상의 인장 시험기를 이용하여 인장 시험을 수행한다고 생각해 보자. 인장 시편의 초기 단면적으로 A_1을 가진 시편을 이용하여 인장 시험을 수행한 후 얻은 결과를 그림 1-5에 변위와 하중의 곡선으로 나타내었다. 만일 인장 시험 시 시편의 초기 단면적을 A_2로 증가시키는 경우에 시편을 변형시키기 위해서 필요한 하중은 증가하고 있음을 알 수 있다. 한편, 동일한 하중에서 단면적이 큰 시편의 경우가 단면적이 작은 시편에 비해 상대적으로 변위가 낮은 값을 가짐을 알 수 있다.

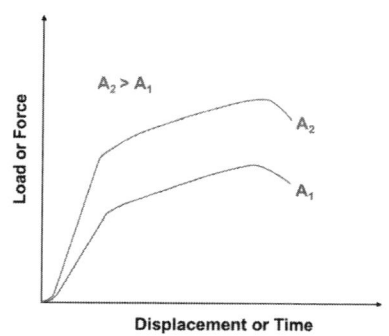

그림 1-5. 연성 금속의 일축 인장 동안 초기 단면적이 다른 시편에서 발생하는 변위와 하중의 변화 거동의 비교

연한 금속에 경우 대부분 이런 기계적 거동을 보인다. 즉, 탄성변형(elastic deformation)의 영역에서는 선형적으로 하중이 증가하다가 임의의 하중 이상에서는 소성변형(plastic deformation)이 발생하고 비선형적으로 하중이 증가하기 시작한다. 시편의 변위가 증가함에 따라 최대값의 하중을 지나게 되고 그 후에 하중이 감소하고 시편에 파괴가 발생하면 하중이 줄어들며 결국 소멸한다. 재료의 파괴 거동(fracture behavior)과 관련된 좀 더 자세한 내용은 후속 교재에서 자세히 다룰 예정이다. 그러나 이 장에서는 학생들은 인장 시험기를 이용한 일축 인장 곡선을 얻는 기본적인 원리와 일축 인장 시 재료의 변위와 하중의 변화 거동에 관심을 가질 필요가 있다.

재료의 응력과 변형률을 자세히 공부하기 이전에 우선 탄성변형의 부분을 고찰해 보자. 그림 1-6에서 보여주듯이 탄성변형 영역에서는 하중이 변위가 증가함에 따라 선형적으로 증가하고 있음을 알 수 있다[2]. 탄성변형 영역에서는 특정 하중, F가 작용하게 되면 초기 단면적이 Ao을 가진 시편의 길이는 그림 1-6(a)에서와 같이 초기 게이지 길이인 Lo로부터 Lo+δL로 증가하게 된다. 만일 하중, F와 시편의 초기 단면적을 Ao로 일정하게 유지시킨 상태에서 그림 1-6(b)에서와 같이 게이지 길이를 두배로 증가시키게 되면 (즉, L_1=2Lo) 전체적으로 시편이 연신된 길이가 2δL가 되어 결과적으로 게이지 길이가 Lo인 시편에 비해 연신된 길이가 두배가 된다. 또한, 하중 F와 초기 게이지 길이를 Lo로 고정시키고 초기 단면적을 두배로 증가시키면 (즉, A_1=2Ao) 시편이 연신된 길이가 δL/2로 초기 단면적이 Ao를 가진 시편에 비해 절반으로 줄어들게 된다.

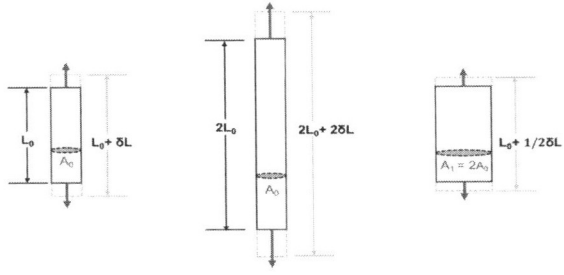

그림 1-6. 일축 인장 동안 탄성영역에서 변위에 미치는 초기 게이지 길이와 초기 단면적의 영향

1-3. 응력과 변형률의 정의

1-1절에서 일축 인장 동안 시편에 변위가 작용하게 되면 하중이 작용하게 됨을 알 수 있었다. 시편에 작용하는 하중을 시편의 초기 단면적으로 나눠주면 응력 값을 계산할 수 있다. 일반적으로 공학적인 관점에서 응력을 계산하는 방법은 초기 단면적을 기준으로 하는 것을 선호하고 있다. 즉, 일축 인장 시 시편에 작용하는 하중을 초기 시편의 단면적으로 나눈 값을 재료의 공칭응력(engineering stress)이라고 정의하고 아래 식으로 표현된다.

$$\sigma_E = S = \frac{F}{A_o} = \frac{applied\ load}{original\ cross-sectional\ area} \qquad (1\text{-}1)$$

일축 인장 시 재료의 기계적 거동의 변화를 비교하기 위해서 단순히 하중을 사용하기 보다는 단위 면적당 하중으로 정의되는 응력을 사용하는 것이 매우 통상적인 방법이다. 재료에 작용하는 응력은 일반적으로 $Pa(=N/m^2)$를 사용하며 1 MPa은 1×10^6 Pa에 해당한다. 위에서 정의한 공칭응력은 물체에 작용하는 평균 응력(average stress)에 해당하며, 공칭응력은 Nominal stress라고도 한다.

압력과 응력의 크기를 재료별 그리고 우리 주변 기기나 물체에 작용하고 있는 크기의 순서별로 그림 1-7에 그려 놓았다. 행성 내부의 압력과 스퍼터링(sputtering) 압력, SEM 챔버(chamber) 내부의 압력의 크기의 수준을 서로 비교할 수 있다. 그리고 이 그림으로부터 연한 금속, 합금(alloy)과 다이아몬드의 항복강도(yield stress)와 고분자, 금속, 세라믹 그리고 다이아몬드의 탄성계수(elastic modulus)의 크기의 수준도 서로 비교하는 것이 가능하다. 고분자의 경우에는 탄성계수가 매우 낮은 값을 가지고 있음을 알 수 있다. 한편, 세라믹의 경우 상대적으로 높은 탄성계수를 가짐을 알 수 있다. 이런 거동은 재료과학과 관련된 교재에서 고분자와 세라믹의 구조와 밀접한 관련이 있음을 확인할 수 있으니 참조하길 권한다. 금속의 탄성계수는 고분자와 세라믹의 중간 값을 가진다. 금속의 탄성계수는 금속의 종류에 따라 매우 다른 값을 가지는 특징이 있다. 보다 자세한 내용은 뒷 부분에서 다룰 예정이다. 합금의 항복강도는 합금원소 뿐만 아니라 제조 공정(manufacturing process)과 매우 밀접한 관련이 있기 때문에 쉽게 규정하기 어렵다.

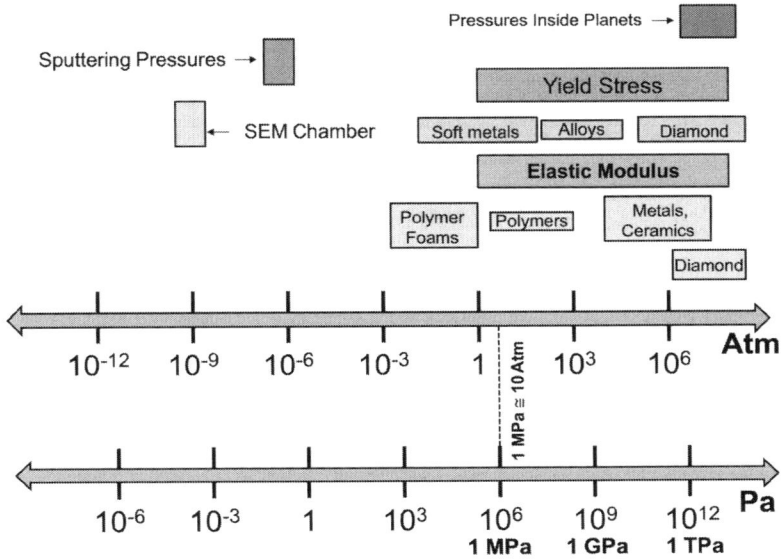

그림 1-7. 재료별 그리고 우리 주변 기기나 물체에 작용하고 있는 압력과 응력의 크기 순서

공칭변형률(engineering strain)은 게이지 길이의 변화 초기 게이지 길이로 나눈 값으로 아래 식과 같이 정의할 수 있다.

$$\varepsilon_E = e = \frac{change\ in\ length}{initial\ length} = \frac{L_i - L_0}{L_0} = \frac{\Delta L}{L_0} = \lambda - 1 \quad (1\text{-}2)$$

일부 교재나 논문에서 변형률을 분율(fraction) 또는 퍼센테이지(percentage)로도 표현하기도 한다. 재료와 관련된 공학문제를 해결하기 위한 목적인 경우에 이렇게 두개의 형식으로 표현되는 변형률은 매우 주의를 기울여야 사용해야 한다. 2% 변형률의 경우에는 $\varepsilon_E=0.02$에 해당하며, 10% 변형률의 경우에는 $\varepsilon_E=0.1$에 해당하며, 100% 변형률의 경우에는 $\varepsilon_E=1.00$에 해당한다. λ항은 L/L_o으로 정의되는 연신비(extension ratio) (또는 스트레치비(stretch ratio))로 불린다. 이 항은 고무 소재와 같이 대변형이 발생하는 소재의 경우 종종 사용된다. 위에서 정의한 공칭변형률은 물체에 작용하는 평균 선형변형률(average linear strain)을 의미한다.

이제 일축 인장 시 공칭응력-공칭변형률 곡선은 어떤 형태로 얻어지는지 고찰해 보자. 그림 1-8은 연성을 가진 금속 소재를 일축 인장으로 변형을 가하는 경우 시편에 작용되는 공칭응력-공칭변형률 곡선을 보여주고 있다.

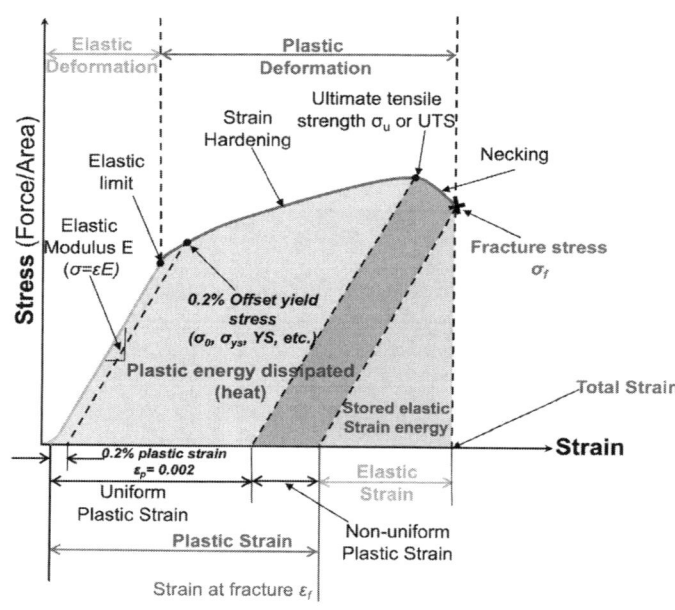

그림 1-8. 일축인장 시 연속 금속에 대한 공칭응력-공칭변형률 관계

일반적인 금속재료의 경우 일축인장 시 탄성변형 구간에서 탄성한계(elastic limit)까지는 공칭응력과 공칭변형률이 서로 선형적인 관계를 유지한다. 탄성한계를 지나면 재료는 소성변형 구간에 들어가게 된다. 탄성한계와 최대인장강도(ultimate tensile strength, UTS) 사이는 균일소성변형(uniform plastic strain)이 시편에 작용하게 된다. UTS가 발생한 이후의 변형률에서는 시편에

불균일(inhomogeneous)한 변형이 발생하는데 이 현상은 마치 사람 목(neck)의 형상과 유사하다고 하여 네킹(necking)이라고도 한다. 네킹이 발생하면 거시적인 응력은 감소하는 것으로 나타나고 궁극에 가서는 파괴가 발생한다. 파괴가 발생하는 상황에서 시편에 작용하는 응력을 파괴응력(fracture stress)으로 정의하고, 파괴가 발생된 후 시편의 길이에 해당하는 변형률을 파괴변형률(fracture strain)로 정의한다. 인장 도중에 시편에 작용하는 하중을 제거하게 되면 시편은 탄성적으로 회복하게 되어 전체 시편의 길이는 줄어들고 공칭응력-공칭변형률 곡선에서 하늘색 영역에 해당하는 저장된 탄성변형에너지(stored elastic strain energy)를 방출하게 된다. 소성변형에 의해 시편에 축적된 소성에너지는 일부 재료 내부에 축적에너지(stored energy)로 남고 대부분 열로 방출된다. 탄성적으로 회복된 상태를 이용하여 회복된 탄성변형률(elastic strain)을 계산할 수 있고, 소성변형률(plastic strain)은 총변형률(total strain)에서 탄성변형률(elastic strain)을 뺀 값이다.

$$Total\ Strain\ (\varepsilon^T) = Elastic\ Strain\ (\varepsilon^E) + Plastic\ Strain\ (\varepsilon^P) \quad (1\text{-}3)$$

그림 1-9와 같이 일반적으로 일축 인장 시 시편의 인장 방향으로는 연신이 발생하고 시편의 측면 방향으로는 수축이 발생한다. 즉, 변형중에 초기 시편 형상의 변화가 발생하게 된다. 이러한 시편 형상의 변화를 고려하여 새로운 개념의 응력과 변형률을 정의할 필요가 발생한다. 진응력(true stress)은 하중을 하중이 작용하고 있는 순간의 시편 단면적으로 나눈 값으로 아래의 식과 같이 정의된다.

$$\sigma_T = load/instantaneous\ area\ = F/A_i \quad (1\text{-}4)$$

또한 진변형률(true strain)은 시편 길이의 변화를 하중이 작용하고 있는 순간의 길이로 나눈 값으로 아래의 식과 같이 정의된다.

$$\varepsilon_T = change\ in\ length/instantaneous\ length\ = \Delta L/L_i \qquad (1\text{-}5)$$

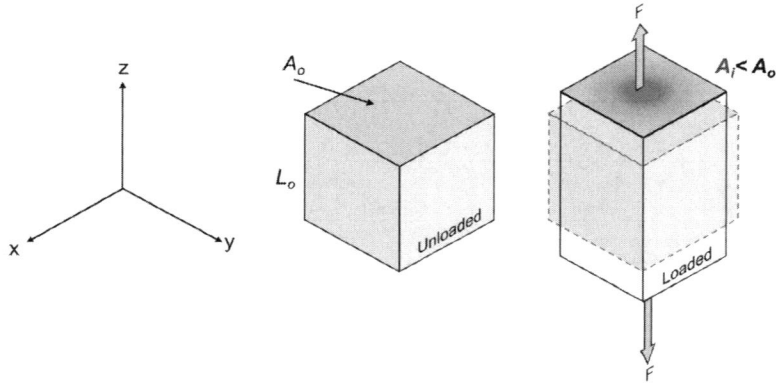

그림 1-9. 일축인장 시 시편 형상의 변화

아래의 식과 같이 진응력과 진변형률은 공칭응력과 공칭변형률과의 관계를 이용하여 비교적 쉽게 설명할 수 있다.

$$\sigma_T = load/instantaneous\ area\ = F/A_i = \sigma_E(\varepsilon_E + 1)$$
$$\varepsilon_T = \int_{L_o}^{L_f} \frac{dL}{L} = ln\left(\frac{L_f}{L_o}\right) = ln(\varepsilon_E + 1) \qquad (1\text{-}6)$$

그림 1-10은 연성을 가진 금속을 일축 인장하는 경우에 얻어지는 진응력-진변형률 곡선을 보여주고 있다. 인장하고 있는 금속의 해당 공칭응력-공칭변형률 곡선과 비교해 보면 진응력-진변형률 곡선은 위로 그리고 왼쪽으로 이동하고 있음을 알 수 있다. 한편, 진응력-진변형률 곡선은 UTS 이상의 응력에서도 유동곡선(flow curve)이 감소하지 않고 있음을 확인할 수 있다.

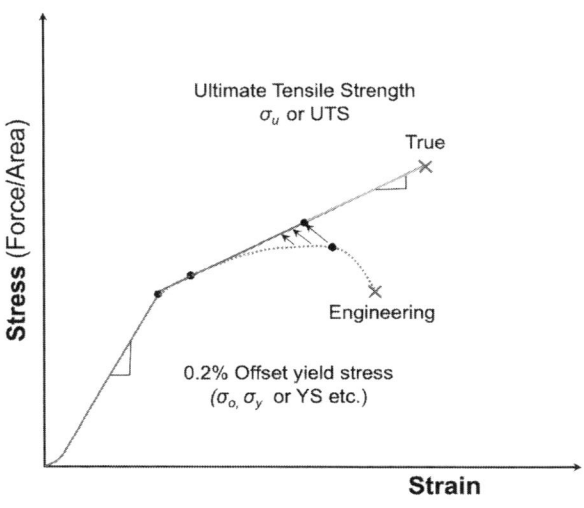

그림 1-10. 일축인장 시 진응력-진변형률 관계

그림 1-11은 압축 시편을 이용하여 일축 압축 시험을 수행하기 위해 사용되는 일축 압축 장비의 모식도를 보여준다. 하중을 가하는 방식은 그림 1-4에서 설명했던 일축 인장 시험과 동일하며, 변형률은 시편의 단면적 혹은 높이의 변화를 이용하여 측정한다. 일축 압축 시험에서 주의를 가져야 할 사항은 하중을 가하는 판(plate)들과 시편 사이에 마찰을 최소화해야 한다. 이런 목적으로 윤활유 또는 graphite 호일(foil)을 사용한다. 만일 두 물체 사이에 마찰이 크게 작용하게 되면 그림 1-12에서 보여주고 있는 것처럼 시편의 중앙부에서 직경이 커지는 배럴링(barreling) 현상이 발생하여 일정한 변형률을 시편에 부여하는 것이 어렵게 된다. 시편의 직경과 시편의 높이를 일반적으로 1:1.5의 비율에 가깝게 유지하여 실험을 수행하는 것이 일반적인 방법이다. 가장 많이 사용하고 있는 표준 시편의 직경은 10mm이며, 장비의 최대 하중을 고려하여 상황에 따라 직경과 높이의 비율을 고정하고 시편의 크기를 작게 하여 실험을 수행하는 경우가 많다.

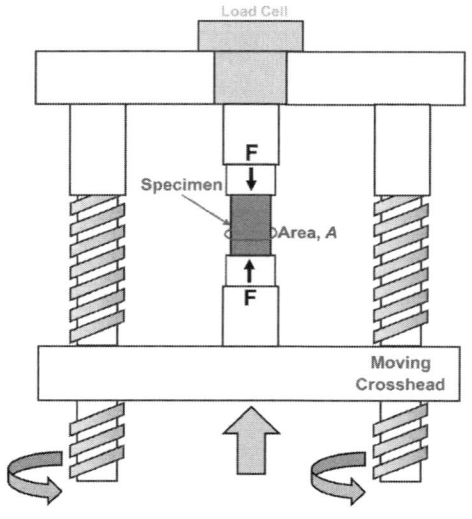

그림 1-11. 일축 압축 시험 장비의 모식도

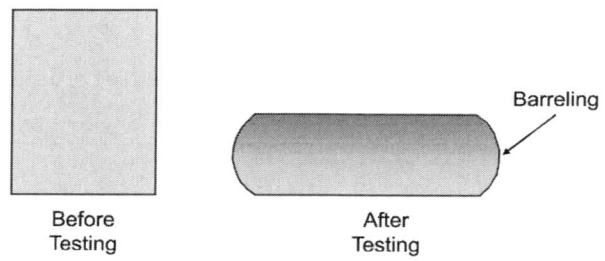

그림 1-12. 일축 압축 시 발생하는 배럴링(barreling) 현상

일축 압축의 경우에는 소성변형의 불안정성(instability)은 이런 배럴링 현상으로 나타난다. 다시 말하면 배럴링은 일축 인장 시 발생하는 네킹과 유사한 압축 상태에서 발생하는 소재의 특징으로 간주할 수 있다[3]. 일축 압축 시 공칭응력-공칭변형률과 위치를 비교하면 그림 1-13에서 보여주듯이 아래로 그리고 오른쪽으로 이동하는 것을 확인할 수 있다.

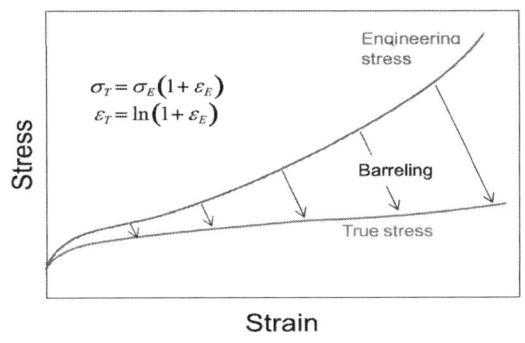

그림 1-13. 일축 압축 시 진응력-진변형률 관계

그림 1-14(a)는 초기 높이 대 직경의 비가 Ho/Do인 원통형 시편에 대한 일축 압축 이전 형상을 보여주는 모식도에 해당한다. 시편과 바닥에 있는 고정된 판과의 계면에 마찰이 존재하여 그림 1-14(b)에서와 같이 배럴링 현상이 발생하여 시편 내부에 매우 불균일한 소성변형이 발생하게 된다. 영역 1(zone 1)은 고정된 판과의 마찰에 의한 상호작용으로 금속의 유동이 적은 영역에 해당하며 일명 데드메탈존(dead metal zone)이라고도 한다. 영역 2(zone 2)는 소성변형이 발생하는 영역에 해당하며, 영역 3(zone 3)은 주로 반경 방향으로 움직이는 환형 영역에 해당한다[4].

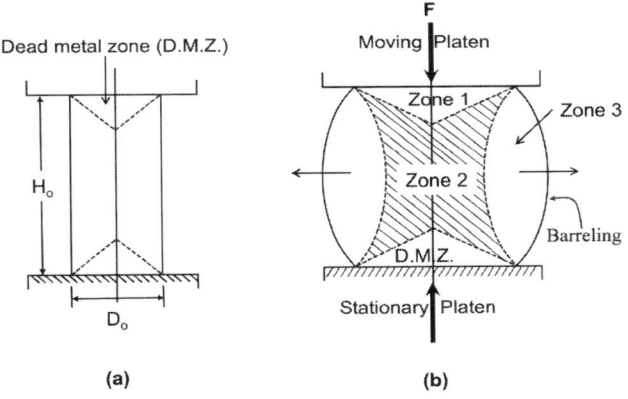

그림 1-14. (a) 초기 높이 대 직경의 비가 Ho/Do인 원통형 시편에 대한 일축 압축 이전 형상을 보여주는 모식도, (b) 시편과 판의 계면에 마찰이 존재하여 배럴링 현상이 발생한 시편을 보여주는 모식도

그림 1-15는 일축 인장 및 압축 시 진응력-진변형률 관계와 공칭응력-공칭변형률관계와의 위치에 대한 상대적인 비교를 도식적으로 나타낸 것이다. 이 그림으로부터 진응력-진변형률 곡선은 재료의 하중 방향에 따라 덜 민감하게 변화하는 것을 알 수 있다.

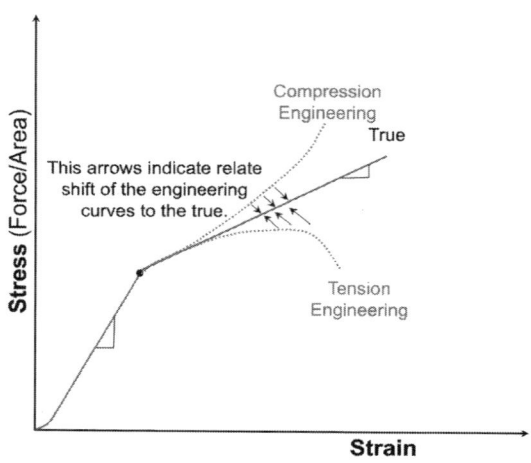

그림 1-15. 일축 인장 및 압축 시 진응력-진변형률 관계와 공칭응력-공칭변형률 관계의 위치에 대한 상대적인 비교

응력 및 변형률에 대해서 추가적으로 설명해 보면, 작은 량의 변형(즉, 탄성)의 경우에는 공칭응력 및 진응력 그리고 그것에 해당하는 변형률들은 서로 거의 동일한 값을 가진다. 그러나 공칭응력 및 진응력 그리고 그것에 해당 변형률들은 큰 값의 변형에서는 서로 상당히 벗어나는 거동을 보인다. 결과적으로 진응력과 진변형률은 금속 가공 작업에서 사용되거나 또는 구조가 변형률의 함수인 경우 사용된다. 대부분의 핸드북 값(설계에 사용됨)에서 제시하고 있는 응력과 변형률의 값들은 공칭응력과 공칭변형률에 해당하는 것으로 이해해도 무방하다.

그림 1-16에서 처럼 만일 힘이 시편 표면내부에서 특정 면에 작용한다면 이 면에 작용하는 전단응력(shear stress)은 아래 식으로 정의할 수 있다.

$$\tau = \frac{F}{A_o} \tag{1-7}$$

시편에 내부에 전단응력이 작용하게 되는 경우에 시편을 찌그러뜨리려고 할 것이다. 그 결과 발생하는 전단변형률(shear strain)은 전단 뒤틀림의 척도가 되며 아래 식으로 표현할 수 있다.

$$\gamma = \frac{\delta}{h} = tan\theta \tag{1-8}$$

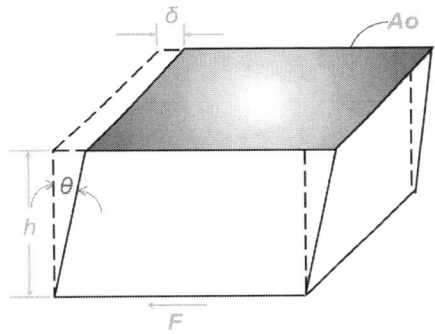

그림 1-16. 공칭 전단응력과 공칭 전단변형률을 정의하기 위한 시편의 변형

응력을 받고 있는 재료의 내부에서 총응력(total stress)는 항상 수직응력(normal stress)와 전단응력(shear stress)로 분리될 수 있다. 그림 1-17에서 보여주고 있듯이 시편에 일축 압축을 가하는 경우 시편에 가해지는 하중을 상상해 보자. 일정한 크기의 벌크 소재에 y축 방향으로 일축 압축 하중을 가하는 경우에 총하중(F_y)은 소재 내부에 존재하는 특정면($A_{y'}$)에는 그 면에 수직한 하중성분($F_{y'}$)과 그 면에 평행한 하중성분($F_{x'}$)으로 분리가 가능하다. 이때 특정면에 수직하게 작용하는 수직응력(normal stress)는 수직한 하중성분을 특정면의 면적으로 나눠서 아래와 같은 수식으로 표현할 수 있다.

$$\sigma_{y'y'} = \frac{F_{y'}}{A_{y'}} = \frac{F_y \cos\theta}{A_y/\cos\theta} = \sigma_{yy}\cos^2\theta = \frac{\sigma_{yy}}{2}(1-\cos 2\theta) \quad (1\text{-}9)$$

또한 특정면에 평행하게 작용하는 전단응력(shear stress)는 평행한 하중성분을 특정면의 면적으로 나눠서 아래와 같은 수식으로 표현할 수 있다.

$$\tau_{y'x'} = \frac{F_{x'}}{A_{y'}} = \frac{F_y \sin\theta}{A_y/\cos\theta} = \sigma_{yy}\sin\theta\cos\theta = \frac{\sigma_{yy}}{2}\sin 2\theta \quad (1\text{-}10)$$

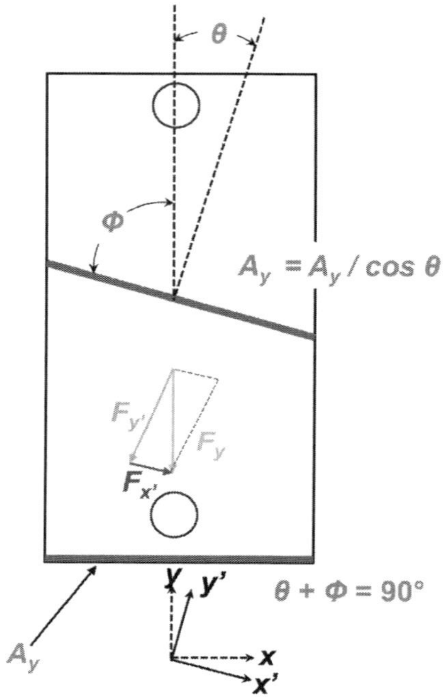

그림 1-17. y 축 방향으로 일축 압축 하중은 재료 내부 특정면에 대해서 수직한 하중성분과 평행한 하중성분으로의 분리가 가능함을 보여주는 모식도

실제 고체 내에서는 다축 하중(multi-axial loading)은 실제 구성부품의 형상이 변경되는 경우 매우 복잡한 상태로 발생하기도 한다. 즉, 복잡한 형상을 가진 부품의 경우 시스템에 부착된 상태에서 작동 중에 발생하는 응력은 전체 부품에 걸쳐 위치마다 다를 수 있다. 그림 1-18은 터빈 블레이드(turbine blade)의 형상을 보여주고 있다. 터빈 블레이드의 경우에도 부품의 형상이 복

잡하여 시스템에 부착된 상태로 작동 중에 부품에 걸쳐 위치별로 다른 응력 상태가 작용하게 된다. 이런 경향은 대부분의 부품에 공통된 특징이라고 할 수 있다. 구조가 복잡한 부품일수록 사람이 직관적으로 부품에 작용하는 응력 상태를 파악하는 것은 매우 어렵기 때문에 이론적으로 응력 상태를 해석하려는 시도가 많이 진행되어 왔다.

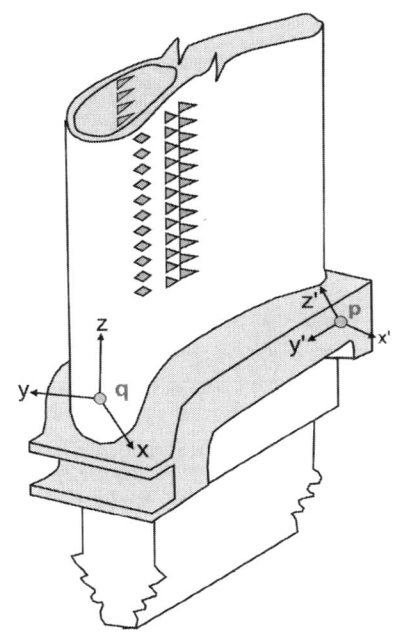

그림 1-18. 터빈 블레이드의 위치별 응력이 불균일할 것으로 예상되는 위치를 표시한 모식도

이제부터는 실제 고체 내에서는 작용하는 응력을 어떻게 표현하는지에 대해서 알아보자. 연속체 역학 분야에서는 재료는 연속적이고 재료 내부에 어떠한 불연속적인(discontinuous) 것들이 존재하지 않는다고 가정하고 응력을 표현한다[5,6]. 이런 가정은 실제 고체 재료의 미세조직을 공부하게 되면 정확하게 맞지는 않다는 것을 쉽게 알 수 있다. 그러나, 많은 금속재료들의 경우 이런 가정하에서도 변형 및 파괴 거동을 설명해도 무방한 경우가 많다. 단, 미세조직이 복잡하여 불연속적인 것들을 많이 포함하고 있는 금속 재료

의 경우에는 좀 더 정확한 이해가 요구된다.

이제 그림 1-19(a)와 같이 임의의 부피를 가진 연속적인 고체를 고려해 보자. 이때 외부와 접촉하고 있는 5개 지점에서 힘 $F_1 \sim F_5$이 가해지고 있는 상황에서 고체 내부의 임의의 점 O에 작용하는 응력을 표현해 보자. 우선 관심에 대상이 되는 지점을 통과하는 평면을 그려서 그림 1-19(b)에서와 같이 고체를 1과 2 두 부분으로 나눠야 한다. 두 부분으로 나눈 후 이 평면을 통해 직교 좌표계를 그리는 것이 편리하다. 그런 다음 그림 1-19(c)에서와 같이 고체의 절반인 1 부분만 고려하자. 고체 2부분이 고체 1부분에 작용하는 힘인 $F_{2 \to 1}$은 아래 식과 같이 점에 작용하는 힘의 균형을 유지하고 있다.

$$F_{2 \to 1} = -\sum (F_4 + F_5) \qquad (1\text{-}11)$$

이 힘은 점을 평형 상태($\Delta F=0$, $\Delta M=0$)로 유지시켜 준다.

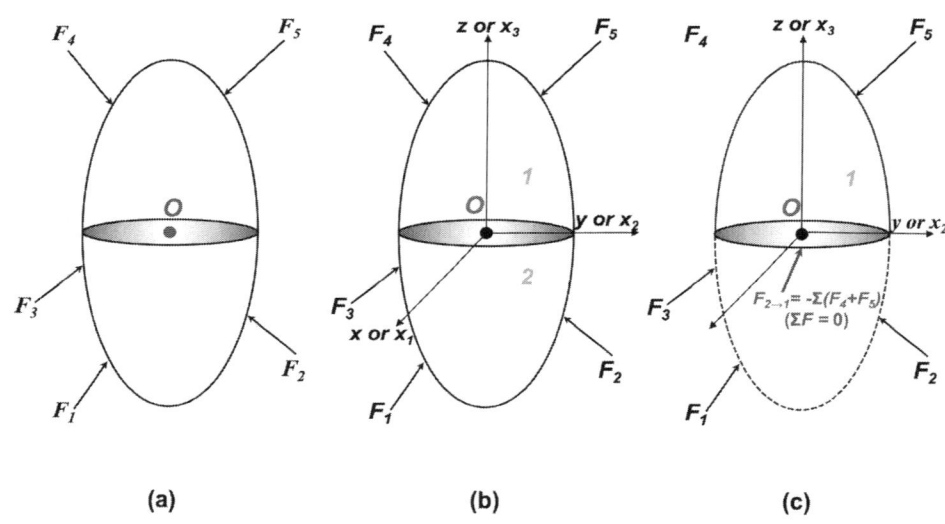

(a) (b) (c)

그림 1-19. 임의 고체 내에서 작용하는 응력 표기법

물리적으로 이 힘은 고체의 1 부분이 2 부분에 가하는 단위 면적당 총 힘

을 나타낸다. 또한 이 힘은 그림 1-20에서 보여주는 것과 같이 고체를 두 부분으로 나눈 평면에 수직인 힘성분과 평행한 성분으로 분해할 수 있다. 그림 내부에 수직인 성분은 F_n 그리고 수평인 성분은 Fs로 표기하였다. 이렇게 분리된 힘을 이용하여 응력으로 변환하고 x, y, z 좌표계 성분으로 분해하는 작업을 진행해 보자.

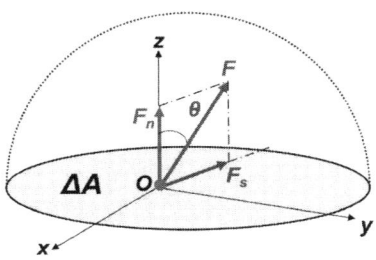

그림 1-20. 평면에 수직인 힘성분과 평행한 성분으로 힘의 분해

우선 점 O에 작용하는 응력은 평면의 단면적이 ΔA라고 한다면 다음과 같이 수학적으로 표현할 수 있다.

$$Stress\ at\ Point\ O = \lim_{\Delta A \to 0} \frac{F}{\Delta A} \tag{1-12}$$

그리고 점 O에 작용하는 힘에서 평면에 수직한 성분을 평면의 단면적으로 나눠서 그림 1-21에 나타낸 것과 같이 평면에 수직한 응력을 다음과 같이 표현할 수 있다.

$$Normal : \sigma_{ii} = \sigma_{zz} = \frac{F_n}{\Delta A} = \frac{F \cos \theta}{\Delta A} \tag{1-13}$$

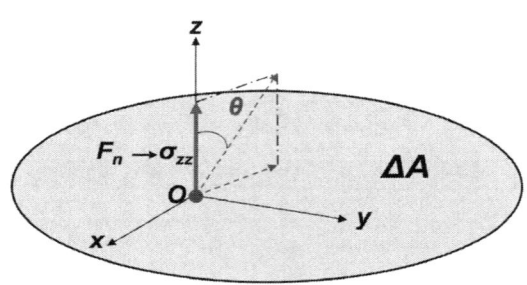

그림 1-21. 점 O에 작용하고 이 점을 포함하고 있는 평면에 수직한
응력의 표현법

또한 평면상에 작용하고 있는 전단응력도 평면상에 놓여 있는 x와 y 좌표계 성분의 방향으로 작용하는 전단응력으로 분리하여 표현하는 것이 가능하다. 그림 1-22에서 보여주는 것처럼 평면상에 평행한 힘인 F_s를 우선 x와 y방향의 성분인 F_x와 F_y로 각각 분해해야 한다. 그런 다음 각각 분해된 힘을 단면적으로 나눠주면 아래 식과 같이 x와 y 방향에 평행한 전단응력으로 표현하는 것이 가능하다.

$$Shear : \tau_{ij} \begin{cases} \tau_{zy} = \tau_{32} = \dfrac{F_y}{\Delta A} = \dfrac{F_s \cos \phi}{\Delta A} = \dfrac{(F \sin \theta) \cos \phi}{\Delta A} \\ \\ \tau_{zx} = \tau_{31} = \dfrac{F_x}{\Delta A} = \dfrac{F_s \sin \phi}{\Delta A} = \dfrac{(F \sin \theta) \sin \phi}{\Delta A} \end{cases} \quad (1\text{-}14)$$

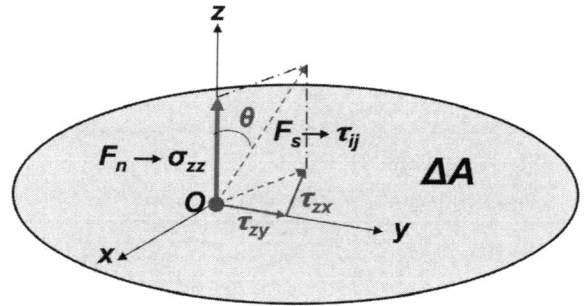

그림 1-22. 점 O에 작용하고 이 점을 포함하고 있는 평면에 평행한
응력의 표현법

이 책에서 사용하는 응력의 표기법에 대해서 설명이 필요하다. 응력은 두 개의 아래 첨자가 있다. 첫 번째 첨자는 응력이 작용하는 평면에 해당된다. 즉, 응력이 작용하는 면에 수직한 방향을 나타낸다. 두 번째 첨자는 응력이 가해지는 방향에 해당된다. 일부 책에서는 각 첨자의 의미를 반대로 하기 때문에 자주 혼동되는 내용이기도 하다. 응력의 부호에 대한 약속도 설명이 필요하다. 수직 응력의 경우 인장이면 양수 그리고 압축이면 음수로 표기한다. 전단 응력의 경우에는 (+)면에 작용하고 (+)방향으로 향하면 양수로 (-)면에 작용하고 (+)방향으로 향하면 음수로 표기한다. 그림 1-23에 양의 수직응력과 전단응력을 표기한 예를 보여주고 있다.

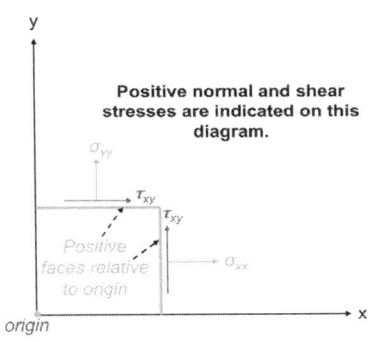

그림 1-23. 양의 수직응력과 전단응력 표기 예

3차원에서의 응력 상태는 아래에 표기한 것처럼 총 9개의 응력 성분들에 의해 정의된다.

$$\sigma_{xx}, \tau_{xy}, \tau_{xz}, \sigma_{yy}, \tau_{yx}, \tau_{yz}, \sigma_{zz}, \tau_{zx}, \tau_{zy} \qquad (1\text{-}15)$$

음의 면에 작용하는 응력들은 평형 조건을 충족시키기 위해서 양의 면에 가해지는 응력들과 크기가 같다. 그림 1-24에 힘과 모멘트 평형 상태를 유지하면서 정지해 있는 작은 고체 요소에 작용하고 있는 3차원 응력상태를 도식적으로 보여준다.

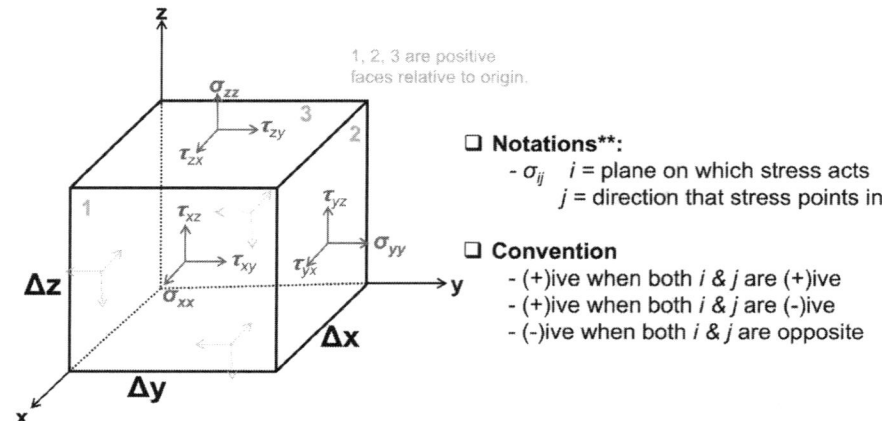

그림 1-24. 모멘트 평형 상태를 유지하면서 정지해 있는 작은 고체 요소에 작용하고 있는 3차원 응력상태

1-4. 응력 텐서의 표현

그림 1-25에서 보여주고 있듯이 연속체인 고체 내부에 아주 작은 요소에 작용하는 응력을 정의하는 것에 대해서 논의해 보도록 하겠다. 1-3절에서 응력의 개념에 대해서 간단하게 설명하였으나, 이 절에서는 좀도 구체적으로 설명을 시도하겠다. 그림 1-25에서는 3차원의 직교 좌표계를 그린 후 각 좌표계의 성분별로 Δx, Δy, Δz의 길이를 가진 매우 작은 요소를 정의하고 있다. 이 작은 3차원의 요소의 표면에 작용하는 있는 응력 성분은 6개의 수직응력 성분과 12개의 전단응력 성분으로 총 18개 응력성분이 작용하고 있음을 알 수 있다.

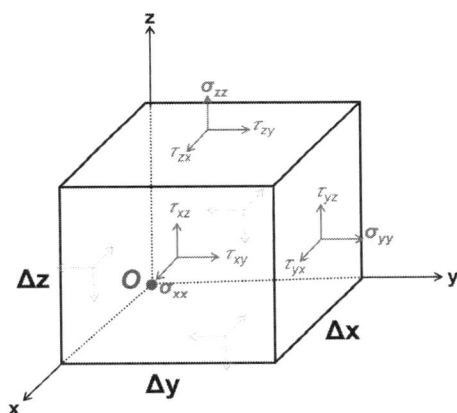

그림 1-25. 3차원 직교좌표계에 각 좌표계의 성분별로 Δx, Δy, Δz의 길이를 가진 매우 작은 요소의 표면에 작용하고 있는 응력 성분

이 작은 요소에 임의의 힘이 가해지는 경우 고체가 평형상태로 유지되기 위해서는 아래 식(1-16)에서 표현하는 것과 같이 순 힘(net force)이 없어야 하고 순 토크/모멘트(net torques/moments)가 없어야 한다.

$$\Sigma F = 0$$
$$\Sigma M = 0 \qquad (1\text{-}16)$$

독립적인 응력 성분의 수는 6개로 제한된다. 이는 평형 상태에서 순힘과 순모멘트가 존재하지 않아야 한다는 조건으로부터 유도된다. 우선 z축을 기준으로 모멘트를 계산해 보자. 그림 1-26은 z축에 평행한 두 면에 작용하는 전단 힘을 계산한 결과를 보여준다. 붉은 색은 +x 면에 +y 방향으로 작용하는 전단 힘에 해당하고, 녹색은 +y 면에 +x 방향으로 작용하는 전단 힘에 해당한다.

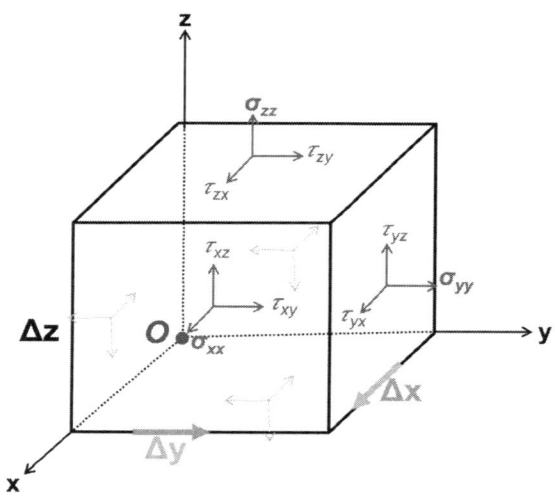

그림 1-26. 3차원 직교좌표계에 각 좌표계의 성분별로 Δx, Δy, Δz의 길이를 가진 매우 작은 요소의 표면에 작용하고 있는 응력 성분

모멘트는 힘과 그 작용점에서 회전축까지의 거리의 곱으로 정의된다. 직각좌표계에서 x, y, z축을 기준으로 작용되는 모멘트의 합이 0인 성질을 이용하면 다음과 같은 식이 유도된다.

$$z\text{축}: (\tau_{xy}\Delta y\Delta z)\Delta x = (\tau_{yx}\Delta x\Delta z)\Delta y \implies \tau_{xy} = \tau_{yx}$$
$$y\text{축}: (\tau_{xz}\Delta z\Delta y)\Delta x = (\tau_{zx}\Delta x\Delta y)\Delta z \implies \tau_{xz} = \tau_{zx} \quad (1\text{-}17)$$
$$x\text{축}: (\tau_{zy}\Delta y\Delta x)\Delta z = (\tau_{yz}\Delta x\Delta z)\Delta y \implies \tau_{zy} = \tau_{yz}$$

식(1-17)을 이용하면 총 18개 응력성분에서 총 15개가 독립적인 응력성분이 남게된다. 추가적으로 평형을 유지하기 위해 힘의 균형이 유지되어야 한다. x축에 수직한 2개의 면에 작용하는 힘들의 합이 0이 되는 조건을 이용하면 아래의 식(1-18)이 유도된다. 결과적으로 총 15개의 응력성분에서 총 12개로 독립적인 응력성분이 남게 된다. 동일한 방법으로 y축에 수직한 2개의 면에 작용하는 힘의 균형과 z축에 수직한 2개의 면에 작용하는 힘의 균형을 고려하면 총 6개만이 독립적인 응력성분이 남게 된다.

$$(x \text{ 면}):$$
$$\sigma_{xx}\Delta y\Delta z - \sigma_{-x-x}\Delta y\Delta z = 0 \implies \sigma_{xx} = \sigma_{-x-x}$$
$$\tau_{xy}\Delta y\Delta z - \tau_{-x-y}\Delta y\Delta z = 0 \implies \tau_{xy} = \tau_{-x-y}$$
$$\tau_{xz}\Delta y\Delta z - \tau_{-x-z}\Delta y\Delta z = 0 \implies \tau_{xz} = \tau_{-x-z}$$
$$15 - 3 = 12 \text{ 성분}$$

$$(y \text{ 면}): \quad (1\text{-}18)$$
$$\sigma_{yy}\Delta x\Delta z - \sigma_{-y-y}\Delta x\Delta z = 0 \implies \sigma_{yy} = \sigma_{-y-y}$$
$$\tau_{yx}\Delta x\Delta z - \tau_{-y-x}\Delta x\Delta z = 0 \implies \tau_{yx} = \tau_{-y-x}$$
$$\tau_{yz}\Delta x\Delta z - \tau_{-y-z}\Delta x\Delta z = 0 \implies \tau_{yz} = \tau_{-y-z}$$
$$12 - 3 = 9 \text{ 성분}$$

$$(z \text{ 면}):$$
$$\sigma_{zz}\Delta x\Delta y - \sigma_{-z-z}\Delta x\Delta y = 0 \implies \sigma_{zz} = \sigma_{-z-z}$$
$$\tau_{zx}\Delta x\Delta y - \tau_{-z-x}\Delta x\Delta y = 0 \implies \tau_{zx} = \tau_{-z-x}$$
$$\tau_{zy}\Delta x\Delta y - \tau_{-z-y}\Delta x\Delta y = 0 \implies \tau_{zy} = \tau_{-z-y}$$
$$9 - 3 = 6 \text{ 성분}$$

독립적인 6개의 응력 성분은 3×3 행렬의 형태로 아래 식(1-19)처럼 표현할 수 있다. 여기서 붉은 색으로 표시된 성분들이 독립적인 응력 성분이며 행렬의 대각(diagonal) 성분을 기준으로 위와 아래 비대각(off-diagonal) 성분들은 서로 대칭의 성질을 가지고 있음을 알 수 있다.

$$\sigma_{ij} = \begin{bmatrix} \sigma_{xx} & \tau_{xy} & \tau_{xz} \\ \tau_{yx} & \sigma_{yy} & \tau_{yz} \\ \tau_{zx} & \tau_{zy} & \sigma_{zz} \end{bmatrix} \text{ 또는 } \begin{bmatrix} \sigma_{xx} & \tau_{xy} & \tau_{xz} \\ \tau_{xy} & \sigma_{yy} & \tau_{yz} \\ \tau_{xz} & \tau_{yz} & \sigma_{zz} \end{bmatrix} \text{ 또는 } \begin{bmatrix} \sigma_{xx} & \tau_{xy} & \tau_{xz} \\ \cdot & \sigma_{yy} & \tau_{yz} \\ \cdot & \cdot & \sigma_{zz} \end{bmatrix} \qquad (1\text{-}19)$$

즉, 아래 식(1-20)처럼 6개가 독립적인 응력 성분에 해당된다.

$$\sigma_{xx}, \sigma_{yy}, \sigma_{zz}, \tau_{xy}, \tau_{yz}, \tau_{xz} \qquad (1\text{-}20)$$

응력은 물리적으로 텐서(tensor)에 해당되기 때문에 텐서의 차수(rank)별로 서로다른 표기법에 대해 설명하는 것이 필요하다. 차수별 텐서 성분의 총 수와 방향 여현(direction cosines)의 수는 아래 식(1-21)에 의해 결정된다.

$$\begin{aligned} \text{성분들의 수} &= 3^n \\ \text{방향 여현의 수} &= \text{차수} = n \end{aligned} \qquad (1\text{-}21)$$

방향 여현은 한 좌표계에서 다른 좌표계로 물리량을 변환하는데 사용된다. 이것은 기하학적 작업에 해당된다. 텐서의 차수별 특성과 대표적인 예를 아래 그림 1-27에 표기하였다.

- **0차 텐서 (Zero rank tensors)** - 스칼라 (Scalars): 스칼라는 방향이 없음
  - 온도 (Temperature)
  - 밀도 (Density)
  - 질량 (Mass)
- **1차 텐서 (First rank tensors)** - 벡터 (Vectors): 벡터는 방향성이 있음
  - 힘 (Force)
  - 면적 (Area)
- **2차 텐서 (Second rank tensors)** - 행렬 (Matrix): 두 벡터의 곱
  - 응력 (Stress) (힘 & 면적 (Force & Area))
  - 변형률 (Strain) (변위 & 변위 (Displacement & Displacement))
- **4차 텐서 (Fourth rank tensors)**: 두 2차 텐서의 곱
  - 탄성 계수 (Elastic moduli) (응력 & 변형률 (Stress & Strain))

그림 1-27. 텐서의 순위별 특성과 대표적인 예

이제 1차 텐서의 변환에 대해서 공부해 보자. 1차 텐서의 대표적인 예인 힘, F는 두 좌표계에서 축 성분으로 쉽게 분해될 수 있다. 그림 1-28은 힘 벡터, F의 좌표 변환을 보여준다. 힘의 좌표 변환은 한 좌표계에서 다른 좌표계로 성분을 변환하는 과정이다.

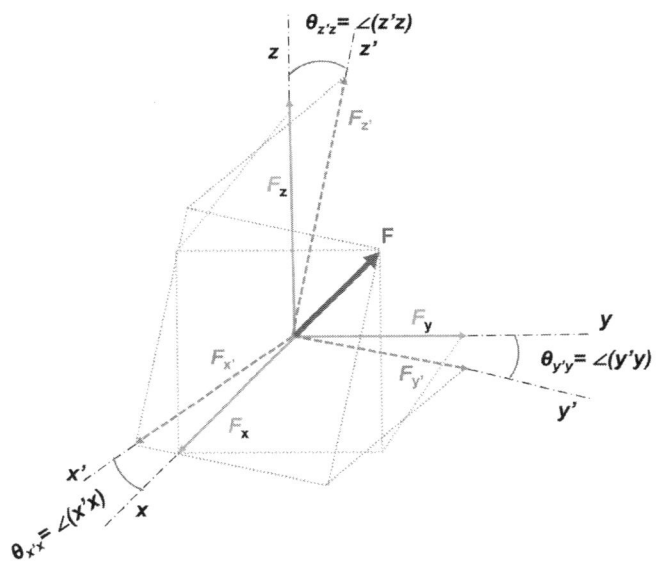

그림 1-28. 힘의 좌표 변환

힘 벡터, F에 대한 좌표 변환의 경우 방향 여현을 이용하는 방법을 그림 1-29에 표시하였다. 즉 x, y, z으로 구성된 좌표계인 변환 전 축(old axis)으로부터 x′, y′, z′으로 구성된 좌표계인 변환 후 축(new axis)의 방향 여현들을 보여주고 있다. 힘 벡터, F의 성분은 좌표계에 영향을 받기 때문에 좌표계 변환 후에 성분은 변하게 된다. 모든 성분은 일련의 방향 여현을 통해 서로 관련되어 있게 된다.

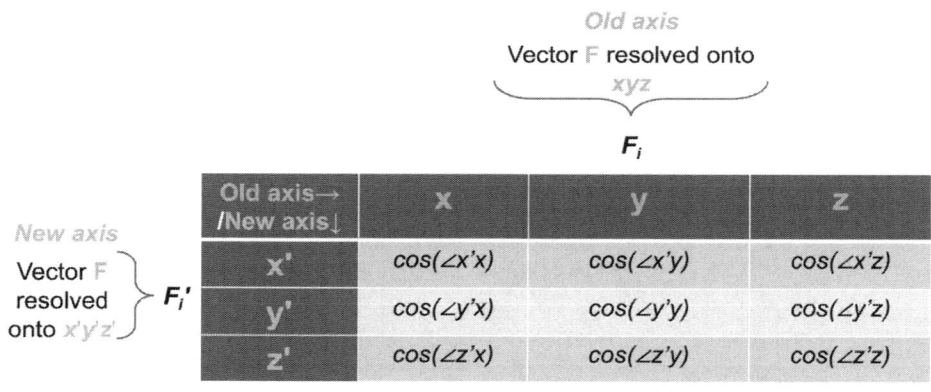

그림 1-29. 힘의 좌표 변환과 방향 여현

힘 벡터, F의 좌표계 변환 전, 후를 이용해서 방향 여현을 계산하는 방법을 아래 그림 1-30처럼 간단하게 표기하는 것이 일반적인 방법이다. 여기서는 방향 여현을 그리스 문자, α로 표시하였고, 아래 첨자 2개에서 앞에 첨자는 좌표변환 이후 좌표축 그리고 뒤에 첨자는 좌표변환 이전 좌표축을 나타낸다.

F_i → / $F_{i'}$ ↓	x	y	z
x′	$\alpha_{x'x}$	$\alpha_{x'y}$	$\alpha_{x'z}$
y′	$\alpha_{y'x}$	$\alpha_{y'y}$	$\alpha_{y'z}$
z′	$\alpha_{z'x}$	$\alpha_{z'y}$	$\alpha_{z'z}$

그림 1-30. 힘의 좌표 변환과 방향 여현 표기법

다음으로 좌표 변환 후에 좌표계(x', y', z')에서의 힘의 성분들을 좌표 변환 이전 좌표계(x, y, z)에서의 힘의 성분과 방향 여현을 이용하여 어떻게 표현이 가능한지 알아보다. 아래 식(1-22)은 그림 1-30에서 표시된 변환 방식을 이용하여 좌표 변환 후의 좌표계에서 힘의 성분을 계산한 결과를 보여준다.

$$\begin{aligned} F_{x'} &= \alpha_{x'x} F_x + \alpha_{x'y} F_y + \alpha_{x'z} F_z \\ F_{y'} &= \alpha_{y'x} F_x + \alpha_{y'y} F_y + \alpha_{y'z} F_z \\ F_{z'} &= \alpha_{z'x} F_x + \alpha_{z'y} F_y + \alpha_{z'z} F_z \end{aligned} \tag{1-22}$$

식 (1-23)과 같이 연립선형방정식은 아래와 같이 행렬의 곱 형태로 표현할 수 있다.

$$\begin{bmatrix} F_{x'} \\ F_{y'} \\ F_{z'} \end{bmatrix} = \begin{bmatrix} \alpha_{x'x} & \alpha_{x'y} & \alpha_{x'z} \\ \alpha_{y'x} & \alpha_{y'y} & \alpha_{y'z} \\ \alpha_{z'x} & \alpha_{z'y} & \alpha_{z'z} \end{bmatrix} \begin{bmatrix} F_x \\ F_y \\ F_z \end{bmatrix} \tag{1-23}$$

또한, 힘의 좌표 변환을 수학적으로 표현하는 방식 중에 경우에 따라서 아래와 같이 아래 첨자를 포함한 표기법을 이용하여 수학적으로 조작하는 경우도 있다.

$$F_{i'} = \sum_{j=1}^{3} \alpha_{i'j} F_j = \alpha_{i'j} F_j \tag{1-24}$$

지금부터는 2차 텐서에 대한 좌표 변환에 대해서 공부해 보자. 2차 텐서(예: 응력)는 두 벡터(예: 힘과 면적) 간의 관계를 나타낸다. 좌표 변환의 경우에는 두 벡터의 방향을 다시 지정해야 한다. 따라서 각 응력에 대해 두 개의 방향 여현이 필요하다. 아래 식은 응력의 좌표 변환을 방향 여현을 이용하여 수행하는 방법을 수학적으로 표현하고 있다.

$$\sigma_{i'j'} = \sum_{k=1}^{3} \sum_{l=1}^{3} \alpha_{i'k} \alpha_{j'l} \sigma_{kl} = \alpha_{i'k} \alpha_{j'l} \sigma_{kl} \tag{1-25}$$

이제는 앞에서 배운 응력의 좌표변환의 방법을 단결정의 변형에 적용해 보다. 아래 그림 1-31에서 보여주고 있는 것과 같이 단일 축 응력 성분 σ_{zz}이 단결정에 작용하는 상황을 가정해 보자.

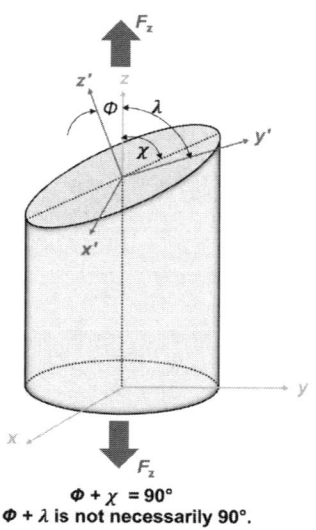

그림 1-31. 일축 인장 시 단결정의 소성 변형 시 슬립이 발생하는 슬립 계

일축 인장 시 단결정의 소성 변형은 특정 슬립 계(slip system)에서 전단(shear)을 통해 발생한다. 특정 슬립계에서 전단이 발생하기 위해서는 슬립계에 분해된 분해 전단 응력(resolved shear stress, RSS)이 임계 분해 전단 응력(critical resolved shear stress, CRSS)보다 커야 한다. 아래 식(1-26)은 z축으로 가해진 일축 응력 상태에서 슬립계를 포함하고 있는 좌표계로 변환된 전단 응력을 수학적으로 계산하는 방법을 보여준다.

$$\tau_{z'y'} = \frac{F_{y'}}{A_{z'}} = \frac{F_z \cos \lambda}{A_o / \cos \phi} = \cos \phi \times \cos \lambda \times \sigma_{zz} \quad (1\text{-}26)$$

슬립계는 슬립이 발생하는 특정 결정 면(crystal plane)과 특정 결정 방향(crystal direction)을 포함하고 있다. 아래 그림 1-32는 텐서들의 변환 법칙을 텐서의 순위 별로 정리한 것이다[7,8]. 각 해당 텐서의 예는 재료 분야에서 각각의 텐서들의 성질을 이해하는데 도움을 준다.

이름	차수(rank)	변환 법칙	예
스칼라	0	$T' = T$	온도, 시간, 거리, 질량, 밀도 등
벡터	1	$T'_i = \alpha_{ip}\ T_p$	힘, 변위, 면적, 온도 구배 등
텐서	2	$T'_{ij} = \alpha_{ip}\ \alpha_{jq} T_{pq}$	응력, 변형률, 전기 또는 열전도도 등
텐서	3	$T'_{ijk} = \alpha_{ip}\ \alpha_{jq}\alpha_{kr} T_{pqr}$	압전계수
텐서	4	$T'_{ijkl} = \alpha_{ip}\ \alpha_{jq}\alpha_{kr}\alpha_{ls} T_{pqrs}$	탄성상수
텐서	n	$T'_{ijk\ldots m} = \alpha_{ip}\ \alpha_{jq}\alpha_{kr} \cdots \alpha_{mt} T_{pqr\ldots t}$	

그림 1-32. 순위별 텐서들의 변환 법칙

일부 2차 텐서는 대칭(symmetrical)이고, 일부는 비대칭(antisymmetrical)에 해당한다. 이 속성은 기준 축 세트와는 무관하다. 아래 식(1-27)은 응력을 일반 2차 텐서로 가정하고 표현하여 이런 두 가지 특성을 나타낸 것이다.

$$\begin{array}{cc} Symmetrical & Antisymmetrical \\ \begin{bmatrix} \sigma_{xx} & \sigma_{xy} & \sigma_{xz} \\ \sigma_{xy} & \sigma_{yy} & \sigma_{yz} \\ \sigma_{xz} & \sigma_{yz} & \sigma_{zz} \end{bmatrix} & \begin{bmatrix} 0 & \sigma_{xy} & \sigma_{xz} \\ -\sigma_{xy} & 0 & \sigma_{yz} \\ -\sigma_{xz} & -\sigma_{yz} & 0 \end{bmatrix} \\ \sigma_{ij} = \sigma_{ji} & \sigma_{ij} \neq \sigma_{ji} \\ & \sigma_{ij} = -\sigma_{ji} \end{array} \qquad (1\text{-}27)$$

2차 텐서가 대칭이면 아래와 같이 텐서의 비대각선 성분이 없는 고유한 좌표 축 세트를 정의하는 것이 가능하다.

$$\sigma_{ij} = \begin{bmatrix} \sigma_{xx} & \tau_{xy} & \tau_{xz} \\ \tau_{xy} & \sigma_{yy} & \tau_{yz} \\ \tau_{xz} & \tau_{yz} & \sigma_{zz} \end{bmatrix} \Rightarrow \sigma'_{ij} = \begin{bmatrix} \sigma_{x'x'} & 0 & 0 \\ 0 & \sigma_{y'y'} & 0 \\ 0 & 0 & \sigma_{z'z'} \end{bmatrix} \tag{1-28}$$

비대각선 성분이 없는 새로운 좌표 축(x′, y′, z′)을 주축(principal axes) 또는 고유 벡터(eigenvectors)로 부른다. 이들과 관련된 텐서 성분($\sigma_{x'x'}$, $\sigma_{y'y'}$, $\sigma_{z'z'}$)을 주응력(principal stresses) 또는 고유 값(eigenvalues)으로 부른다.

1-5. 2차원에서 응력의 변환

　적지 않은 실전 문제들은 2차원 응력상태로 가정하여 다뤄진다. 고체 재료의 한 방향의 칫수가 다른 두 방향에 비해 매우 작은 경우 이 조건이 적용된다. 예를 들어, 두께가 얇은 박판(thin sheet)을 다룰 경우 판재의 변에 수직한 방향으로는 하중을 가하는 것이 어려우므로 일반적으로 판재의 면에 대해 수직한 방향으로는 응력이 존재하지 않는 것으로 취급한다. 이렇게 시편의 한 방향으로 응력이 없는 2차원의 응력 상태를 평면응력(plane stress) 상태라고 부른다. 여기에서 한 방향의 모든 응력이 0이 되는 조건 하에서 아래 그림과 같은 응력 상태를 정의할 수 있다. 그림 1-33(a)는 z축에 수직한 얇은 고체 상태의 박판에 작용하는 응력상태로 이해할 수 있다. 즉, 이 얇은 판재에 수직한 응력은 무시할 정도로 작게 작용한다고 가정하고 정의함을 알 수 있다. 그림 1-33(b)는 y축에 수직한 얇은 고체 상태의 판재에 작용하는 응력 상태로 이해할 수 있다. 그림 1-33(c)는 x축에 수직한 고체 상태의 얇은 판재에 작용하는 응력상태로 이해할 수 있다.

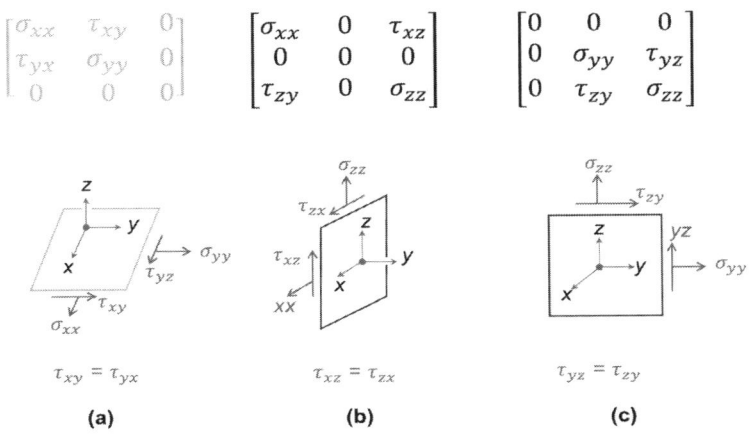

그림 1-33. 얇은 고체 판재에 작용하고 있는 평면 응력 상태

이제 평면 응력 상태에 놓여 있는 박판에 대해서 좌표계 x-y-z의 z축을 기준으로 반시계방향으로 θ만큼 회전시켜 새로운 좌표계 x'-y'-z로 응력의 변환을 고려해 보자. 아래 그림은 이런 상황을 행렬의 변환 그리고 기하학적 변환으로 표현한 것이다.

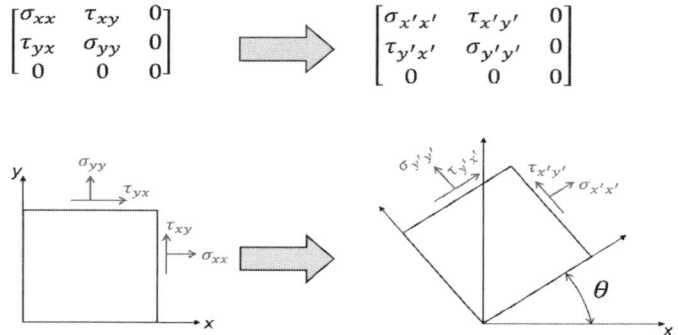

그림 1-34. 평면 응력 상태에서 좌표 변환 시 응력 상태 변화

x'와 y'축에 평행한 힘들의 평형 관계를 이용하여 좌표 변환 후 새로운 좌표계에 작용하는 응력 상태를 좌표 변환 전 좌표계에 작용하는 응력 상태로 표현하는 것이 가능하다[3,5,7,8,9,10]. 아래 직각 삼각형은 좌표 변환 전, 후 좌표계를 모두 포함하고 회전 관계를 각도로 표현한 그림을 보여준다. 이 직각 삼각형 면에 작용하는 수직 응력과 전단응력으로부터 위에서 언급한 관계를 유도할 수 있다.

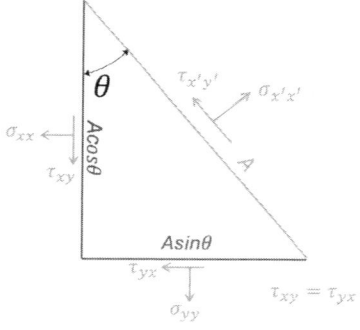

그림 1-35. 평면 응력 상태에서 좌표 변환 전, 후 응력 상태 변화

우선 x′축에 평행한 힘의 평형식을 유도해 보자. 그 결과가 아래의 식으로 유도됨을 알 수 있을 것이다.

$$\sum F_{x'} = 0 = \sigma_{x'x'}A - \tau_{yx}(A \sin\theta)\cos\theta - \tau_{xy}(A\cos\theta)\sin\theta \\ -\sigma_{xx}(A\cos\theta)\cos\theta - \sigma_{yy}(A\sin\theta)\sin\theta$$

(1-29)

직각 삼각형의 작은 요소에서 y′축에 평행한 힘들의 평형식을 유도하면 아래와 같다.

$$\sum F_{y'} = 0 = \tau_{x'y'}A - \tau_{xy}(A\cos\theta)\cos\theta + \tau_{yx}(A\sin\theta)\sin\theta \\ +\sigma_{xx}(A\cos\theta)\sin\theta - \sigma_{yy}(A\sin\theta)\cos\theta$$

(1-30)

식(1-29)을 A로 나누면 아래 식으로 유도된다.

$$\sigma_{x'x'} = \sigma_{xx}\cos^2\theta + \sigma_{yy}\sin^2\theta + 2\tau_{xy}\sin\theta\cos\theta \tag{1-31}$$

마찬가지로 식(1-30)을 A로 나누면 아래 식으로 유도된다.

$$\tau_{x'y'} = (\sigma_{yy} - \sigma_{xx})\sin\theta\cos\theta + \tau_{xy}(\cos^2\theta - \sin^2\theta) \tag{1-32}$$

$\sigma_{y'y'}$는 $\sigma_{x'x'}$로부터 90도 회전되어 있기 때문에 아래 식을 이용하여 계산이 가능하다.

$$\sigma_{y'y'} = \sigma_{xx}\cos^2\left(\theta + \frac{\pi}{2}\right) + \sigma_{yy}\sin^2\left(\theta + \frac{\pi}{2}\right) + 2\tau_{xy}\sin\left(\theta + \frac{\pi}{2}\right)\cos\left(\theta + \frac{\pi}{2}\right) \tag{1-33}$$

또는

$$\sigma_{y'y'} = \sigma_{xx}\sin^2\theta + \sigma_{yy}\cos^2\theta - 2\tau_{xy}\sin\theta\cos\theta$$

식(1-31)에서 식(1-33)까지의 3개 식은 평면 응력 상태에서 응력의 변환식으로 알려져 있다. 다음의 이중 각도 항등식(double-angle identities)을 활용하여 응력의 변환식을 단순화하는 것이 가능하다.

$$cos^2\theta = \tfrac{1}{2}(1 + \cos 2\theta) \quad sin^2\theta = \tfrac{1}{2}(1 - \cos 2\theta) \quad 2\sin\theta\cos\theta = \sin 2\theta \tag{1-34}$$

식(1-34)을 이용하여 평면 응력 상태에서 단순화된 응력 변환 식을 정리하여 나타내었다.

$$\sigma_{x'x'} = \frac{\sigma_{xx} + \sigma_{yy}}{2} + \frac{\sigma_{xx} - \sigma_{yy}}{2} \cos 2\theta + \tau_{xy} \sin 2\theta$$
$$\sigma_{y'y'} = \frac{\sigma_{xx} + \sigma_{yy}}{2} - \frac{\sigma_{xx} - \sigma_{yy}}{2} \cos 2\theta - \tau_{xy} \sin 2\theta \quad (1\text{-}35)$$
$$\tau_{x'y'} = \frac{\sigma_{xx} - \sigma_{yy}}{2} \sin 2\theta + \tau_{xy} \cos 2\theta$$

이 식들은 우리에게 새로운 좌표계로 재배양된(re-oriented) 응력 상태를 제공해 준다. 아래 식은 이런 응력 상태를 3×3 행렬 또는 2×2 행렬로 표현한 것이다.

$$\begin{bmatrix} \sigma_{x'x'} & \tau_{x'y'} & 0 \\ \tau_{x'y'} & \sigma_{y'y'} & 0 \\ 0 & 0 & 0 \end{bmatrix} \text{ 또는 } \begin{bmatrix} \sigma_{x'x'} & \tau_{x'y'} \\ \tau_{x'y'} & \sigma_{y'y'} \end{bmatrix} \quad (1\text{-}36)$$

새로운 좌표계로 변환된 응력 상태에서 응력 성분들은 흥미로운 관계를 가지고 있다. 다음의 식은 그중 하나의 관계를 보여준다.

$$\sigma_{x'x'} + \sigma_{y'y'} = \begin{pmatrix} \frac{\sigma_{xx} + \sigma_{yy}}{2} + \frac{\sigma_{xx} - \sigma_{yy}}{2} \cos 2\theta + \tau_{xy} \sin 2\theta \\ + \\ \frac{\sigma_{xx} + \sigma_{yy}}{2} - \frac{\sigma_{xx} - \sigma_{yy}}{2} \cos 2\theta - \tau_{xy} \sin 2\theta \end{pmatrix} = \sigma_{xx} + \sigma_{yy} \quad (1\text{-}37)$$

이 양은 불변의 값이 되며 좌표계에 관계없이 변경되지 않는다. 이 불변 값은 아래 식으로 표현된다.

$$\sigma_{x'x'} + \sigma_{y'y'} = \sigma_{xx} + \sigma_{yy} \quad (1\text{-}38)$$

평면 응력 상태에서는 2개의 응력 불변량이 있다. 그중 하나인 I_1은 응력 텐서의 주 대각선의 합에 해당된다.

$$I_1 = \sigma_{xx} + \sigma_{yy} = \sigma_{x'x'} + \sigma_{y'y'} = \cdots \quad (1\text{-}39)$$

그중 하나인 I_2은 주 minors들의 합에 해당된다.

$$I_2 = \sigma_{xx}\sigma_{yy} - \tau_{xy}^2 = \sigma_{x'x'}\sigma_{y'y'} - \tau_{x'y'}^2 = \cdots \quad (1\text{-}40)$$

새로운 좌표계에서 응력 상태를 회전 각도, θ의 함수로 그래픽으로 표현한 결과 다음과 같은 그림을 얻을 수 있다.

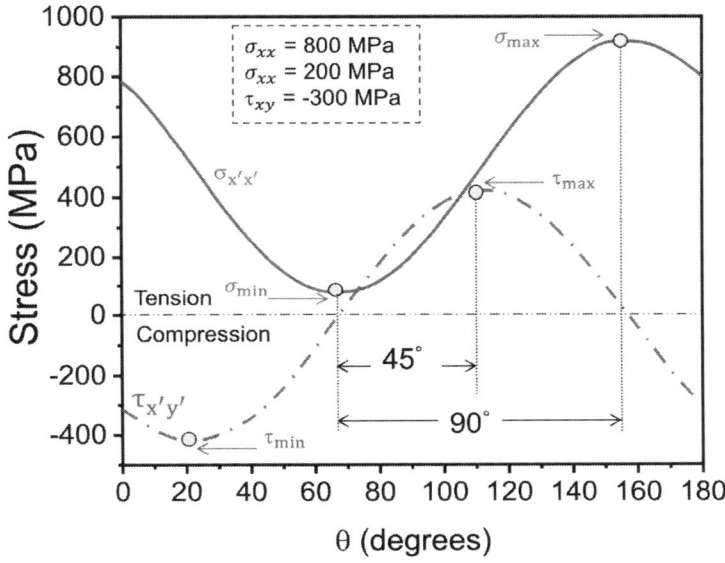

그림 1-36. 새로운 좌표계에서의 응력 상태를 회전 각도, θ의 함수로 그래픽하게 표현한 결과

이 그림으로부터 수직 응력은 전단응력이 0일때 최대이기도 하고 최소이기도 하다. 이런 극한 값을 갖는 θ는 아래 식을 이용하여 얻을 수 있다.

$$\frac{d\,\sigma_{x'x'}}{d\,\theta} = 0 = -\frac{\sigma_{xx} - \sigma_{yy}}{2}(2\sin 2\theta) + 2\tau_{xy}\cos 2\theta \quad (1\text{-}41)$$

또한 이 식은 아래 식으로 표현하여 주 면(principal plane)의 방향을 계산하는 데 활용할 수 있다.

$$tan\ 2\theta_{principal} = \frac{\tau_{xy}}{(\sigma_{xx} - \sigma_{yy})/2} = tan\ 2\theta_{normal} \qquad (1\text{-}42)$$

그림 1-36로부터 최대 in-plane 전단 응력을 계산할 수 있다. 최대 및 최소 전단 응력은 아래 식을 만족시켜 주는 조건에서 계산하는 것이 가능하다.

$$\frac{d\ \tau_{x'y'}}{d\ \theta} = 0 = -\frac{\sigma_{xx} - \sigma_{yy}}{2} cos\ 2\theta - 2\tau_{xy} sin\ 2\theta \qquad (1\text{-}43)$$

윗 식을 θ에 대해서 계산을 하면 최대/최소 전단 응력을 갖는 면의 방향을 계산할 수 있다.

$$tan\ 2\theta_{shear} = -\frac{(\sigma_{xx} - \sigma_{yy})/2}{\tau_{xy}} \qquad (1\text{-}44)$$

식(1-44)의 기하학적 관계를 이용하여 2차원의 평면 응력 상태에서 최대 및 최소 주응력을 다음과 같이 계산할 수 있다.

$$\begin{matrix}\sigma_{max}\\ \sigma_{min}\end{matrix} = \begin{matrix}\sigma_1\\ \sigma_2\end{matrix} = \frac{\sigma_{xx} + \sigma_{yy}}{2} \pm \sqrt{\left(\frac{\sigma_{xx} - \sigma_{yy}}{2}\right)^2 + \tau_{xy}^2} \qquad (1\text{-}45)$$

식(1-45)의 기하학적 관계를 이용하여 2차원의 평면 응력 상태에서 최대 전단 응력을 다음과 같이 계산할 수 있다.

$$\tau_{max} = \sqrt{\left(\frac{\sigma_{xx} - \sigma_{yy}}{2}\right)^2 + \tau_{xy}^2} \qquad (1\text{-}46)$$

Mohr는 1882년에 응력의 변환 식을 그래픽하게 표현하는 방법을 개발하였다. 평균 수직 응력은 다음과 같이 표현된다.

$$\sigma_{average} = \frac{\sigma_{xx} + \sigma_{yy}}{2} \qquad (1\text{-}47)$$

다음의 평균 수직 응력의 식을 이용하여 새로운 좌표계에서의 응력 성분을 표현해 보자.

$$\sigma_{x'x'} - \sigma_{average} = \frac{\sigma_{xx} - \sigma_{yy}}{2} \cos 2\theta + \tau_{xy} \sin 2\theta$$
$$\tau_{x'y'} = \left(\frac{\sigma_{xx} - \sigma_{yy}}{2}\right) \sin 2\theta + \tau_{xy} \cos 2\theta \tag{1-48}$$

각 식의 양변을 제곱하고 더하면 다음의 식이 유도된다.

$$\left(\sigma_{x'x'} - \sigma_{average}\right)^2 + \tau_{x'y'}^2 = \left(\frac{\sigma_{xx} - \sigma_{yy}}{2}\right)^2 + \tau_{xy}^2$$
$$\left(\sigma_{x'x'} - \sigma_{average}\right)^2 + \tau_{x'y'}^2 = R^2 \tag{1-49}$$

이 식은 ($\sigma_{average}$, 0)에 중심을 가진 (σ, τ) 좌표에서 표현되는 원에 대한 방정식에 해당된다. 원에 대한 방정식을 기억해 보자. 아래와 같이 표현한다는 것은 이미 알고 있는 형태일 것이다.

$$(x - h)^2 + y^2 = R^2 \tag{1-50}$$

여기서 h는 x축 상에 중심의 위치(즉, 원의 중심)이고 R은 반지름에 해당된다.

Mohr 원의 중심은 ($\sigma_{average}$, 0)에 위치한다. Mohr 원의 반지름은 다음과 같다.

$$R = \sqrt{\left(\frac{\sigma_{xx} - \sigma_{yy}}{2}\right)^2 + \tau_{xy}^2} = \tau_{max} = \tau_3 \tag{1-51}$$

최대 주응력과 최소 주응력의 표현은 다음과 같다.

$$\sigma_{max} = \sigma_1 = \sigma_{average} + R$$
$$\sigma_{min} = \sigma_2 = \sigma_{average} - R \tag{1-52}$$

이제부터는 Mohr 원을 작성하는 법을 단계별로 설명하겠다.

[단계 1] Cube 위에 응력 σ_{xx}, σ_{yy} 및 τ_{xy}를 표시한다. 수직면 V와 수평면 H에 레이블을 지정한다.

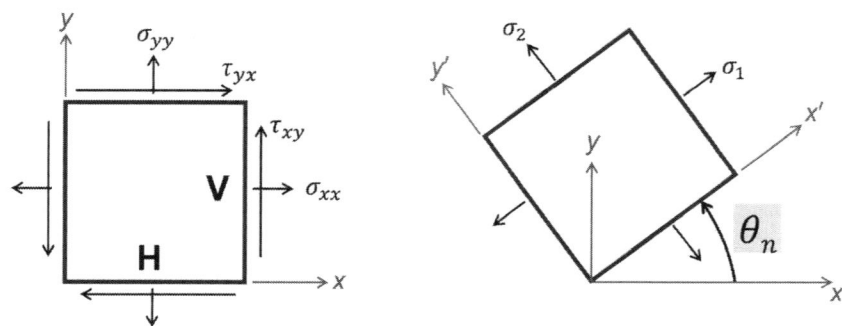

[단계 2] 점 V와 H의 좌표를 V(σ_{xx}, -τ_{xy}) 및 H(σ_{yy}, τ_{yx})로 쓴다. τ_{ij}의 양수 값은 Cube 중심에 대해서 CW 모멘트를 생성한다(즉, Cube의 CW 회전).

[단계 3] 인장 수직 응력이 오른쪽(즉, 양수)이고 압축 수직 응력이 왼쪽(즉, 음수)인 수평 축을 그린다. 전단 응력(즉, 양수)의 시계 방향(CW)으로 회전 방향을 위로 반시계 방향(CCW)으로 회전 방향을 아래로 하는 수직 축을 그린다.

[단계 4] V와 H 지점을 찾아 선을 그려 연결한다. 선 VH가 가로축과 교차하는 점을 원의 중심인 C로 표시한다. 중심 좌표는 C($\sigma_{average}$, 0)에 해당된다.

[단계 5] 점 C를 중심으로 하고 반지름 R을 갖는 Mohr 원을 그린다.

[단계 6] 선 CV와 Cσ_1 사이의 각은 2θ로 표시된다. 왜냐하면 Mohr의 원에 있는 각이 면 사이의 실제 각의 두 배이기 때문이다. 회전 방향(즉, 부호)을 결정하기 위해 먼저 Mohr의 원에서 V(σ_{xx}, -τ_{xy}) 지점에서 (σ_1, 0) 지점으로 이동하는 방향을 기록한다. 회전 방향이 CCW(즉, 양의 전단 방향)이면 θ의 부호는 양수이다. 회전이 CW이면 θ의 부호는 음수이다.

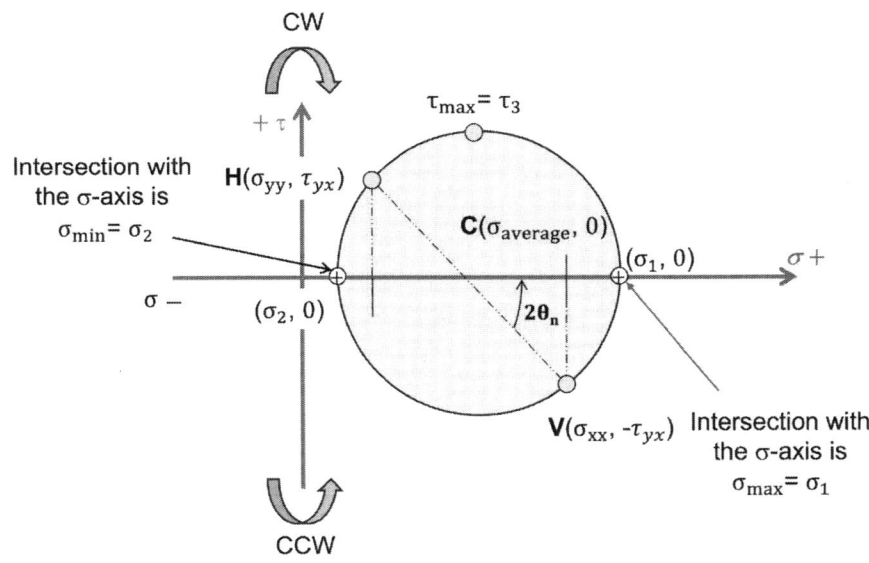

1-6. 3차원에서 응력의 변환

고체에 작용하는 3차원의 응력상태는 그림 1-37에서와 같이 응력 텐서로 표현할 수 있다.

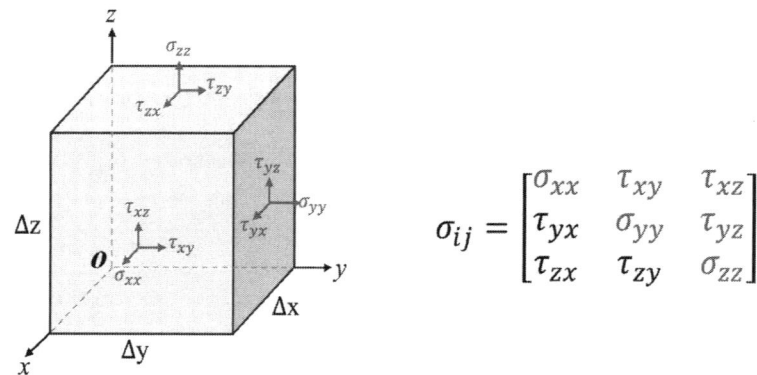

그림 1-37. 고체에 작용하고 있는 3차원 응력상태와 텐서 표현

3차원에서 좌표변환에 따른 응력 변환은 그림 1-38에서 도식적으로 설명하고 있듯이 2차원에서 수행했던 동일한 방식으로 진행하면 된다.

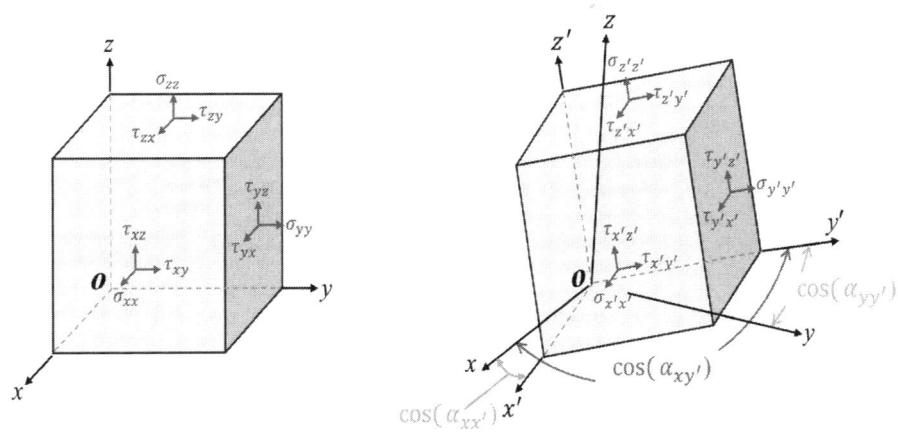

그림 1-38. 좌표 변환에 따른 3차원 응력 상태의 변환

그림 1-39에서 보여주고 있는 임의의 3차원 응력상태에 놓여 있는 요소 자유체(elemental free body)를 고려해 보자. 요소 자유체 내부에 비스듬하게 놓여 있는 꼭지점 A, B, C로 구성하고 있는 영역 ΔA에 작용하는 응력을 표현해 보자. 문제를 쉽게 하기 위해 면에 작용하는 전체 응력, S가 면 수직벡터에 평행하도록 하자. 그리고 이 면에 작용하는 전단 응력이 없도록 하여 S가 주면(principal plane)에 작용하는 주응력(σ)이 되도록 만들자. 결국 이 상황은 단순한 고유치(eigen value) 문제가 된다[5,7,8,9,10,11].

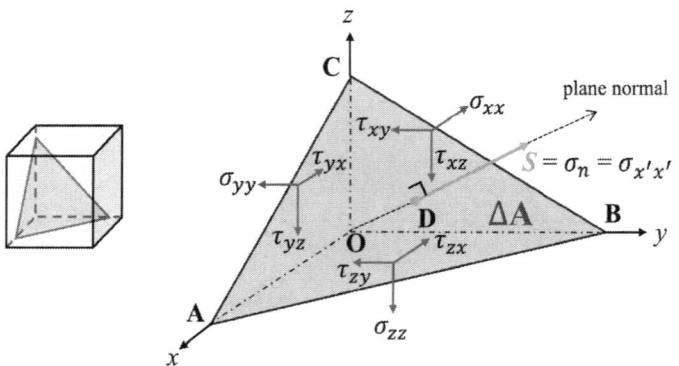

Principal Stress : ∠(S, ΔA) = 90°

그림 1-39. 요소 자유에 내부 비스듬히 놓인 면에 작용하는 수직 응력

원래 x, y 및 z축 평행한 총 응력, S의 성분(S_x, S_y, S_z)은 식(1-53)으로 표현이 가능하다.

$$S_x = Sl = \sigma l$$
$$S_y = Sm = \sigma m \quad (1\text{-}53)$$
$$S_z = Sn = \sigma n$$

식(1-53)에서 l, m 및 n은 주응력이 작용하는 방향과 각 축과의 방향 여현(directional cosine)을 의미한다. 그림 1-40에서 면에 수직한 응력, S의 성분과 방향 여현에 대한 기하학적인 표현을 확인할 수 있다.

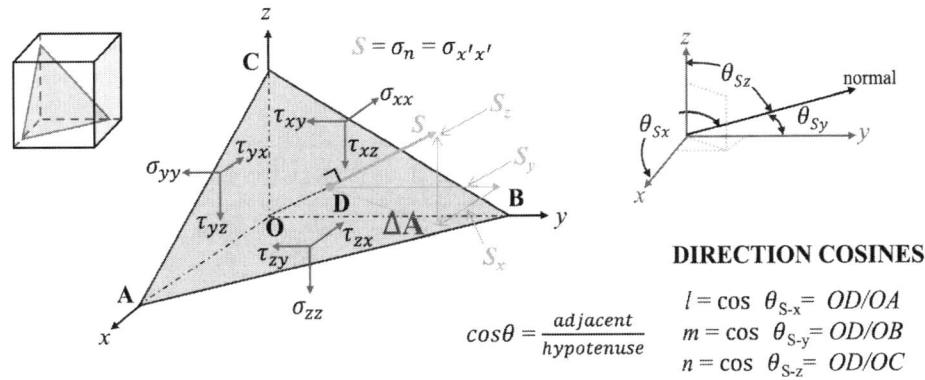

그림 1-40. 면에 수직한 응력, S의 성분과 방향 여현의 기하학적 설명

요소 자유체 내부에서 힘의 평형을 계산하기 위해서는 각각의 응력 성분들이 작용하는 면적을 계산할 필요가 있다. 그림 1-40에서 영역 COB, AOC 및 AOB는 식(1-54)와 같이 표현할 수 있다.

$$Area\ COB = \Delta Al$$
$$Area\ AOC = \Delta Am \tag{1-54}$$
$$Area\ AOB = \Delta An$$

정적 평형(static equilibrium) 즉, ΣF=0의 조건을 충족시키기 위해서는 각 방향으로 모든 힘은 균형을 이뤄야 한다. 아래의 식은 x, y, z 방향으로 힘의 평형과 관련된 식을 보여주고 있다.

$$F_x = S_x \Delta A = S \Delta Al = \sigma_{xx} \Delta Al + \tau_{yx} \Delta Am + \tau_{zx} \Delta An$$
$$F_y = S_y \Delta A = S \Delta Am = \sigma_{yy} \Delta Am + \tau_{xy} \Delta Al + \tau_{zy} \Delta An \tag{1-55}$$
$$F_z = S_z \Delta A = S \Delta An = \sigma_{zz} \Delta An + \tau_{xz} \Delta Al + \tau_{yz} \Delta Am$$

왼쪽 항을 오른쪽으로 이동해서 식을 전개하면 아래의 식으로 표현이 가능하다.

$$\sum F_x = (\sigma_{xx} - S)l + \tau_{yx}m + \tau_{zx}n = 0$$
$$\sum F_y = \tau_{xy}l + (\sigma_{yy} - S)m + \tau_{zy}n = 0 \quad (1\text{-}56)$$
$$\sum F_z = \tau_{xz}l + \tau_{yz}m + (\sigma_{zz} - S)n = 0$$

식(1-56)을 행렬(matrix)의 형태로 표현하면 아래의 식과 같이 나타낼 수 있다.

$$\begin{bmatrix} (\sigma_{xx} - S) & \tau_{yx} & \tau_{zx} \\ \tau_{xy} & (\sigma_{yy} - S) & \tau_{zy} \\ \tau_{xz} & \tau_{yz} & (\sigma_{zz} - S) \end{bmatrix} \begin{bmatrix} l \\ m \\ n \end{bmatrix} = \begin{bmatrix} 0 \\ 0 \\ 0 \end{bmatrix} \quad (1\text{-}57)$$

식(1-57) 왼쪽에 있는 행렬에 대한 행렬식(determinant)의 해를 구하게 되면 아래의 식과 같이 S항의 3차식으로 표현된다.

$$det[\sigma_{ij} - S\delta_{ij}]$$
$$-S^3 + (\sigma_{xx} + \sigma_{yy} + \sigma_{zz})S^2 - (\sigma_{xx}\sigma_{yy} + \sigma_{yy}\sigma_{zz} + \sigma_{xx}\sigma_{zz} - \tau_{xy}^2 - \tau_{yz}^2 - \tau_{xz}^2)S$$
$$+ (\sigma_{xx}\sigma_{yy}\sigma_{zz} + 2\tau_{xy}\tau_{yz}\tau_{xz} - \sigma_{xx}\tau_{yz}^2 - \sigma_{yy}\tau_{xz}^2 - \sigma_{zz}\tau_{xy}^2) = 0 \quad (1\text{-}58)$$

식(1-58)에 -1을 곱하면 아래의 식으로 표현할 수 있다.

$$S^3 - I_1S^2 + I_2S - I_3 = 0 \quad (1\text{-}59)$$

여기서 I_1, I_2 및 I_3는 응력 텐서의 불변량(invariants)들로 아래의 식과 같이 표현할 수 있다.

$$I_1 = \sigma_{xx} + \sigma_{yy} + \sigma_{zz}$$

$$I_2 = \begin{vmatrix} \sigma_{xx} & \tau_{xy} \\ \tau_{yx} & \sigma_{yy} \end{vmatrix} + \begin{vmatrix} \sigma_{yy} & \tau_{yz} \\ \tau_{zy} & \sigma_{zz} \end{vmatrix} + \begin{vmatrix} \sigma_{xx} & \tau_{xz} \\ \tau_{zx} & \sigma_{zz} \end{vmatrix}$$
$$= \sigma_{xx}\sigma_{yy} + \sigma_{yy}\sigma_{zz} + \sigma_{xx}\sigma_{zz} - \tau_{xy}^2 - \tau_{yz}^2 - \tau_{xz}^2$$
(1-60)

$$I_3 = \begin{vmatrix} \sigma_{xx} & \tau_{xy} & \tau_{xz} \\ \tau_{yx} & \sigma_{yy} & \tau_{yz} \\ \tau_{zx} & \tau_{zy} & \sigma_{zz} \end{vmatrix}$$
$$= \sigma_{xx}\sigma_{yy}\sigma_{zz} + 2\tau_{xy}\tau_{yz}\tau_{xz} - \sigma_{xx}\tau_{yz}^2 - \sigma_{yy}\tau_{xz}^2 - \sigma_{zz}\tau_{xy}^2$$

불변량을 좀 더 간단하게 아래의 식과 같이 표현하기도 한다.

$$I_1 = \sigma_{ii} \ (this\ is\ the\ trace\ of\ the\ tensor)$$
$$I_2 = \frac{1}{2}\sigma_{ij}\sigma_{ij} - \sigma_{ii}\sigma_{jj} \ \ (this\ is\ the\ sum\ of\ the\ principal\ minors) \quad (1\text{-}61)$$
$$I_3 = det(\sigma_{ij}) \ (this\ is\ the\ determinant\ of\ the\ tensor)$$

이 값들이 불변량이라고 표현되는 이유는 응력이 하나의 좌표계에서 다른 좌표계로 변환되더라도 이 3개의 양은 변함없이 일정한 값을 가지기 때문이다. 이 상황에서는 S=σ_n이기 때문에 3차식의 3개의 근은 주응력인 σ_1, σ_2 및 σ_3을 의미한다. 독자들은 임의의 불변량의 값을 사용하여 그래픽 소프트웨어를 이용하면 아래 그림 1-41과 같은 결과를 그릴 수 있다.

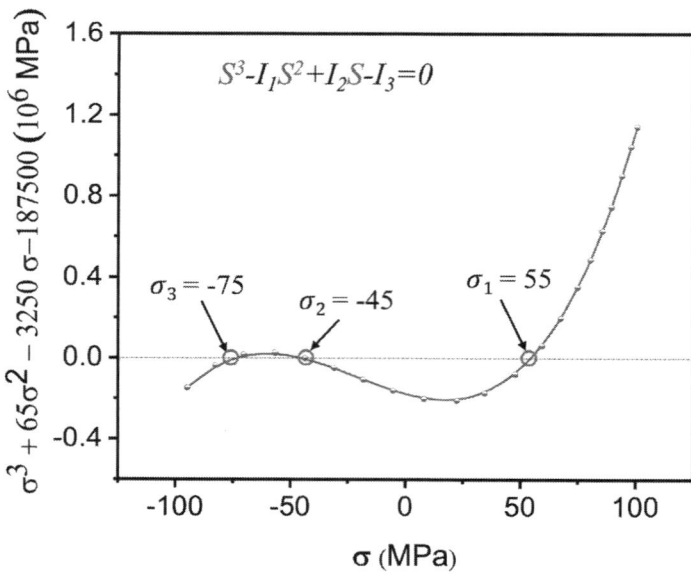

그림 1-41. 응력의 3차식에 대한 그래픽 표현

주응력이 작용하는 방향은 S항에 σ_1, σ_2 및 σ_3을 아래 식에 치환하여 결정할 수 있다.

$$(\sigma_{xx} - S)l + \tau_{yx}m + \tau_{zx}n = 0$$
$$\tau_{xy}l + (\sigma_{yy} - S)m + \tau_{zy}n = 0 \quad (1\text{-}62)$$
$$\tau_{xz}l + \tau_{yz}m + (\sigma_{zz} - S)n = 0$$

그런 후에 의 조건을 이용하면서 3개의 방정식을 l, m 및 n에 대해서 동시에 풀어 해를 얻을 수 있다. 아래 식은 각각의 주응력에 대해 주응력의 치환 값과 그것이 작용하는 방향을 얻는 관계를 보여준다.

$$(a)\ Substitute\ \sigma_1\ for\ S\ ;\ solve\ for\ l, n, and\ n;$$
$$(b)\ Substitute\ \sigma_2\ for\ S\ ;\ solve\ for\ l, n, and\ n; \quad (1\text{-}63)$$
$$(c)\ Substitute\ \sigma_3\ for\ S\ ;\ solve\ for\ l, n, and\ n;$$

아래 그림 1-42는 각각의 주응력이 원래 좌표계 x, y, z와 관련시켜 주는 *l, m, n*을 가지고 있음을 짐작하게 해준다.

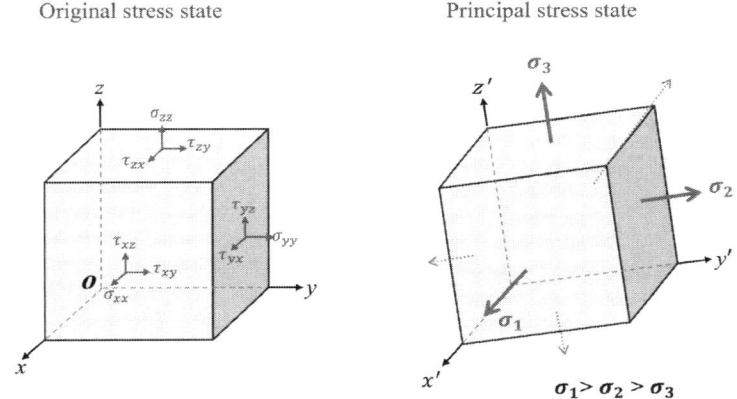

그림 1-42. 원래 좌표계 응력 상태와 주응력이 작용하는 좌표계에서 응력 상태

지금까지 요소 자유체 내부에 존재하는 경사진 면에 수직하게 작용하는 응력이 주응력이라고 가정하고 설명을 진행하였다. 그러나 보다 일반적인 경우로 돌아가서 그림 4-7과 같이 경사진 면에 작용하는 응력이 수직응력 뿐만 아니라 전단응력이 동시에 존재하는 경우에는 어떻게 설명을 해야 할지에 대해 고민해 보자.

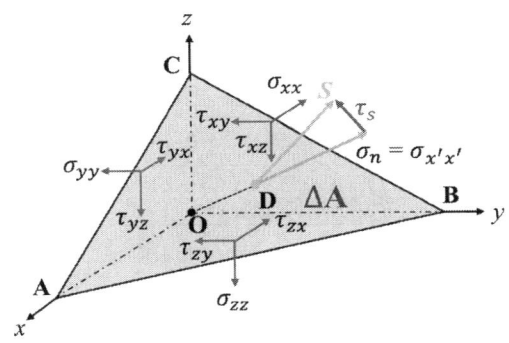

그림 1-43. 경사면에 수직응력과 전단응력이 동시에 작용하는 경우

이런 경우라도 모든 유도 과정은 앞과 동일한 방식으로 진행해도 되지만 단지 차이는 기하학적인 관계로 아래의 식과 같이 표현 가능하다.

$$S^2 = \sigma_n^2 + \tau_s^2 = S_x^2 + S_y^2 + S_z^2 \tag{1-64}$$

x, y, z 축에 평행한 힘의 합으로부터 응력 성분들을 아래의 식과 같이 표현할 수 있다.

$$\begin{aligned} S_x &= \sigma_{xx}l + \tau_{yx}m + \tau_{zx}n \\ S_y &= \tau_{xy}l + \sigma_{yy}m + \tau_{zy}n \\ S_z &= \tau_{xz}l + \tau_{yz}m + \sigma_{zz}n \end{aligned} \tag{1-65}$$

경사진 면상에 작용하는 수직응력은 응력 성분의 경사면에 수직한 방향으로 분해한 것들의 합으로 아래의 식과 같이 표현할 수 있다.

$$\sigma_n = \sigma_{x'x'} = S_x l + S_y m + S_z n \tag{1-66}$$

식(1-66)에 식(1-65)을 치환하면 아래와 같이 표현된다.

$$\sigma_{x'x'} = \sigma_{xx}l^2 + \sigma_{yy}m^2 + \sigma_{zz}n^2 + 2lm\tau_{xy} + 2mn\tau_{yz} + 2nl\tau_{zx} \tag{1-67}$$

식(1-64)로부터 전단응력은 얻을 수 있으며, 주응력 축의 항으로 표현하면 아래와 같다.

$$\tau_s^2 = (\sigma_1 - \sigma_2)^2 l^2 m^2 + (\sigma_1 - \sigma_3)^2 l^2 n^2 + (\sigma_2 - \sigma_3)^2 m^2 n^2 \tag{1-68}$$

우리는 나중에 소성 유동(plastic flow)은 전단응력과 관련이 있다는 사실을 공부하게 될 것이다. 그러므로, 주 전단응력(또는 최대 전단응력)이 발생하는 면을 알아내는 것이 매우 중요하다고 말할 수 있다. 이런 부분은 재료의 성형 공정을 이해하는데도 매우 중요하게 작용한다. 이전 논의에 따르면 최대 전단응력은 주응력 면들 사이 중간에 존재하는 면에서 발행하는 것으로 알려져 있다. 주 전단응력은 3개의 주축 중에서 2개 사이의 각을 이등분하는 방향 여현의 조합에 대해서 발생하고 있음을 아래 그림 1-44로부터 파악할 수 있다.

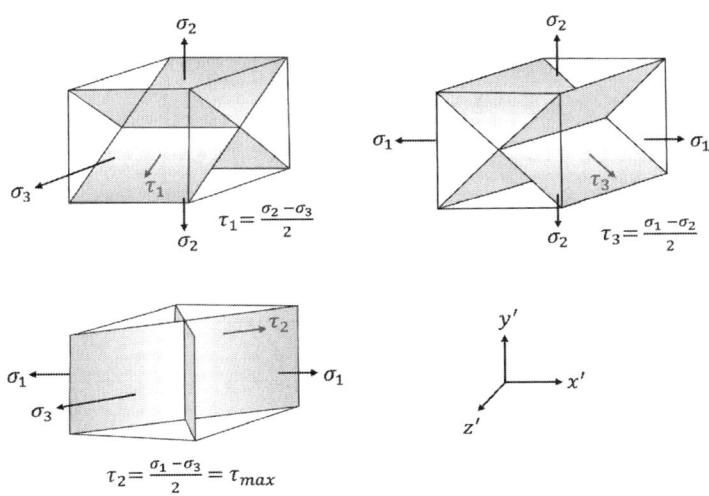

그림 1-44. 주응력 방향과 주 전단응력이 작용하는 면과의 관계

주응력이 작용하는 응력 상태에서 방향 여현과 주 전단응력의 값을 주응력으로 표현하면 아래의 식과 같다.

$$\begin{array}{ccc|c}
l & m & n & \tau \\
\hline
0 & \pm\sqrt{\frac{1}{2}} & \pm\sqrt{\frac{1}{2}} & \tau_1 = \pm\frac{\sigma_2-\sigma_3}{2} \\
\pm\sqrt{\frac{1}{2}} & 0 & \pm\sqrt{\frac{1}{2}} & \tau_2 = \pm\frac{\sigma_1-\sigma_3}{2} \\
\pm\sqrt{\frac{1}{2}} & \pm\sqrt{\frac{1}{2}} & 0 & \tau_3 = \pm\frac{\sigma_1-\sigma_2}{2}
\end{array} \quad (1\text{-}69)$$

결과적으로 최대 주 전단응력은 아래의 식과 같이 표현 가능하다.

$$\tau_{max} = \tau_2 = \frac{\sigma_1 - \sigma_3}{2} = \frac{\sigma_{max} - \sigma_{min}}{2} \quad (1\text{-}70)$$

마지막으로 위에서 논의한 경사진 면이 그림 1-45와 같이 3개의 주축 사이에서 등거리에 위치한다면 어떻게 될 것인지 생각해 보자.

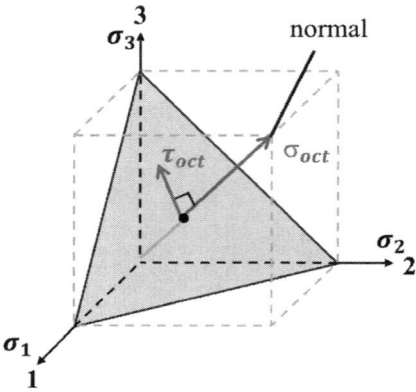

그림 1-45. 3개의 주축과 경사진 면이 등거리에 위치한 경우

이런 경우에는 방향 여현이 아래의 식과 같이 표현될 것이다.

$$l = m = n = \pm \frac{1}{\sqrt{3}} \tag{1-71}$$

이런 면이 8개 존재하며 그림 1-46처럼 그려지며, 우리는 통상 이것을 팔면체 면들(octahedral planes)로 부른다. 8개 삼각형의 면으로 구성된 팔면체면들은 1개의 팔면체(octahedron)을 형성한다.

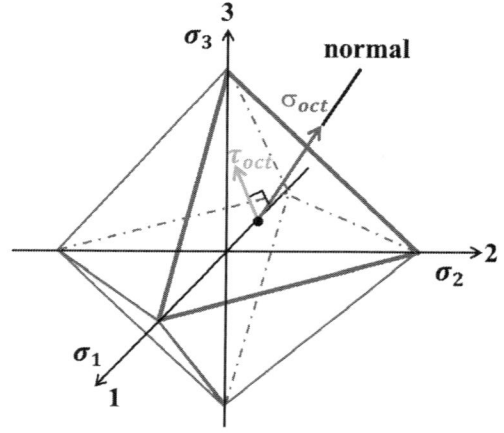

그림 1-46. 팔면체면들에 도식적 표현

이 면들 상에 작용하는 수직 및 전단응력은 각각 아래 식(1-71)과 식(1-72)과 같이 표현할 수 있다.

$$\sigma_{oct} = \frac{\sigma_1 + \sigma_2 + \sigma_3}{3} = \sigma_m = \frac{I_3}{3} \tag{1-71}$$

$$\tau_{oct} = \frac{1}{3}\sqrt{(\sigma_1 - \sigma_2)^2 + (\sigma_2 - \sigma_3)^2 + (\sigma_3 - \sigma_1)^2}$$
$$= \frac{1}{\sqrt{3}}\sqrt{(\sigma_1 - \sigma_m)^2 + (\sigma_2 - \sigma_m)^2 + (\sigma_3 - \sigma_m)^2} = \frac{1}{3}\sqrt{2(I_1^2 - 3I_2)} \tag{1-72}$$

주축의 8분원에 대해서 유사한 면이 있기 때문에 그곳에 작용하는 각각에 수직 및 전단응력이 존재하게 된다. 팔면체면에 작용하는 수직응력은 정수압 응력(hydrostatic stress)에 해당한다. 팔면체에 작용하는 전단응력은 편차응력(deviatoric stress)에 해당한다. 우리는 이후에 변형률(strain), 항복조건(yield criteria)과 소성(plasticity)을 다룰 때 정수압 및 편차 성분의 중요성을 강조할 것이다.

일반적인 형태로 팔면체면에 작용하는 수직 및 전단응력은 각각 아래 식(1-73)와 식(1-74)과 같이 표현할 수 있다.

$$\sigma_{oct} = \frac{\sigma_{xx} + \sigma_{yy} + \sigma_{zz}}{3} = \frac{\sigma_1 + \sigma_2 + \sigma_3}{3} = \frac{I_1}{3} \tag{1-73}$$

$$\tau_{oct} = \frac{1}{3}\sqrt{(\sigma_{xx} - \sigma_{yy})^2 + (\sigma_{yy} - \sigma_{zz})^2 + (\sigma_{zz} - \sigma_{xx})^2 + 6(\tau_{xy}^2 + \tau_{yz}^2 + \tau_{zx}^2)}$$
$$= \frac{1}{3}\sqrt{(\sigma_1 - \sigma_2)^2 + (\sigma_2 - \sigma_3)^2 + (\sigma_3 - \sigma_1)^2} \tag{1-74}$$

이러한 응력은 이후에 논의할 von Mises 항복 기준과 수학적으로 동일하다. 즉, 팔면체면에 작용하는 전단응력이 재료의 임계값에 도달하면 항복이 발생한다는 것이다.

3축 응력 상태 문제에서 Mohr원에 대한 해답은 없다. 그러나, 이 작업을 진행하기 위해서는 우선 주응력을 결정해야 한다. 그런 다음 Mohr원을 사용하여 주 좌표축 중 하나를 중심으로 주응력면 중 하나를 회전하여 도달할 수 있는 면에서 응력 성분을 찾는다. 그림 1-47에서 이런 면에 해당하는 수직 및 전단응력은 3개의 원으로 둘러싸인 음영 영역(shaded area) 내에 존재함을 알 수 있다.

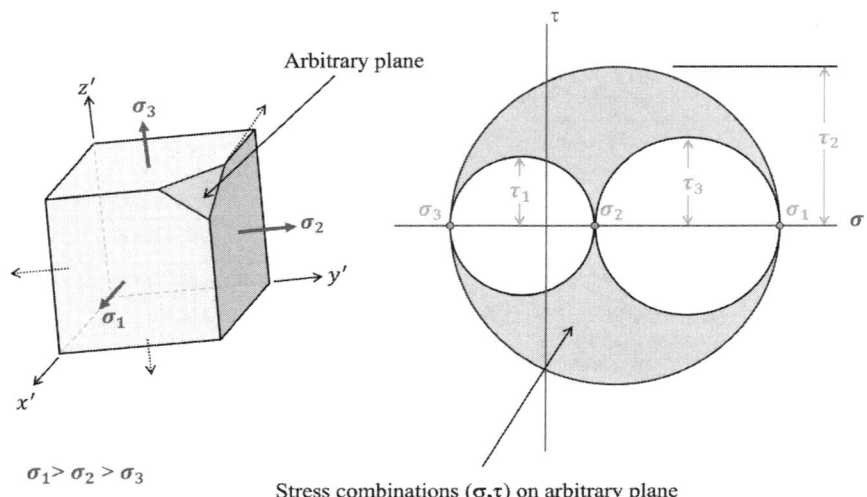

그림 1-47. 3축 응력 상태에서 Mohr원들과 응력 상태

주응력을 구한 후 최대 전단응력을 구하는 것은 비교적 쉽다. 주응력이 작용하는 면에는 전단응력이 작용하지 않으므로 주응력 방향으로 배향된 요소는 3축 응력 상태에 놓여져 있다. 그러므로 3개의 최대 전단응력은 아래의 식과 같이 표현 가능하다.

$$\tau_{max,3} = \pm \frac{\sigma_1 - \sigma_2}{2} \quad \tau_{max,2} = \pm \frac{\sigma_1 - \sigma_3}{2} \quad \tau_{max,1} = \pm \frac{\sigma_2 - \sigma_3}{2} \quad (1\text{-}75)$$

다양한 응력 상태는 Mohr원으로 표현이 가능하다. 우선 일축 인장과 일축 압축의 응력 상태를 Mohr원으로 표현한 결과를 그림 1-48에 나타내었다.

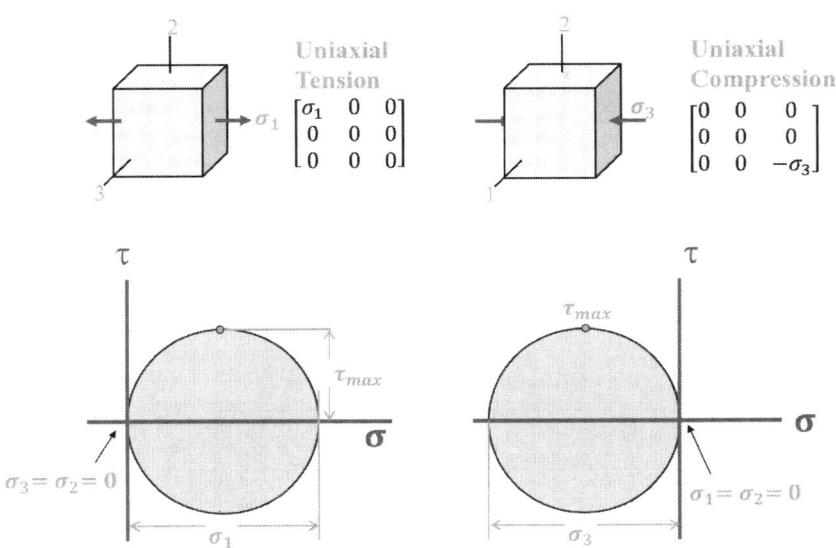

그림 1-48. 일축 인장 및 일축 압축 응력상태에 대한 Mohr원

이축 인장 및 3축 인장(서로 다른 값들을 가진 경우)의 응력상태의 Mohr원은 그림 1-49에 나타내었다.

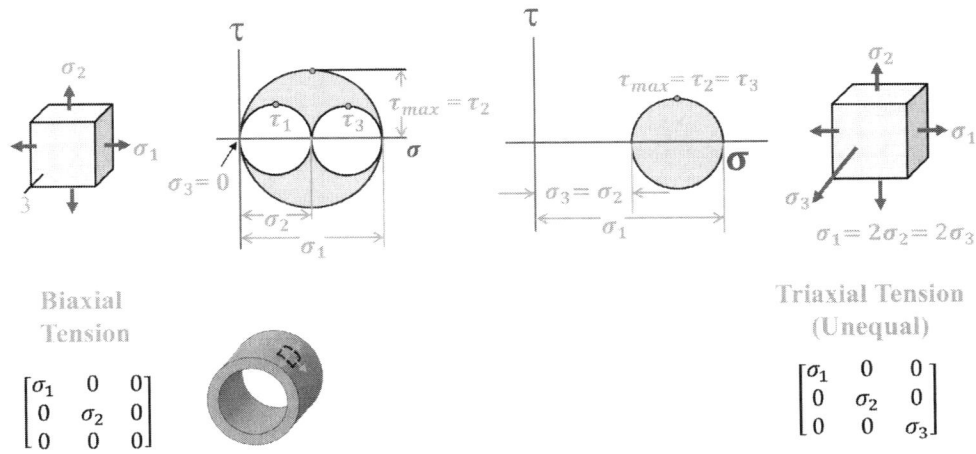

그림 1-49. 이축 인장 및 3축 인장 응력상태에 대한 Mohr원

아래 그림 1-50은 일축 인장과 2축 압축이 작용하는 응력상태에 대하 Mohr원을 표현한 것이다.

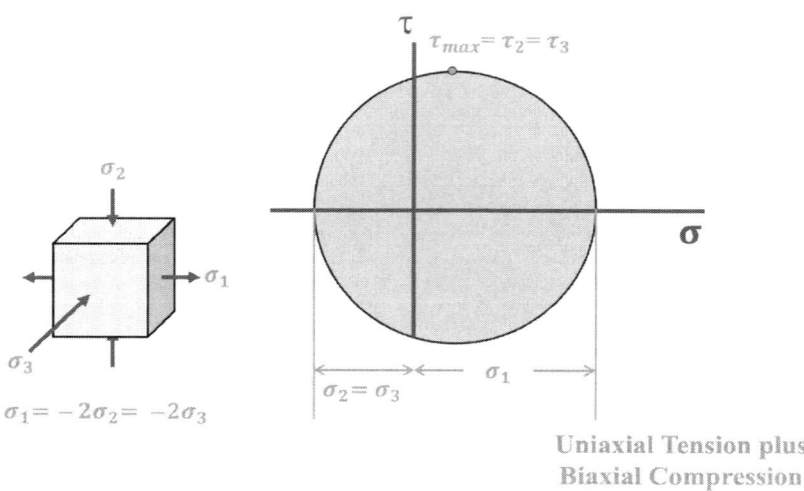

그림 1-50. 일축 인장과 2축 압축의 응력상태에 대한 Mohr원

1-7. 변형률의 기본

고체에 응력이 작용하게 되면 변형(deformation)이 발생하게 된다. 그림 1-51에서와 같이 변형은 점들(points)이나 입자들(particles)의 변위 (displacement)로부터 이해할 수 있다. 즉, 점들이나 입자들의 변위는 변형률(strain)로 표현하는 것이 가능하다[5,7,8,10,11].

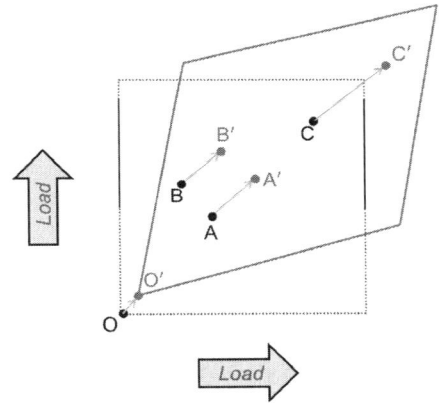

그림 1-51. 외부 하중이 가해지는 경우 두 점 사이에 변위의 발생

전체 변위(total displacement)는 그림 1-52과 같이 이동(translation), 회전(rotation)과 순수 전단(pure shear)의 합으로 표현할 수 있다.

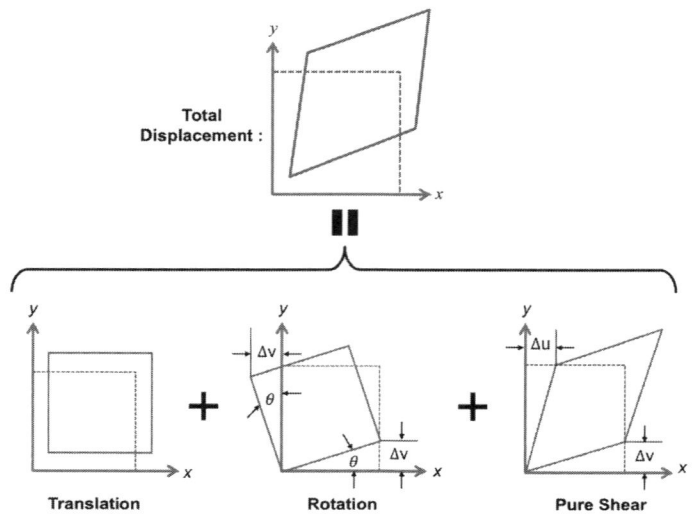

그림 1-52. 전체 변위와 이동, 회전 및 순수 전단과의 관계

우선 그림 1-53과 같이 점 x, y, z에 위치한 고체 내부에 점 A를 고려해 보자. 고체에 힘이 작용하게 되면 점 A는 점 A′으로 이동하게 된다.

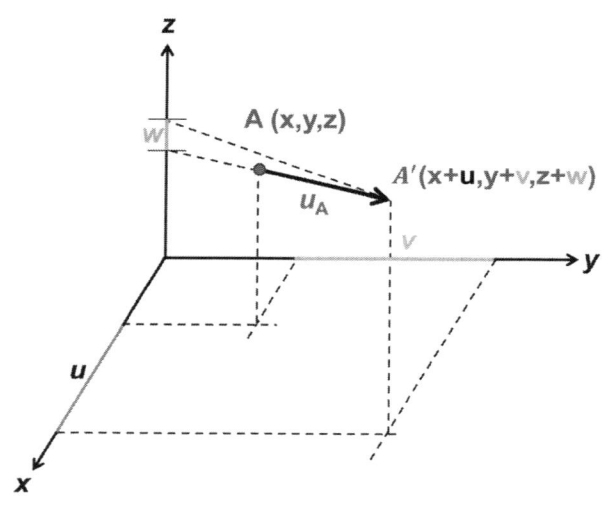

그림 1-53. 하중이 가해지는 경우 점의 이동

실제 고체상태의 물체는 많은 점들로 구성되어 있다. 변위벡터(displacement

vector)는 아래와 같이 표현할 수 있다.

$$u_A = fcn(u, v, w) \quad (1\text{-}76)$$

여기서 u, v, w는 x, y, z축에 평행한 변위에 해당한다.

모든 점에서 u_A가 일정한 경우 이동(translation)만 존재하고 변형은 발생하지 않는다. 만일 u_A가 점과 점 사이에 변한다면, 고체는 변형될 것이다. 우선 많은 점들로 구성된 물체를 고려해 보자. 그림 1-54와 같이 외부 하중이 작용하고 있는 경우 탄성적으로 변형되는 막대기를 고려해 보자.

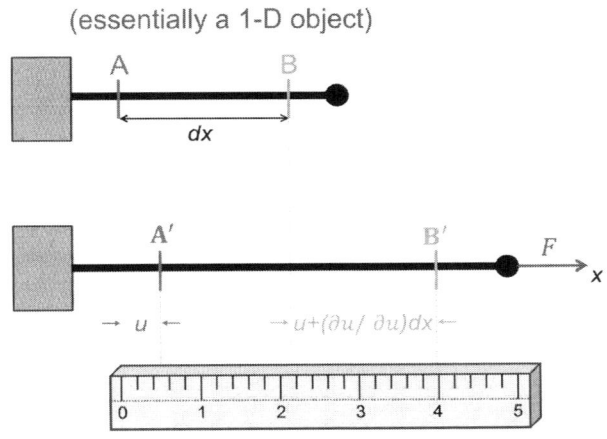

그림 1-54. 하중이 가해지는 경우 탄성체의 변형 거동

두 점 A와 B는 원래의 위치로부터 변위가 발생하나, 변위의 양이 x의 위치에 따라 상이하기 때문에 점 B는 점 A보다 멀리 이동하게 된다. 점 A가 점 A'로 이동한 변위는 u가 되고 점 B가 점 B'로 이동한 변위는 아래의 식과 같이 표현할 수 있다.

$$distance\ B \rightarrow B' = u + \left(\frac{\partial u}{\partial x}\right)dx = u + \left(\frac{\Delta u}{\Delta x}\right)dx \quad (1\text{-}77)$$

일반적으로 변형률(strain)은 아래 식으로 정의된다.

$$e_{xx} = \frac{\Delta L}{L} = \frac{A'B' - AB}{AB}$$
$$= \frac{dx + \frac{\partial u}{\partial x}dx - dx}{dx} = \frac{\partial u}{\partial x} \left(= \frac{\Delta u}{\Delta x}\right) \quad (1\text{-}78)$$

적분하게 되면 변위는 아래 식과 같이 표현할 수 있다.

$$u = u_o + e_{xx}x \quad (1\text{-}79)$$

U0은 거의 강체 이동(rigid body translation)에 해당하기 때문에 아래 식과 같이 표현할 수 있다.

$$u = e_{xx}x \quad (1\text{-}80)$$

3차원으로 일반화시키는 경우에 변위는 점의 초기 좌표계와 관련되어 있으며 아래 식과 같이 표현할 수 있다.

$$\left. \begin{array}{l} u = e_{xx}x + e_{xy}y + e_{xz}z \\ v = e_{yx}x + e_{yy}y + e_{yz}z \\ w = e_{zx}x + e_{zy}y + e_{zz}z \end{array} \right\} u_i = e_{ij}x_j \quad (1\text{-}81)$$

수직 또는 선형 변형률은 아래 식으로 표현할 수 있다.

$$\begin{array}{l} e_{xx} = \frac{\partial u}{\partial x}, e_{yy} = \frac{\partial v}{\partial y}, e_{zz} = \\ \left[e_{xx} = \frac{\Delta u}{\Delta x}, e_{yy} = \frac{\Delta v}{\Delta y}, e_{zz} = \right. \end{array} \quad (1\text{-}82)$$

고체가 변형되는 경우 수직 변형률에 추가하여 전단 변형률이 가능하다. 그림 1-55와같이 전단에 의해 왜곡되는 정사각형 또는 입방체 요소를 고려해 보자. x방향으로 증분 변위(incremental displacement)는 u이고 y방향으로 증분 변위는 v 그리고 z방향으로 증분 변위는 w에 해당된다. AD의 변위는 y축을 따라 거리가 증가함에 따라 x축 방향으로 증가하여 y축의 각도 왜곡을 초래하게 된다.

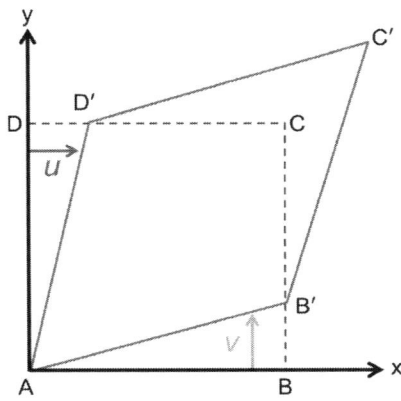

그림 1-55. 전단 변형에 의한 요소의 왜곡

이때 전단 변형률은 아래 식과 같이 표현하는 것이 가능하다.

$$e_{xy} = \frac{\delta}{h} = \frac{DD'}{DA} = \frac{\partial u}{\partial y} \quad \left[or \; \frac{\Delta u}{\Delta y} \right] \tag{1-83}$$

x축을 따라서도 유사한 거동이 발생하며 아래 식과 같이 표현하는 것이 가능하다.

$$e_{yx} = \frac{\delta}{h} = \frac{BB'}{AB} = \frac{\partial v}{\partial x} \quad \left[or \; \frac{\Delta v}{\Delta x} \right] \tag{1-84}$$

이제부터 3차원 상태에서 변형률을 결정해 보자. 변위 변형률(displacement strain)은 9개의 변형률 성분으로 아래 식과 같이 정의할 수 있다.

$$e_{xx}, e_{xy}, e_{xz}, e_{yy}, e_{yx}, e_{yz}, e_{zz}, e_{zx}, e_{zy} \tag{1-85}$$

(-) 면의 변형률은 평형 조건을 충족시키기 위해 동일한 값을 갖는다.

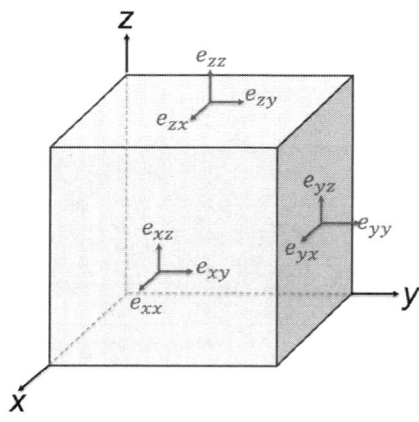

그림 1-56. 변위 변형률의 성분

e_{ij}에서 i는 변형률이 작용하는 면에 해당하며, j는 변위 방향에 해당한다. 일반적으로 변위 변형률은 i와 j가 모두 (+)인 경우 (+)의 값을 갖고, i와 j가 모두 (-)인 경우에도 (+)의 값을 가지며 i와 j가 반대의 부호인 경우에 (-)의 값을 갖는다. e_{ij}가 양수인 경우에는 인장 그리고 음수인 경우에는 압축에 해당한다.

아래 식은 3차원 변위 변형률 행렬을 표현한 것이다.

$$e_{ij} = \begin{bmatrix} e_{xx} & e_{xy} & e_{xz} \\ e_{yx} & e_{yy} & e_{yz} \\ e_{zx} & e_{zy} & e_{zz} \end{bmatrix} = \begin{bmatrix} \frac{\Delta u}{\Delta x} & \frac{\Delta u}{\Delta y} & \frac{\Delta u}{\Delta z} \\ \frac{\Delta v}{\Delta x} & \frac{\Delta v}{\Delta y} & \frac{\Delta v}{\Delta z} \\ \frac{\Delta w}{\Delta x} & \frac{\Delta w}{\Delta y} & \frac{\Delta w}{\Delta z} \end{bmatrix} = \begin{bmatrix} \frac{\partial u}{\partial x} & \frac{\partial u}{\partial y} & \frac{\partial u}{\partial z} \\ \frac{\partial v}{\partial x} & \frac{\partial v}{\partial y} & \frac{\partial v}{\partial z} \\ \frac{\partial w}{\partial x} & \frac{\partial w}{\partial y} & \frac{\partial w}{\partial z} \end{bmatrix} \quad (1\text{-}86)$$

이동을 무시하면 고체를 구성하고 있는 점은 아래 식과 같이 3개의 배열의 변화가 가능하다.

$$\begin{aligned} &- Linear\ displacement\ (\text{"stretching"}), \\ &- Shear\ displacement\ (\text{"distortion"}), \\ &- Rotation. \end{aligned} \quad (1\text{-}87)$$

여기서 선형 변위(스트레칭)와 전단 변위(왜곡)는 단지 고체의 형태를 변화시키는데 기여한다. 그림 1-57은 이런 부분을 도식적으로 설명해 주고 있다.

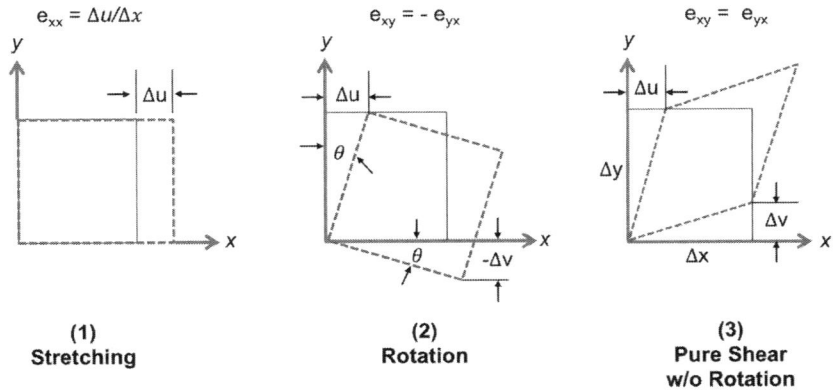

그림 1-57. 고체의 탄성 변형의 형태

변위 변형률 텐서는 아래 식과 같이 변형률(strain)과 회전(rotation) 텐서에 해당하는 두개의 부분으로 분리시킬 필요가 있다.

$$Strain\ (\varepsilon_{ij}),$$
$$Rotation\ (\omega_{ij}). \tag{1-88}$$

변형률 텐서 부분은 대칭(symmetric)인 반면에 회전 텐서 부분은 반대칭(anti-symmetric)임을 알 수 있으며 아래 식과 같이 표현이 가능하다.

$$e_{ij} = \varepsilon_{ij} + \omega_{ij}$$

$$= \frac{1}{2}(e_{ij} + e_{ji}) + \frac{1}{2}(e_{ij} - e_{ji})$$

$$= \frac{1}{2}\left(\frac{\partial u_i}{\partial x_j} + \frac{\partial u_j}{\partial x_i}\right) + \frac{1}{2}\left(\frac{\partial u_i}{\partial x_j} - \frac{\partial u_j}{\partial x_i}\right) \tag{1-89}$$

$$= \frac{1}{2}(u_{i,j} + u_{j,i}) + \frac{1}{2}(u_{i,j} - u_{j,i})$$

변위변형률 텐서를 행렬의 형태로 표현하고 대칭 행렬과 반대칭 행렬로 분리시키는 과정은 아래 식에 명확하게 설명하였다.

$$Displacement\ strain\ [matrix] \quad \begin{bmatrix} e_{xx} & e_{xy} & e_{xz} \\ e_{yx} & e_{yy} & e_{yz} \\ e_{zx} & e_{zy} & e_{zz} \end{bmatrix}$$

$$\|\qquad\qquad\qquad\|$$

$$Strain\ [tensor]\ \varepsilon_{ij} = \begin{bmatrix} \varepsilon_{xx} & \varepsilon_{xy} & \varepsilon_{xz} \\ \varepsilon_{yx} & \varepsilon_{yy} & \varepsilon_{yz} \\ \varepsilon_{zx} & \varepsilon_{zy} & \varepsilon_{zz} \end{bmatrix} = \begin{bmatrix} e_{xx} & \frac{1}{2}(e_{xy}+e_{yx}) & \frac{1}{2}(e_{xz}+e_{zx}) \\ \frac{1}{2}(e_{xy}+e_{yx}) & e_{yy} & \frac{1}{2}(e_{yz}+e_{zy}) \\ \frac{1}{2}(e_{xz}+e_{zx}) & \frac{1}{2}(e_{yz}+e_{zy}) & e_{zz} \end{bmatrix} \quad (1\text{-}90)$$

$$+$$

$$Rotation\ [tensor]\ \omega_{ij} = \begin{bmatrix} \omega_{xx} & \omega_{xy} & \omega_{xz} \\ \omega_{yx} & \omega_{yy} & \omega_{yz} \\ \omega_{zx} & \omega_{zy} & \omega_{zz} \end{bmatrix} = \begin{bmatrix} e_{xx} & \frac{1}{2}(e_{xy}-e_{yx}) & \frac{1}{2}(e_{xz}-e_{zx}) \\ \frac{1}{2}(e_{yx}-e_{xy}) & e_{yy} & \frac{1}{2}(e_{yz}-e_{zy}) \\ \frac{1}{2}(e_{zx}-e_{xz}) & \frac{1}{2}(e_{zy}-e_{yz}) & e_{zz} \end{bmatrix}$$

위의 관계식으로부터, 임을 알 수 있다. 만일 이면 변형은 비회전적이라고 한다. 식(1-89)를 식(1-81)에 대입하면 아래와 같은 식이 유도된다.

$$u_i = \varepsilon_{ij}x_j + \omega_{ij}x_j \quad (1\text{-}91)$$

앞에서 설명한 바와 같이 전단변형률은 회전에 영향을 받지 않으며, 그림 1-58에서 보여주듯이 정사각형의 고체의 직각인 부분이 변화하는 전체 각도로 표현이 가능하다. 결과적으로 이 그림에서 발생한 전단 변형률은 아래와 같이 표현할 수 있다.

$$\gamma = e_{xy} + e_{yx} = 2\varepsilon_{xy} \quad (\omega_{ij} = 0) \quad (1\text{-}92)$$

일반식으로 표현하면 다음과 같이 표현이 가능하다.

$$\gamma_{ij} = 2\varepsilon_{ij} \quad (engineering\ shear\ strain)$$

$$\gamma_{xy} = \frac{\partial u}{\partial y} + \frac{\partial v}{\partial x}$$

$$\gamma_{xz} = \frac{\partial w}{\partial x} + \frac{\partial u}{\partial z} \tag{1-93}$$

$$\gamma_{yz} = \frac{\partial w}{\partial y} + \frac{\partial v}{\partial z}$$

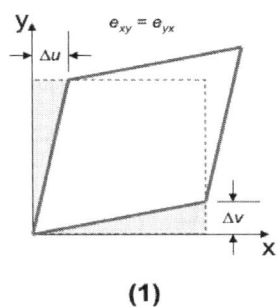

그림 1-58. 전단변형에 의한 고체의 왜곡

공칭 전단 변형률(engineering shear strain)이라 부르기도 한다. 그러나 주의할 점은 텐서량이 아니라는 점이다. 그러나 식(1-90)에서 정의한 텐서량이기 때문에 앞에서 설명한 응력텐서와 같은 성질을 갖는다. 그러므로 응력에 대해서 전개한 모든 식에 대신 대입하면 바로 변형률에 대한 식들이 되게 된다. 예를 들면, 임의의 경사면상의 수직변형률은 식(1-90)으로부터 다음과 같이 유도가 가능하다.

$$\varepsilon = \varepsilon_{normal} = \varepsilon_{xx}l^2 + \varepsilon_{yy}m^2 + \varepsilon_{zz}n^2 + 2\varepsilon_{xy}lm + 2\varepsilon_{yz}mn + 2\varepsilon_{xz}nl \tag{1-94}$$

공칭 전단 변형률을 이용하면 아래 식으로 표현할 수 있다.

$$\varepsilon = \varepsilon_{normal} = \varepsilon_{xx}l^2 + \varepsilon_{yy}m^2 + \varepsilon_{zz}n^2 + \gamma_{xy}lm + \gamma_{yz}mn + \gamma_{xz}nl \tag{1-95}$$

응력과 마찬가지로 전단변형률이 작용하지 않는 좌표계를 정의할 수 있으며, 이 좌표계는 주축을 구성하게 된다. 즉 작용하는 면에 전단변형률 성분이 0일의 변형률을 주변형률(principal strain)이라 하고 그 값은 아래의 3차 방정식의 해로 주어지게 된다.

$$\varepsilon^3 - (\varepsilon_{xx} + \varepsilon_{yy} + \varepsilon_{zz})\varepsilon^2 + \left(\varepsilon_{xx}\varepsilon_{yy} + \varepsilon_{yy}\varepsilon_{zz} + \varepsilon_{xx}\varepsilon_{zz} - \frac{1}{4}\left(\gamma_{xy}^2 - \gamma_{yz}^2 - \gamma_{xz}^2\right)\right)\varepsilon$$
$$- \left(\varepsilon_{xx}\varepsilon_{yy}\varepsilon_{zz} + \frac{1}{4}\gamma_{xy}\gamma_{yz}\gamma_{xz} - \frac{1}{4}\left(\varepsilon_{xx}\gamma_{yz}^2 + \varepsilon_{yy}\gamma_{xz}^2 + \varepsilon_{zz}\gamma_{xy}^2\right)\right) = 0 \quad (1\text{-}96)$$

또는

$$\varepsilon^3 - I_1\varepsilon^2 + I_2\varepsilon - I_3 = 0$$

주변형률이 작용하는 방향은 아래 식에서 대신에, 치환하면 계산할 수 있다.

$$(\varepsilon_{xx} - \varepsilon)2l + \gamma_{yx}m + \gamma_{zx}n = 0$$
$$\gamma_{xy}l + (\varepsilon_{yy} - \varepsilon)2m + \gamma_{zy}n = 0 \quad (1\text{-}97)$$
$$\gamma_{xz}l + \gamma_{yz}m + (\varepsilon_{zz} - \varepsilon)2n = 0$$

관계식을 이용하고 l, m 그리고 n에 대해 결과식을 풀면 주 전단 변형률에 대한 식을 아래와 같이 얻을 수 있다.

l	m	n	γ
0	$\pm\sqrt{\frac{1}{2}}$	$\pm\sqrt{\frac{1}{2}}$	$\gamma_1 = \pm(\varepsilon_2 - \varepsilon_3)$
$\pm\sqrt{\frac{1}{2}}$	0	$\pm\sqrt{\frac{1}{2}}$	$\gamma_2 = \pm(\varepsilon_1 - \varepsilon_3)$
$\pm\sqrt{\frac{1}{2}}$	$\pm\sqrt{\frac{1}{2}}$	0	$\gamma_3 = \pm(\varepsilon_1 - \varepsilon_2)$

(1-98)

주 전단 변형률은 주 수직 변형률들의 사이 중간 지점에 존재한다.

앞서 우리는 그림 1-59에서 보여주는 팔면체(octahedral) 평면에서 작용하는 팔면체 법선 응력(σ_{oct})과 전단 응력(τ_{oct})을 정의했다. 당연히 팔면체 변형률도 존재해야 하며, 선형 팔면체 변형률은 다음과 같이 주어진다.

$$\varepsilon_{oct} = \frac{\varepsilon_1 + \varepsilon_{12} + \varepsilon_3}{3} \tag{1-99}$$

전단 팔면체 변형률은 다음과 같이 주어진다.

$$\gamma_{oct} = \frac{2}{3}\sqrt{(\varepsilon_1 - \varepsilon_2)^2 + (\varepsilon_2 - \varepsilon_3)^2 + (\varepsilon_3 - \varepsilon_1)^2} \tag{1-100}$$

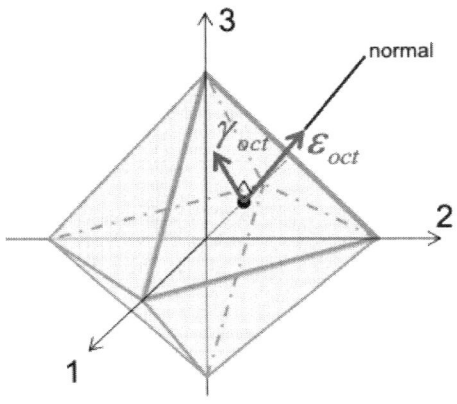

그림 1-59. 전단변형에 의한 고체의 왜곡

이런 관계들의 중요성은 소성 변형을 논의할 때 더욱 분명해질 것이다.

고체의 변형은 부피 변화(volume change)와 형태 변화(shape change)를 포함한다. 변형률은 부피 변화와 관련이 있는 정수압 성분(hydrostatic component)과 형태 변화와 관련이 있는 편차 성분(deviatoric component)으로 분리할 수 있다.

$$\begin{aligned}
\text{Total strain} \quad &= \text{volume change} + \text{shape change} \\
&= \text{volume strain} + \text{shape change} \\
&= (\text{hydrostatic}) + (\text{deviatoric})
\end{aligned} \tag{1-101}$$

체적 변화를 제거하면, 형태 변화만 남는다.

그림 1-58에서와 같이 변형되지 않은 입방체의 고체를 고려하자. 이때 이 고체의 부피는 아래식으로 표현된다.

$$Undeformed\ volume = dx\ dy\ dz \qquad (1\text{-}102)$$

입방체의 고체가 변형이 되고 각 변의 길이가 변하는 경우 변형된 입방체의 부피는 아래와 같다.

$$Deformed\ volume = (1+\varepsilon_{xx})(1+\varepsilon_{xx})(1+\varepsilon_{xx}) \times dx\ dy\ dz \qquad (1\text{-}102)$$

위에 설명한 부피들을 이용하면 부피 변형률(volume strain)은 아래와 같이 표현이 가능하다.

$$\Delta = \frac{\Delta V}{V} = \frac{(1+\varepsilon_{xx})(1+\varepsilon_{xx})(1+\varepsilon_{xx})\ dxdydz - dxdydz}{dxdyd} \qquad (1\text{-}103)$$
$$= (1+\varepsilon_{xx})(1+\varepsilon_{xx})(1+\varepsilon_{xx}) - 1$$

만일 변형률의 곱들을 무시한다면 위의 식은 아래와 같이 표현되며, 변형률 텐서의 1차 불변량과 같은 값인 것을 알 수 있다.

$$\Delta = \varepsilon_{xx} + \varepsilon_{yy} + \varepsilon_{zz} \qquad (1\text{-}104)$$

변형률의 정수압 성분 즉, 평균 변형률(mean strain)은 다음과 같다.

$$\varepsilon_m = \frac{\varepsilon_{xx}+\varepsilon_{yy}+\varepsilon_{zz}}{3} = \frac{\varepsilon_{ii}}{3} = \frac{\Delta}{3} = \frac{I_1}{3} \qquad (1\text{-}105)$$

평균 변형률은 형태 변화를 유도하지 않고 부피 변화만 유도한다. 형태 변화를 유도하는 부분은 변형 편차 (strain deviator)라고 불린다. 수직 변형률 성분들로부터 평균 변형률을 빼면 아래와 같이 변형 편차를 얻을 수 있다.

$$\varepsilon'_{ij} = \begin{bmatrix} \varepsilon_{xx} - \varepsilon_m & \varepsilon_{xy} & \varepsilon_{xz} \\ \varepsilon_{yx} & \varepsilon_{yy} - \varepsilon_m & \varepsilon_{yz} \\ \varepsilon_{zx} & \varepsilon_{zy} & \varepsilon_{zz} - \varepsilon_m \end{bmatrix}$$

$$= \begin{bmatrix} \dfrac{2\varepsilon_{xx} - \varepsilon_{yy} - \varepsilon_{zz}}{3} & \varepsilon_{xy} & \varepsilon_{xz} \\ \varepsilon_{yx} & \dfrac{2\varepsilon_{yy} - \varepsilon_{zz} - \varepsilon_{xx}}{3} & \varepsilon_{yz} \\ \varepsilon_{zx} & \varepsilon_{zy} & \dfrac{2\varepsilon_{zz} - \varepsilon_{xx} - \varepsilon_{yy}}{3} \end{bmatrix} \quad (1\text{-}106)$$

$$\varepsilon_{ij} = \varepsilon'_{ij} + \varepsilon_m = \left(\varepsilon_{ij} - \frac{\Delta}{3}\delta_{ij} \right) + \frac{\Delta}{3}\delta_{ij} \quad (1\text{-}107)$$

1-8. 탄성영역에서의 응력-변형률 관계

이 절에서는 탄성(elasticity)이란 무엇이며, 왜 중요한지에 대해 공부한다. 탄성은 변형된 물체가 변형 후에 크기와 형태를 회복하는 능력으로 정의된다. 대부분의 엔지니어링 설계(design)는 부품이 치수와 기능을 유지하도록 탄성 영역에서 이루어진다. 일반적으로, 소성 변형(plastic deformation)이나 파괴(fracture)는 실패(failure)로 간주된다. 때때로 과도한 탄성 변형도 또한 실패로 간주된다. 대부분의 엔지니어들은 실패를 피하고 싶은 것이 공통의 관심사이기도 하다. 다음은 탄성의 성질이 등방성(isotropic)인지에 대해서 생각해 보자. 미시적인 관점에서는 개별 결정립(individual grains)이나 단결정(single crystals)의 탄성 거동은 본질적으로 이방성(anisotropic)이다. 그러나 거시적인 관점에서는 대부분의 다결정 재료(polycrystalline materials)는 탄성적으로 등방성으로 취급되고 있다. 다결정 재료의 경우 강한 결정학적 집합조직(crystallographic textures)이 발달하는 경우에는 이방성의 성질을 갖는다.

이제 탄성의 기원은 무엇인지에 대해서 생각해 보자. 그림 1-60은 원자 결합력(atomic bonding forces)을 원자간의 거리의 함수로 표현한 것이다. 원자 결합력은 단범위(short range) 반발력(repulsive forces)이 충분히 커져 이를 균형을 이룰 때까지 작용하는 원자들이 서로 가까워지도록 끌어당기는 장범위(long range) 인력(attractive forces)으로부터 발생한다. 따라서, 탄성 특성은 원자 간 결합의 개별 변형의 집합적 효과(aggregate effect)로 생각할 수 있다.

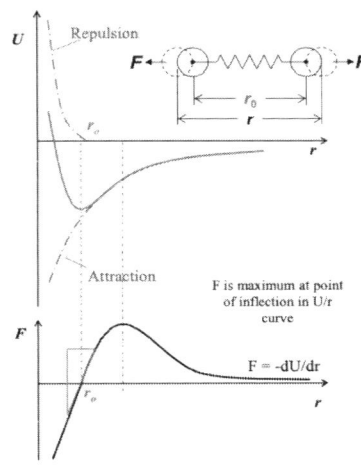

그림 1-60. 원자간의 거리의 함수로 표현된 원자 결합력

벌크(bulk) 탄성 거동에 영향을 주는 인자들에 대해서 생각해 보자. 외부에서 가해진 힘은 재료를 구성하는 원자간 결합들의 네트워크에 의해 전달된다. 따라서 탄성 거동은 원자 간 힘의 크기에 양적으로 의존하게 된다. 일반적으로 탄성 특성은 물질의 미세구조에 의존하지 않으며, 재료의 원자 구조(atomic structure), 결합(bonding), 그리고 결정 구조(crystal structure)에 의존한다. 재료의 대표적인 탄성 상수(elastic constants)에는 인장 계수라고도 불리는 Young 계수 (E), 강성 계수라고도 불리는 전단 계수 (shear modulus, G 또는 μ), 체적 계수 (bulk modulus, K), Poisson 비 (ν), Lame 상수 (λ)가 있다. 표 1-1은 등방성 재료의 상온 탄성 상수 값들에 해당한다[5].

표 1-1. 등방성 재료의 상온 탄성 상수 값

Material	Modulus of elasticity, GPa	Shear modulus, GPa	Poisson's ratio
Aluminum alloys	72.4	27.5	0.31
Copper	110	41.4	0.33
Steel (plain carbon and low-alloy)	200	75.8	0.33
Stainless steel (18-8)	193	65.6	0.28
Titanium	117	44.8	0.31
Tungsten	400	157	0.27

대부분의 금속은 하중이 탄성한계를 초과하지 않으면 응력은 변형률에 비례하며 이 관계를 Hook의 법칙이라고 한다[6,7,8]. 이를 수식으로 표현하면 다음과 같다.

$$\sigma = E\varepsilon \qquad (1\text{-}106)$$

식(1-106)의 관계는 1축 인장의 경우로서 Hook의 법칙 중 가장 간단한 표현에 해당한다. 그림 1-61에서 보여주는 것처럼 z축 방향의 인장력으로 z축 방향의 인장변형이 발생하지만, z축 방향과 수직인 x축 방향과 y축 방향으로 수축변형이 발생한다. 수직방향의 변형률과 인장방향의 변형률의 비의 절대값을 Poisson 비라고 한다. Poisson 비는 다음과 같이 표현된다.

$$\nu = -\frac{lateral\ strain}{longitudinal\ strain} = \left|\frac{\varepsilon_{xx}}{\varepsilon_{zz}}\right| = \left|\frac{\varepsilon_{yy}}{\varepsilon_{zz}}\right| \qquad (1\text{-}107)$$

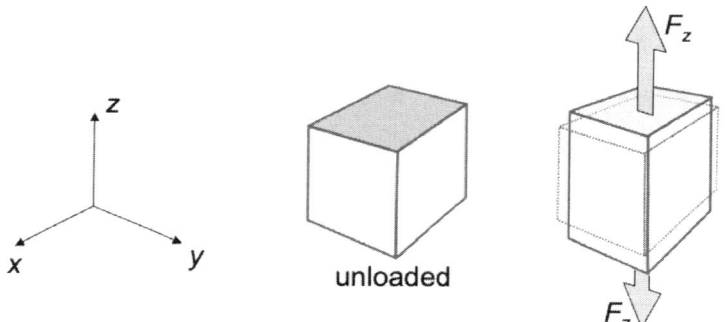

그림 1-61. Z축 방향으로 인장력이 발생하는 경우

그림 1-62에는 x축 방향과 y축 방향으로 응력이 가해지고 있는 고체를 고려해 보자. 고체가 x축 방향으로 작용하는 응력에 의해 발생하는 변형률의 상태를 보여주는 상태 B에서 인장방향의 변형률과 수직 방향의 변형률은 다음과 같이 표현이 가능하다.

$$\text{State B: axial stretch} = \varepsilon_{xx}^B = \frac{\sigma_{xx}}{E} \; ; \; \text{lateral contraction} = \varepsilon_{yy}^B = -\nu\varepsilon_{xx}^B = -\nu\frac{\sigma_{xx}}{E}$$
(1-108)

고체가 y축 방향으로 작용하는 응력에 의해 발생하는 변형률의 상태를 보여주는 상태 C에서 인장방향의 변형률과 수직 방향의 변형률은 다음과 같이 표현이 가능하다.

$$\text{State C: axial stretch} = \varepsilon_{yy}^C = \frac{\sigma_{yy}}{E} \; ; \; \text{lateral contraction} = \varepsilon_{xx}^C = -\nu\varepsilon_{yy}^C = -\nu\frac{\sigma_{yy}}{E}$$
(1-109)

이 그림에서 보여주는 2축 응력 상태에 노출되어 있는 상태 A에 발생하는 변형률은 각 개별 축을 따라 가해지는 응력에 의해 발생하는 변형률의 합에 해당하며 다음과 같이 표현이 가능하다.

$$A = B + C : \begin{cases} \varepsilon_{xx} = \varepsilon_{xx}^B + \varepsilon_{xx}^C = \dfrac{\sigma_{xx}}{E} - \nu\dfrac{\sigma_{yy}}{E} \\ \varepsilon_{yy} = \varepsilon_{yy}^C + \varepsilon_{yy}^B = \dfrac{\sigma_{yy}}{E} - \nu\dfrac{\sigma_{xx}}{E} \end{cases} \quad (1\text{-}110)$$

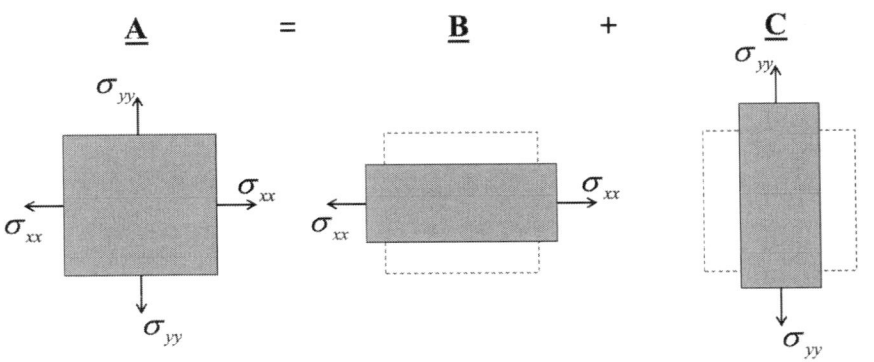

그림 1-62. x축 방향과 y축 방향으로 작용하는 응력 상태에 노출된 고체

3-차원에서 탄성 응력-변형률 관계는 어떻게 표현이 가능한지에 대해 공부하도록 하자. 표 1-2는 등방성 3차원에서 작용하는 응력과 그것의 결과로 발생하는 변형률의 값을 계산하는 방법을 보여준다.

표 1-2. 3차원에서 탄성 응력-변형률 관계

Applied Stress	Strain in the x-direction	Strain in the y-direction	Strain in the z-direction
σ_{xx}	$\varepsilon_{xx} = \dfrac{\sigma_{xx}}{E}$	$\varepsilon_{yy} = -\dfrac{\nu\sigma_{xx}}{E}$	$\varepsilon_{zz} = -\dfrac{\nu\sigma_{xx}}{E}$
σ_{yy}	$\varepsilon_{xx} = -\dfrac{\nu\sigma_{yy}}{E}$	$\varepsilon_{yy} = \dfrac{\sigma_{yy}}{E}$	$\varepsilon_{zz} = -\dfrac{\nu\sigma_{yy}}{E}$
σ_{zz}	$\varepsilon_{xx} = -\dfrac{\nu\sigma_{zz}}{E}$	$\varepsilon_{yy} = -\dfrac{\nu\sigma_{zz}}{E}$	$\varepsilon_{zz} = \dfrac{\sigma_{zz}}{E}$

x, y, z축 방향의 변형률 성분의 중첩에 의해 등방성 고체에 발생하는 변형률의 변화는 아래와 같이 표현할 수 있다.

$$\varepsilon_{xx} = \frac{1}{E}\left[\sigma_{xx} - \nu(\sigma_{yy} + \sigma_{zz})\right]$$

$$\varepsilon_{yy} = \frac{1}{E}\left[\sigma_{yy} - \nu(\sigma_{zz} + \sigma_{xx})\right] \quad (1\text{-}111)$$

$$\varepsilon_{zz} = \frac{1}{E}\left[\sigma_{zz} - \nu(\sigma_{xx} + \sigma_{yy})\right]$$

전단 응력에 의해서도 아래와 같이 전단 변형률이 발생한다.

$$\gamma_{xy} = \frac{1}{G}\tau_{xy} \;;\; \gamma_{yz} = \frac{1}{G}\tau_{yz} \;;\; \gamma_{xz} = \frac{1}{G}\tau_{xz} \quad (1\text{-}112)$$

정수압력과 이 압력으로 인한 체적 변형률과의 비를 체적 계수라고 하며 다음과 같이 표현된다.

$$K = \frac{hydrostatic\ pressure}{volume\ change\ produced} = \frac{\sigma_m}{\Delta} = \frac{-p}{\Delta} = \frac{1}{B} \quad (1\text{-}113)$$

여기서 p는 정수압력, B는 압축률(compressibility)이다. 는 팽창(즉, 부피 변화)에 해당하며 값에 해당한다. p가 증가하면 는 감소하므로 음의 부호가 필요하다. 위에서 설명한 탄성 상수들은 독립상수가 아니고 서로 관련이 있다. 식(1-111)을 합하면 아래와 같은 관계 식이 만들어 진다.

$$\varepsilon_{xx} + \varepsilon_{yy} + \varepsilon_{zz} = \frac{1-2\nu}{E}(\sigma_{xx} + \sigma_{yy} + \sigma_{zz}) = \frac{1-2\nu}{E}3\sigma_m = \Delta \quad (1\text{-}114)$$

위의 식으로부터 아래의 관계 식도 표현이 가능하다.

$$K = \frac{\sigma_m}{\Delta} = \frac{E}{3(1-2\nu)} \quad (1\text{-}115)$$

표 1-3은 등방성 탄성 상수 간의 관계들을 정리한 것이다.

표 1-3. 등방성 탄성 상수 간의 관계

In terms of Elastic constants	E, ν	E, G	K, ν	E, G	λ, μ
E [elastic]	$= E$	$= E$	$= 3(1-2\nu)K$	$= \dfrac{9K}{1+3K/G}$	$= \dfrac{\mu(3+2\mu/\lambda)}{2(1+\mu/\lambda)}$
ν	$= \nu$	$= -1 + \dfrac{E}{2G}$	$= \nu$	$= \dfrac{1-2G/3K}{2+2G/3K}$	$= \dfrac{1}{2(1+\mu/\lambda)}$
G [shear]	$= \dfrac{E}{2(1+\nu)}$	$= G$	$= \dfrac{3(1-2\nu)K}{2(1+\nu)}$	$= G$	$= \mu$
K [bulk]	$= \dfrac{E}{3(1-2\nu)}$	$= \dfrac{E}{9-3E/G}$	$= K$	$= K$	$= \lambda + \dfrac{2\mu}{3}$
λ	$= \dfrac{E\nu}{(1+\nu)(1-2\nu)}$	$= \dfrac{E(1-2G/E)}{3-E/G}$	$= \dfrac{3K\nu}{1+\nu}$	$= K - \dfrac{2G}{3}$	$= \lambda$
μ	$= \dfrac{E}{2(1+\nu)}$	$= G$	$= \dfrac{3(1-2\nu)K}{2(1+\nu)}$	$= G$	$= \mu$

λ, μ = Lame constants

1-9. 탄성변형에너지

고체를 탄성적으로 변형시키기 위해서는 일이 필요하다. 이렇게 가해진 일은 고체 내부에 탄성변형에너지(elastic strain energy)로 저장된다. 가해진 힘이 해제되면 회복되는 특성이 있다. 변형 에너지는 그림 1-63에는 보여주고 있는 F-δ(또는 σ-ε) 곡선 아래 면적에 비례한다.

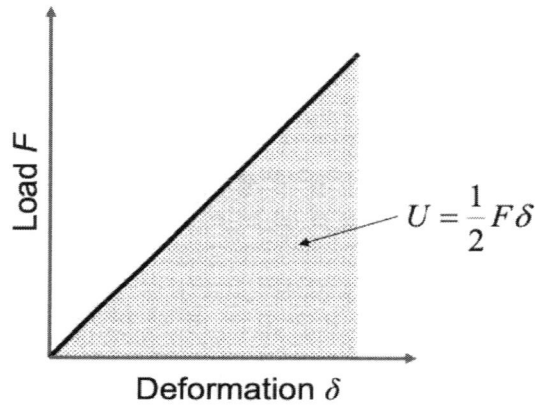

그림 1-63. 탄성 거동을 보이는 고체에 발생하는 변형과 하중과의 관계

열역학 제1법칙에 따르면 아래 내부 에너지의 변화는 다음과 같이 열과 기계적 작용한 일로 표현이 가능하다.

$$dU = \delta Q + \delta W = TdS - PdV \tag{1-115}$$

여기서 내부 에너지 변화는 열, 기계적으로 작용한 일은 엔트로피의 변화에 해당한다. 즉, 탄성변형에서는 기계적 일은 수행되고 열이 발생한다. 대부분의 고체에서 발생하는 열의 양은 무시할 수 있기 때문에($\delta Q \rightarrow 0$) 고체에 가해진 일은 아래와 같이 표현된다.

$$\text{work done on the body} = \text{internal energy} \cong -PdV \quad (1\text{-}116)$$

탄성 일은 물체 내부에 저장되며, 하중을 제거하면 회복된다.

그림 1-63에서 나타낸 것처럼 x축을 따라 탄성 인장 응력만을 받는 요소 입방체를 고려해 보자. 이때 입방체 고체에 내부에 발생하는 탄성 변형 에너지 U는 다음과 같다.

$$U = \frac{1}{2}(load)(deformation)$$
$$dU = \frac{1}{2}Fdu = \frac{1}{2}(\sigma_{xx}A)(\varepsilon_{xx}dx) = \frac{1}{2}(\sigma_{xx}\varepsilon_{xx})(Adx) \quad (1\text{-}117)$$
$$= \text{total elastic energy absorbed by the material element}$$

Adx는 부피이므로 단위 부피당 탄성 변형 에너지, 즉 변형 에너지 밀도 (Uo)는 다음과 같이 표현할 수 있다.

$$U_o = \frac{dU}{Adx} = \frac{1}{2}(\sigma_{xx}\varepsilon_{xx}) \equiv \text{Work done per unit volume} \quad (1\text{-}118)$$

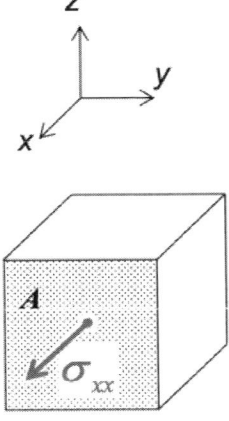

그림 1-64. x축을 따라 탄성 인장 응력을 받는 요소

Hook의 법칙을 이용하면 변형 에너지 밀도는 인장과 순수 전단의 경우 각각 다음과 같이 표현이 가능하다.

$$U_o = \frac{1}{2}\frac{\sigma_{xx}^2}{E} = \frac{1}{2}\varepsilon_{xx}^2 E \quad [for\ tension] \tag{1-119}$$

$$U_o = \frac{1}{2}(\tau_{xy}\gamma_{xy}) = \frac{1}{2}\frac{\tau_{xy}^2}{G} = \frac{1}{2}\gamma_{xy}^2 G \quad [for\ pure\ shear] \tag{1-120}$$

3차원으로 확장하면 탄성 변형 에너지 밀도에 대한 일반적인 표현이 아래와 같이 가능하다.

$$U_o = \frac{1}{2}(\sigma_{xx}\varepsilon_{xx} + \sigma_{yy}\varepsilon_{yy} + \sigma_{zz}\varepsilon_{zz} + \tau_{xy}\gamma_{xy} + \tau_{xz}\gamma_{xz} + \tau_{yz}\gamma_{yz}) \tag{1-121}$$

U_o를 E와 또는 E와 의 항으로도 다음과 같이 표현이 가능하다.

$$U_o = \frac{1}{2}\sigma_{ij}\varepsilon_{ij} = \frac{1}{2}\frac{\sigma_{ij}^2}{E} = \frac{1}{2}\varepsilon_{ij}^2 E \tag{1-122}$$

3차원의 등방성 고체의 경우 일반적인 표현이 가능한데, 응력과 탄성 상수들의 항으로 표현하면 다음과 같다.

$$U_o(\sigma) = \frac{1}{2E}(\sigma_{xx}^2 + \sigma_{yy}^2 + \sigma_{zz}^2) - \frac{\nu}{E}(\sigma_{xx}\sigma_{yy} + \sigma_{yy}\sigma_{zz} + \sigma_{xx}\sigma_{zz}) + \frac{1}{2G}(\tau_{xy}^2 + \tau_{xz}^2 + \tau_{yz}^2) \tag{1-123}$$

변형률과 탄성 상수들의 항으로도 다음과 같이 표현이 가능하다.

$$U_o(\varepsilon) = \frac{1}{2}\gamma\Delta^2 + G(\varepsilon_{xx}^2 + \varepsilon_{yy}^2 + \varepsilon_{zz}^2) + \frac{1}{2}G(\gamma_{xy}^2 + \gamma_{xz}^2 + \gamma_{yz}^2) \tag{1-124}$$

U_o를 임의의 변형률 성분에 대해서 미분하면 그 변형률 성분에 대응하는 응력 성분이 다음의 식과 같이 얻어진다.

$$\frac{\partial U_o}{\partial \varepsilon_{ij}} = \sigma_{ij} \tag{1-125}$$

U_o를 임의의 응력 성분에 대해서 미분하면 그 응력 성분에 대응하는 변형률 성분이 다음의 식과 같이 얻어진다.

$$\frac{\partial U_o}{\partial \sigma_{ij}} = \varepsilon_{ij} \qquad (1\text{-}125)$$

이런 식들은 탄선적으로 변형된 고체내에 발달하는 응력과 변형률을 결정하는데 사용할 수 있다.

연습문제

(1-2절)

1. 다양한 기계적 시험법(예: 인장, 압축, 비틀림 등)의 주요 목적과 각각의 특징을 간단히 설명하시오.

2. 게이지 길이(gauge length)와 초기 단면적(initial cross-sectional area)이 인장 시험 결과에 미치는 영향을 설명하시오.

3. 공칭응력(engineering stress)과 공칭변형률(engineering strain)의 정의를 쓰고, 각각의 단위와 계산 방법을 설명하시오.

4. 진응력(true stress)과 진변형률(true strain)의 정의를 쓰고, 공칭응력 및 공칭변형률과의 차이점을 설명하시오.

5. 탄성 변형 영역에서 응력과 변형률의 관계를 설명하고, 훅의 법칙(Hooke's Law)을 수식으로 표현하시오.

6. 다음 중 일축 인장 시험의 결과로 얻어진 공칭응력-공칭변형률 곡선에서 관찰되는 주요 지점을 설명하시오.
   → 항복점, 최대 인장 강도(UTS), 네킹(necking)

7. 단순 탄성 영역에서 변위 ΔL 가 초기 길이 L_0의 두 배가 될 때 발생하는 응력 변화를 설명하시오.

8. 금속재료의 진응력-진변형률 곡선이 공칭응력-공칭변형률 곡선과 다른 점을 설명하고, 진응력-진변형률 곡선이 금속 가공에서 유용한 이유를 제시하시오.

9. 인장 시험에서 측정된 변형률과 재료의 열적 방출(소성변형 에너지)의 관계를 설명하시오.

10. 인장 시 발생하는 네킹(necking) 현상의 물리적 원인을 설명하시오.

11. 일축 인장 시험 중 시편의 초기 단면적이 10 mm², 초기 게이지 길이가 50mm, 그리고 하중이 500N일 때 공칭응력과 공칭변형률을 계산하시오.

(1-3절)

1. 응력의 정의와 종류를 설명하고, 각 응력의 물리적 의미를 서술하시오.
2. 변형률의 정의와 공칭변형률(Engineering Strain) 및 진변형률(True Strain)의 차이를 설명하시오.
3. 1차원 응력 상태에서 발생하는 변형률을 계산하기 위한 기본 공식을 제시하고, 이를 예제로 설명하시오.
4. 단축 응력 상태에서 공칭응력과 진응력의 관계를 정의하고, 진응력 계산식을 제시하시오.
5. 변형률의 정의를 기반으로 다음 조건에서 공칭변형률과 진변형률을 계산하시오.
   (조건) 초기 길이 L_0=200 mm, 변형 후 길이 L=250 mm.
6. 다축 응력 상태에서 주응력(principal stress)의 정의를 설명하고, 주응력의 방향에서 전단 응력이 왜 0이 되는지 서술하시오.
7. 다축 변형률 상태에서의 변형률 텐서를 정의하고, 이를 활용하는 이유를 설명하시오.
8. 하중 제거 후 완전 회복 가능한 변형을 설명하고, 탄성 변형의 범위를 정량적으로 설명하는 식을 제시하시오.
9. 응력-변형률 곡선에서 탄성 영역과 소성 영역의 구분 방법을 설명하시오.
10. 응력-변형률 곡선에서 항복점이란 무엇이며, 상부 항복점과 하부 항복점의 차이를 설명하시오.
11. 재료의 탄성한계가 250MPa, 탄성계수가 200GPa일 때 최대 탄성변형률을 계산하시오.
12. 공칭응력-공칭변형률 곡선에서 네킹(necking)이 시작되는 조건은 무엇인가?

13. 공칭응력-공칭변형률 곡선에서 네킹(necking) 이후 진응력-진변형률 곡선이 하강하지 않는 이유를 설명하시오.
14. 배럴링(barreling) 현상이 발생하는 이유를 설명하시오.
15. 실험 중 압축 시험 시 발생하는 배럴링을 최소화하기 위해 시편 설계와 시험 조건에서 고려해야 할 사항을 설명하시오.

(1-4절)
1. 응력 텐서(stress tensor)의 정의를 설명하고, 3차원 응력 상태에서 응력 텐서의 일반적인 표현식을 쓰시오.
2. 대칭 응력 텐서의 성질을 설명하고, 이를 만족하는 이유를 기술하시오.

(1-5절)
1. 2차원 응력 상태에서 일반적인 응력 텐서를 표현하고, 각각의 성분의 물리적 의미를 설명하시오.
2. 2차원 응력 상태에서 특정 축으로 회전했을 때의 새로운 응력 성분(변환된 응력 성분)을 계산하기 위한 수식을 제시하시오.
3. 평면 응력 상태에서 θ=45도로 회전한 경우, 새로운 전단 응력 성분 $\tau_{x'y'}$를 계산하시오.
4. Mohr의 원(Mohr's Circle)을 이용해 주응력과 최대 전단 응력을 구하는 방법을 설명하시오.
5. 다음 응력 상태에서 주응력을 구하시오.
   → σ_{xx}=50MPa, σ_{yy}=20 MPa, τ_{xy}=10 MPa
6. 평면 변형 상태(Plane Strain)와 평면 응력 상태(Plane Stress)의 차이를 설명하시오.
7. 좌표 변환에서 방향 여현(direction cosine)의 역할을 설명하시오.

(1-6절)

1. 3차원 응력 텐서의 일반적인 표현을 작성하고, 각 성분의 물리적 의미를 설명하시오.
2. 3차원 응력 상태에서 주응력을 계산하기 위해 필요한 수학적 접근 방법을 설명하시오.
3. 응력 텐서에서 최대 전단 응력을 계산하는 공식과 이를 유도하는 과정을 설명하시오.
4. 다축 응력 상태에서 변환된 응력을 계산하기 위해 사용하는 응력 변환 방정식을 제시하시오.
5. 아래에 제공된 응력 상태에 대한 (a) 주응력, (b) 최대 전단응력, (c) 주응력면의 방향을 결정하시오.

$$\begin{bmatrix} 80 & 20 & -50 \\ 20 & -40 & 30 \\ -50 & 30 & 60 \end{bmatrix} MPa$$

6. 3차원 Mohr의 원을 구성하는 방법을 설명하고, 이를 통해 얻을 수 있는 정보를 서술하시오.

(1-7절)

1. 변형률의 정의를 설명하고, 공칭변형률(Engineering Strain)과 진변형률(True Strain)의 차이를 서술하시오.
2. 변형률 텐서를 정의하고, 3차원 변형률 상태에서 일반적인 변형률 텐서의 표현식을 쓰시오.
3. 평면 변형률 상태에서 변형률 텐서를 작성하고, 각 성분의 물리적 의미를 설명하시오.
4. 선형 탄성 재료에서 변형률과 응력 간의 관계를 나타내는 훅의 법칙(Hooke's Law)을 1차원 및 3차원 상태로 각각 표현하시오.
5. 평면 변형률 상태에서의 변형률 텐서를 사용해, 최대 전단 변형률을 계산하는 방법을 설명하시오.
6. 포아송비(ν)의 정의를 설명하고, 선형 탄성 재료에서 가로 변형률과 세로

변형률 간의 관계를 나타내는 식을 작성하시오.

7. 진변형률(True Strain)을 공칭변형률(Engineering Strain)으로 변환하는 방법을 설명하고, 이를 계산하는 공식을 제시하시오.

8. 단축 인장 상태에서 초기 길이가 L_0=100 mm이고 최종 길이가 L=120mm일 때, 공칭변형률과 진변형률을 계산하시오.

9. 전단 변형률의 정의를 설명하고, 전단 각도(θ)와의 관계를 나타내는 수식을 제시하시오.

(1-8절)

1. 탄성 영역에서 훅의 법칙(Hooke's Law)을 1차원 및 3차원 응력 상태로 각각 표현하시오.

2. 등방성 재료의 탄성 상수 E (탄성계수), ν (포아송비), G (전단탄성계수) 사이의 관계를 유도하고 공식으로 나타내시오.

3. 등방성 재료에서 체적 변형률(volumetric strain)을 계산하기 위한 수식을 제시하고, 이를 활용하는 응용 사례를 설명하시오.

4. 탄성 영역에서 포아송비가 0.5인 재료의 특징을 설명하고, 이를 이상적인 체적 불변 재료와 연결 지어 서술하시오.

5. 비등방성 재료의 탄성 영역에서의 응력-변형률 관계를 설명하고, 등방성 재료와의 차이를 서술하시오.

(1-9절)

1. 탄성변형에너지의 정의를 설명하고, 단위 체적당 탄성변형에너지(Elastic Strain Energy Density)의 일반적인 표현식을 제시하시오.

2. 단축 인장 상태에서 단위 체적당 탄성변형에너지를 계산하는 방법을 설명하고, 다음 조건에서 값을 구하시오.
   → σ=200MPa, E=200GPa.

3. 3차원 응력 상태에서 단위 체적당 탄성변형에너지를 나타내는 일반식을 제시하시오.

참고문헌

1. N.E. Dowling, Mechanical Behavior of Materials, 4th ed., Pearson Learning, Boston (2012).
2. T.H. Courtney, Mechanical Behavior of Materials, 2nd ed., Waveland Press, Long Grove, IL (2005).
3. M.A. Meyers and K.K. Chawla, Mechanical Behavior of Materials, 1st ed., Cambridge University Press (1984).
4. R.A.C. Slater, Engineering Plasticity, John Wiley & Sons, New York (1977).
5. G.E. Dieter, Mechanical Metallurgy, 2nd ed., McGraw-Hill Book Co. (1976)..
6. J. Rosler, H. Harders, M. Baker, Mechanical Behavior of Engineering Materials, Springer, New York (2008).
7. J.F. Nye. Physical Properties of Crystals. London, Oxford University Press (1975).
8. F. A. McClintock and A. S. Argon, eds. Mechanical Behavior of Materials. Reading, MA, Addison-Wesley (1966).
9. S.M. Edelglass, Engineering Materials Science: Structure and Mechanical Behavior of Solids, 1st ed., The Ronald Press Company (1966).
10. S.A. Meguid, Engineering Fracture Mechanics, Springer (1989).
11. A. Mendelson, Plasticity: Theory and Applications, Macmillan, New York (1968).

2장.
전위론

2-1. 개론

2-2. 재료의 결함

2-3. 전위 이동에 의한 슬립

2-4. 조그, 킹크와 전위교차

2-5. 전위이동 및 전위증식에 의한 소성변형

2-6. 응력-변형 거동에 미치는 결정방위와 계면의 영향

2-7. 슬립 이외 변형 모드

2-8. 전위의 탄성 특성- 전위의 분리

2-9. Peach-Koehler 식

2-10. 일반 결정 구조에서 전위

"

"

2-1. 개론

　재료의 기계적 성질을 결정하는 핵심 요소 중 하나는 원자 수준에서의 구조적 결함이며, 특히 전위(dislocation)는 금속 및 결정질 재료에서 소성 변형(plastic deformation)과 강도(strength) 거동을 지배하는 가장 중요한 결함 요소이다. 이 장에서는 전위의 기본 개념과 특성, 이동 메커니즘 및 전위의 증식과 강도와의 관계를 체계적으로 학습하며, 이를 통해 전위가 재료의 변형과 기계적 거동에 미치는 영향을 이해하는 것이 목표이다. 전위 이론은 금속가공(metal forming), 변형 경화(strain hardening), 재결정(recrystallization), 고강도 합금 설계 및 미세조직 제어(microstructure control)와 같은 다양한 재료 공학적 응용 분야에서 필수적인 개념이다. 특히, 전위의 이동과 장애물과의 상호작용을 분석하는 것은 금속 및 합금의 강도 향상을 위한 미세구조 제어의 핵심 기초 지식이 된다. 따라서, 이 장에서 학습하는 개념은 재료 강도 이론(strengthening mechanisms) 및 소성 변형 거동(plastic deformation behavior)을 이해하는 데 필수적이며, 이론적 및 응용적 측면에서 모두 중요한 내용을 포함하고 있다. 전위는 일반적으로 칼날전위(edge dislocation)와 나선전위(screw dislocation)로 구분되며, 실제 재료에서는 이 두 가지가 혼합된 형태(mixed dislocation)로 존재하는 경우가 많다. 전위의 이동은 슬립(slip), 승강(climb), 교차슬립(cross-slip) 등의 메커니즘을 통해 일어나며, 이러한 이동은 결정 구조와 외부 하중 조건에 따라 달라진다. 또한, 전위는 단순히 개별적으로 이동하는 것이 아니라, 특정 조건에서 증식(proliferation)하며 강도를 결정하는 중요한 요소로 작용한다. 예를 들어, Frank-Read Source와 같은 메커니즘을 통해 전위가 증가하며, 이는 변형 경화와 금속가공의 중요한 원인이 된다. 이 장에서는 전위의 개념, 구조 및 이동 특성을 수학적으로 정의하고, 소성 변형과 전위 밀도(dislocation density) 간의 관계를 설명하며, 전위의 증식과 강도 이론을 체계적으로 학습할 것이다. 특히, 다음과 같은 주요 개념을 다룬다.

2-2. 재료의 격자 결함

재료의 성질은 재료 내부의 구조에 의해 결정된다. 예를 들어, 강철의 경도(hardness)는 냉각 속도가 빨라질수록 증가하는 경향이 있다. 이는 냉각 속도가 증가함에 따라 강 내부의 미세조직이 베이나이트(bainite)와 마르텐사이트(martensite) 같은 저온 조직(low-temperature microstructure)으로 변태(transformation)되기 때문이며, 그 결과 강도가 증가하여 경도가 높아지게 된다. 고체는 원자, 이온 또는 분자가 특정한 격자(lattice) 위치를 점유하며, 일정한 규칙성을 유지하는 것이 일반적이다. 하지만 실제 결정(real crystal)은 완벽한 주기성을 가지지 않으며, 다양한 형태의 격자 결함(lattice defects)이 존재한다. 격자 결함은 원자가 이상적인 배열에서 벗어난 상태를 의미하며, 이는 재료의 여러 성질에 중요한 영향을 미친다. 표 2-1에 구조에 민감하지 않은(structure-insensitive) 성질과 구조에 민감한(structure-sensitive)한 성질을 비교하여 나타내었다. 재료의 성질은 격자 결함의 영향을 받는 정도에 따라 두 가지로 나눌 수 있다. 첫 번째로, 격자 결함의 존재 여부에 크게 영향을 받지 않는 성질들이 있다. 대표적인 예로는 탄성계수(elastic constants), 융점(melting point), 밀도(density), 비열(specific heat), 그리고 열팽창계수(coefficient of thermal expansion)를 들 수 있다. 이러한 성질들은 원자의 본질적인 특성에 의해 결정되므로, 격자 결함이 존재하더라도 그 값이 크게 변하지 않는다 [1,2]. 반면에, 격자 결함의 영향을 크게 받는 성질들도 존재한다. 이러한 성질에는 전기전도도(electrical conductivity), 반도체 성질(semiconductor properties), 항복응력(yield stress), 파괴강도(fracture strength), 그리고 크리프강도(creep strength) 등이 포함된다. 이들은 결정 구조의 불완전성, 전위(dislocation), 결정립계(grain boundary) 및 기타 결함과 직접적으로 관련되므로, 재료 내부의 구조적 변화에 따라 크게 달라질 수 있다 [3,4,5]. 이처럼, 격자 결함과 그 상호작용은 결정구조에 민감한 성질을 결정하는 중요한 요소이다. 따라서, 격자 결함을 효과적으로 제어하는 것은 재료의 성질을 최적화하고, 특정한 성능을 갖는 재료를 설계하는 데 있어 필수적인 과정이다.

표 2-1. 구조에 민감하지 않은 성질과 구조에 민감함 성질의 비교

Structure-insensitive	Structure-sensitive
Elastic constants	Electrical conductivity
Melting point Density	Semiconductor properties
Specific heat	Yield stress
	Fracture strength
Coefficient of thermal expansion	Creep strength

격자 결함(lattice defects)은 결정 구조가 이상적인 배열에서 벗어난 상태를 나타내며, 크기와 범위에 따라 0차원(점결함), 1차원(선결함), 2차원(면결함), 그리고 3차원(체적결함)으로 나눌 수 있다. 점결함(point defects)은 매우 작은 영역에서 발생하는 결함으로, 침입형 용질(interstitial solute) 원자, 치환형 용질(substitutional solute) 원자, 그리고 공공(vacancy)과 같은 예가 있다. 이러한 결함들은 금속이나 반도체에서 흔히 발견되며, 그림 2-1에 이들 결함의 개략적인 모습을 보여주고 있다. 치환형 용질은 격자 내 원래의 원자를 대체하며, 침입형 용질은 격자의 빈 공간에 자리 잡는다. 공공은 격자의 원자가 결여된 상태를 의미하며, 전위는 원자의 배열이 불완전한 선 결함을 보여준다. 점결함은 온도에 따라 그 역할이 달라진다. 낮은 온도(약 0.4 Tmp 이하)에서는 공공과 침입형 원자와 같은 점결함이 확산 속도가 느리기 때문에 변형 과정에서 직접적인 역할을 수행하기 어렵다. 그러나 점결함은 소성 변형(plastic deformation)에 중요한 전위(dislocation)와 상호작용하여 간접적으로 기계적 성질에 영향을 미칠 수 있다. 반면에, 높은 온도(약 0.4 Tmp 이상)에서는 점결함이 확산(diffusion) 과정에서 중요한 역할을 한다. 이때 점결함은 확산을 촉진하여 소성 변형을 도와주는 한편, 항복강도(yield strength)를 증가시키는 데 기여하기도 한다. 특정 조건에서는 점결함이 다른 결함과의 상호작용을 통해 취성(embrittlement)을 유발하여 재료의 내구성을 저하시킬 수도 있다. 점결함은 다양한 방법으로 생성되며, 이는 재료의 성질에 중요한 영향을 미친다. 퀜칭(quenching), 조사(irradiation), 이온 주입(ion implantation)과 같은 과정을 통해 점결함이 만들어질 수 있다. 생성된 점결함은 확산을 통해 재료의 소성 변형을 지원하거나, 결함 간 상호작용을 통해 기계적 성질을 변화시킨다. 이러한 결함은 항복강도를 높이는 긍정적인 역할을 하기도 하지만, 특

정 환경에서는 취성을 유발하여 재료의 성능을 저하시킬 수 있다.

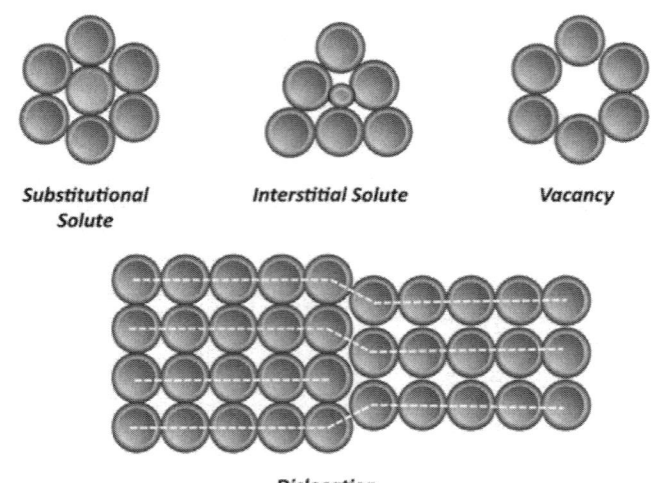

그림 2-1. 결정 내 격자 결함의 종류

따라서 점결함의 형성과 상호작용 메커니즘을 이해하는 것은 재료의 기계적 성질을 제어하고 고성능 재료를 설계하는 데 매우 중요하다.

전위(dislocation)는 결정 격자가 완벽한 배열에서 벗어난 상태로, 이러한 결함은 선의 형태에 국한되기 때문에 1차원의 선결함(line defects)으로 분류된다. 전위가 존재하는 주변의 원자들은 평형 격자 위치(equilibrium lattice positions)에서 벗어나 왜곡된 상태를 갖는다. 선결함의 종류는 그림 2-2에 나타난 것처럼 두 가지로 나눌 수 있는데, 하나는 칼날전위(edge dislocation)이고, 다른 하나는 나선전위(screw dislocation)이다. 칼날전위는 격자에 추가된 원자 평면(extra half-plane)으로 인해 발생하며, 나선전위는 격자가 특정 방향으로 비틀린 상태를 나타낸다. 이러한 선결함은 결정 성장(crystal growth)과 변형(deformation) 과정에서 생성된다. 생성된 선결함은 여러 가지 방식으로 재료의 기계적 성질에 영향을 미친다. 예를 들어, 슬립면에 작용하는 전단응력(shear stress)에 의해 전위가 이동하면 소성 변형(plastic deformation)을 유도할 수 있다. 또한, 선결함이 다른 결함과 상호작용할 경우, 재료의 항복강도(yield strength)를 증가시키는 역할을 하기도 한다.

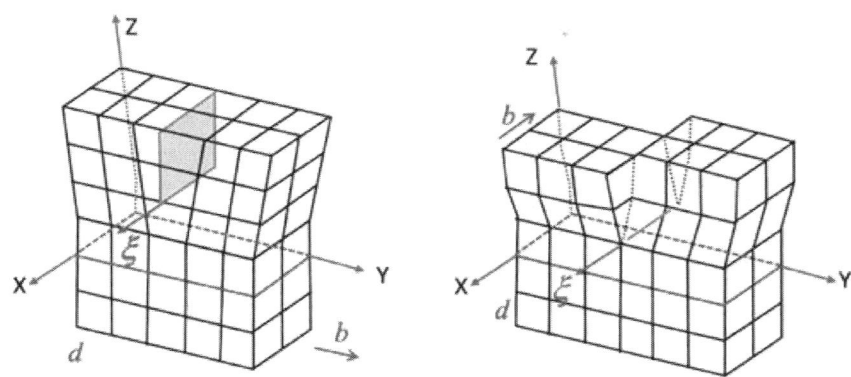

그림 2-2. 선결함(line defects)의 대표적인 형태 – 칼날전위(Edge Dislocation) 와 나선전위(Screw Dislocation)

결정립계(grain boundaries), 쌍정계(twin boundaries), 그리고 적층 결함 영역(stacking fault regions)은 결정 격자가 완벽한 상태에서 벗어난 형태가 면으로 한정되기 때문에 2차원의 면결함(planar defects)으로 분류된다. 면결함 중 하나인 결정립계는 저경각입계(low angle grain boundaries, LAGBs), 고경각입계(high angle grain boundaries, HAGBs), 그리고 특별입계(special grain boundaries)인 coincident site lattice, Σ5 등으로 나눌 수 있다. 쌍정계는 생성과정에 따라 소둔 쌍정(annealing twin)과 변형 쌍정(deformation twin)으로 구분된다. 그림 2-3에 보이는 적층 결함(stacking faults)은 intrinsic(내재적)과 extrinsic(외재적) 형태로 나눌 수 있다. FCC 구조의 적층 순서(ABC)와 HCP 구조의 적층 순서(AB)가 비교되며, 적층 결함은 이러한 이상적인 적층 배열이 어긋나는 영역에서 발생한다. 이러한 모든 면결함은 결정 격자의 주기적인 배열을 깨뜨리고, 변형장(strain field)을 유발하여 재료 내부에 응력과 변형을 만들어낸다. 면결함은 결정 성장, 변형, 소둔(annealing)과 같은 과정에서 생성된다. 이렇게 형성된 면결함은 재료의 기계적 성질에 다양한 영향을 미치며, 특히 선결함과 상호작용할 때 항복강도를 증가시키는 중요한 역할을 한다. 면결함이 만들어내는 변형장과 다른 결함들과의 상호작용은 재료의 강도와 변형 거동에 중요한 영향을 미친다.

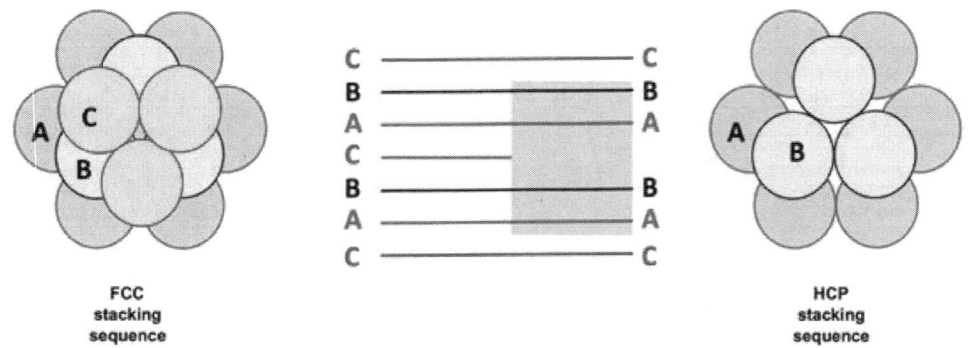

그림 2-3. 2차원 면결함(planar defects)의 대표적인 예: 적층 결함(Stacking Faults)

그림 2-4는 개재물(inclusions), 분산입자(dispered particles), 석출물(precipitates), 그리고 기공(voids)과 같은 3차원의 체적결함(volume defects)을 보여준다. 이 이미지는 전자현미경(SEM)을 이용해 관찰한 3차원 체적결함의 예를 보여준다. 화살표로 표시된 영역은 개재물, 기공 등 격자 구조에서 큰 체적을 차지하는 결함을 나타내며, 이는 재료의 기계적 성질과 거동에 중요한 영향을 미친다. 이 결함들은 격자의 완벽한 상태에서 벗어난 비교적 큰 영역에 영향을 미치며, 이러한 이유로 체적결함으로 분류된다. 예를 들어, 개재물의 대표적인 사례로는 강철에서 발견되는 MnS가 있으며, 분산입자의 대표적인 예로는 알루미늄 합금에서 나타나는 Al_2O_3를 들 수 있다. 석출물은 기지(matrix)와 접하는 계면의 형태에 따라 성질이 달라지며, 정합(coherent), 부분정합(partially coherent), 부정합(incoherent) 계면으로 나뉜다. 체적결함은 합금의 응고(solidification), 열처리(heat treatment) 과정, 또는 상전이(phase transition) 동안 생성될 수 있다. 이렇게 형성된 체적결함은 재료의 기계적 성질에 다양한 영향을 미친다. 체적결함이 선결함(dislocations)과 상호작용할 경우 항복강도(yield strength)를 증가시키거나 확산 유동(diffusion flow)에 대한 저항을 변화시킬 수 있다.

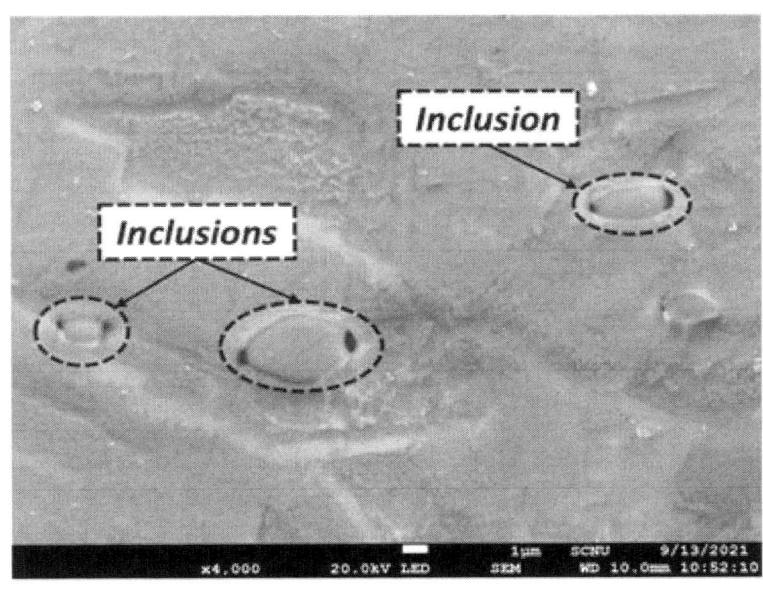

그림 2-4. 3차원 체적결함(Volume Defects)의 미세구조 이미지

　이제 재료에 존재하는 다양한 결함 중에서 변형과 강도에 가장 밀접하게 관련된 전위(dislocation)에 대해 알아보자. 전위는 고체 결정에서 주요 선결함에 해당하며, 결정 구조 내의 한 부분이 다른 부분에 비해 이동(translation)한 상태와 연관이 있다. 전위에는 칼날전위(edge dislocation)와 나선전위(screw dislocation)의 두 가지 기본 형태가 있다. 칼날전위의 생성 과정을 그림 2-5를 통해 이해할 수 있다. 이 그림은 칼날전위가 생성되는 과정을 3단계로 보여준다. 처음에는 완전한 결정(perfect crystal)이 존재하며, 그 중심이 분리(split)된 후 잉여 반면(extra half-plane of atoms)이 삽입된다. 최종적으로 잉여 반면이 끝나는 위치에서 칼날전위가 형성된다. 전위선은 ⊥ 기호로 표시된다.

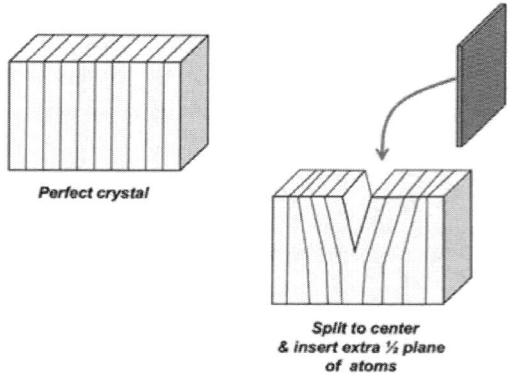
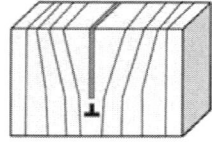

그림 2-5. 칼날전위(edge dislocation) 생성 과정의 3단계

그림 2-6은 칼날전위를 원자 수준에서 시각적으로 표현한 것이다. 칼날전위는 일반적으로 ⊥ 기호로 표시되며, 잉여 반면이 끝나는 위치에서 전위선과 전위의 핵(core)이 정의된다. 격자의 불완전성이 전위선을 따라 나타나며, 이는 잉여 반면(extra half-plane)의 끝부분에서 발생한다. 전위선 방향을 나타내는 벡터는 ℓ, ξ 등의 다양한 기호로 표기되는데, 이 책에서는 전위선 벡터를 ξ로 표기하기로 하며, 이는 전위의 "방향(sense)"을 나타낸다. 이러한 표기법과 전위선의 개념은 전위의 기하학적 특성과 역할을 이해하는 데 중요하다.

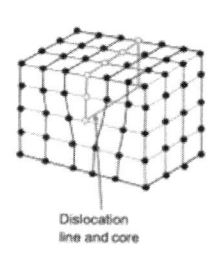
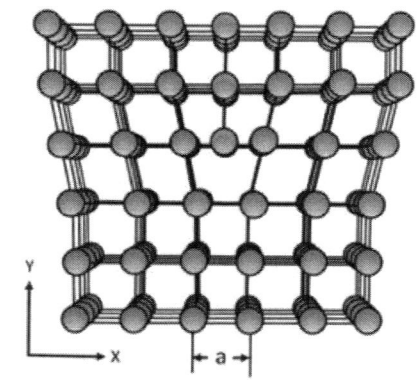

NOTE : ℓ, ξ, and t are often used to indicate the dislocation line direction (i.e., the "sense" vector).

그림 2-6. 칼날전위(edge dislocation)를 원자 수준에서 시각화한 이미지

그림 2-7은 탄성 실린더(elastic cylinder) 내부에 존재하는 칼날전위의 형태를 보여준다. 전위선 벡터, ξ 와 Burgers 벡터, b가 서로 수직한 관계를 갖고 있음을 알 수 있다. 이는 칼날전위의 고유한 기하학적 특정을 나타낸다.

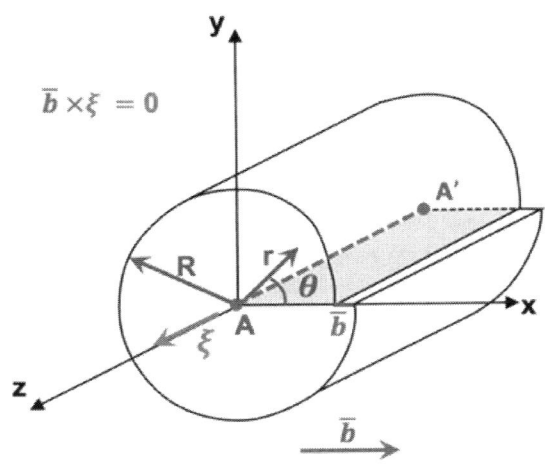

그림 2-7. 탄성 실린더 내부에 존재하는 칼날전위
(edge dislocation)의 기하학적 형태

그림 2-8은 나선전위가 생성되는 과정을 3단계로 나누어 설명한다. 먼저, 일정 크기의 완전한 결정을 가정한다. 그런 다음, 결정의 중심부를 분리(split)한 뒤, 절단면을 따라 전단(shear)을 발생시켜 한 면이 다른 면을 가로질러 미끄러지도록 한다. 이 과정을 통해 나선전위가 형성된다.

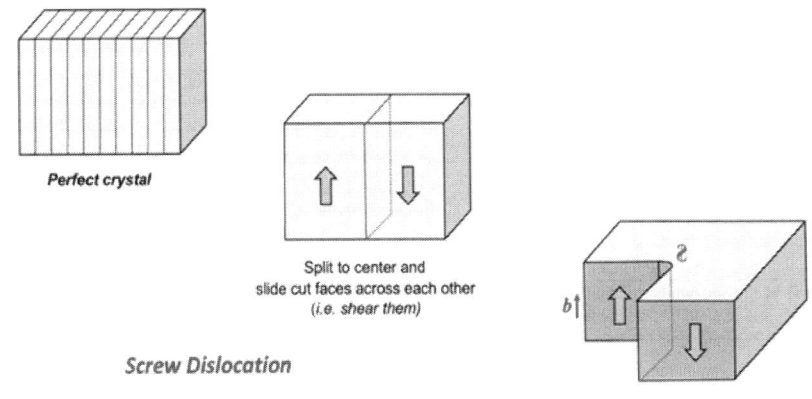

그림 2-8. 나선전위(Screw Dislocation) 생성 과정의 3단계

그림 2-9는 나선전위를 원자 크기 수준에서 시각화한 모습이다. 나선전위는 일반적으로 $ 기호로 표기되며, 전단면이 끝나는 위치에서 전위선 (dislocation line)이 정의된다. 이 그림에서는 나선전위의 전위선 벡터, ξ를 함께 표시하고 있어, 전위의 구조를 보다 명확하게 이해할 수 있다.

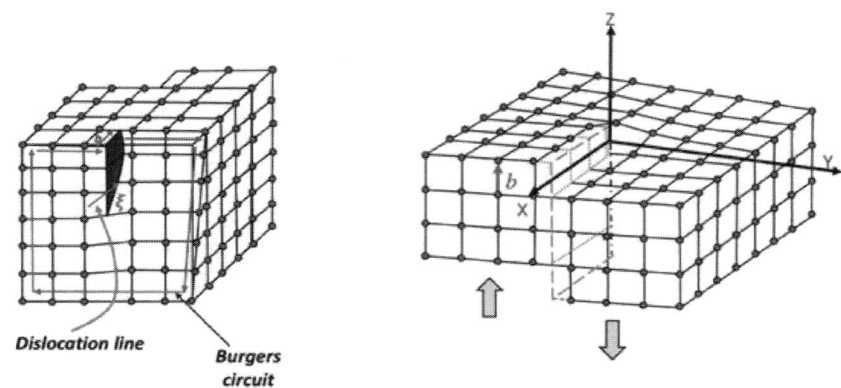

그림 2-9. 나선전위(Screw Dislocation)를 원자 수준에서 시각화한 모습

그림 2-10은 탄성 실린더 내부에 존재하는 나선전위의 형태를 보여준다. 여기서 전위선 벡터 ξ와 Burgers 벡터 b는 서로 평행한 관계를 갖고 있음을 알 수 있다. 이를 통해 칼날전위와 나선전위의 차이를 명확히 구분할 수 있다.

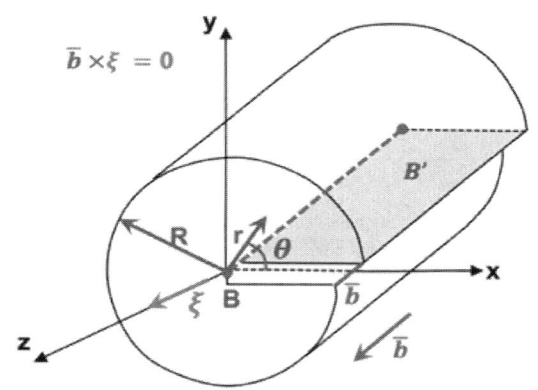

그림 2-10. 탄성 실린더 내부에 존재하는 나선전위
(Screw Dislocation)의 구조적 형태

전위의 형태를 어떻게 쉽게 구분할 수 있을까라는 질문에 대해, Burgers 서킷(Burgers circuit)을 이용해 해결할 수 있다. 전위의 형태는 Burgers 벡터 b 와 전위선 벡터 ξ 간의 관계, 즉 두 벡터 간의 각도에 의존한다.

그림 2-11은 완전한 격자(perfect lattice)와 전위된 격자(dislocated lattice) 주변에 Burgers 서킷을 그려, Burgers 벡터를 결정하는 과정을 설명한다. 여기서 전위선 벡터 ξ는 페이지 안쪽을 향한다고 가정한다. 완전결정의 경우, 4 × 3 단계의 루프를 시계방향으로 따라가면 서킷이 완전히 닫히며, 시작점(Start: S)과 종료점(Finish: F)이 일치한다. 반면, 칼날전위를 포함한 전위된 격자의 경우에는 같은 루프를 따라가도 서킷이 완전히 닫히지 않고, 시작점(S)과 종료점(F)이 서로 일치하지 않는다. 여기서 Burgers 벡터는 시작점(S)과 종료점(F)을 연결하여 정의된다. Burgers 벡터의 방향은 전위선과 Burgers 서킷의 방향 설정에 따라 역전될 수 있다. 이는 전위의 형태와 방향을 결정하는 데 중요한 요소로, 전위 거동과 관련된 기계적 성질을 이해하는 데 필수적인 개념이다.

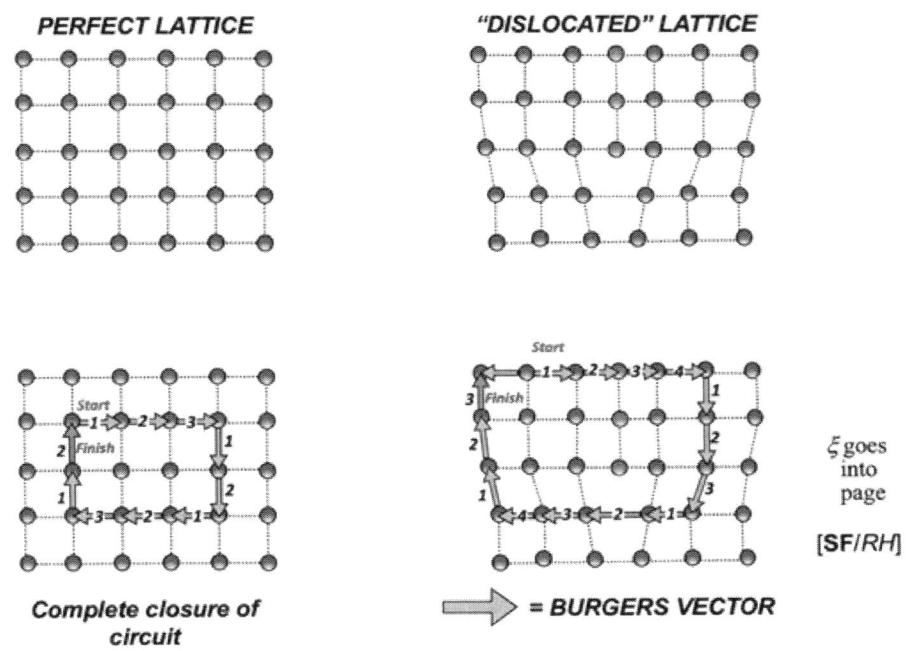

그림 2-11. Burgers 벡터(Burgers Vector)를 결정하는 과정

이 책에서는 Burgers 서킷의 방향을 결정하기 위해 오른손 법칙(right-hand rule)을 사용한다는 점을 그림 2-12에서 보여준다. 이 법칙에 따르면, 엄지손가락

이 전위선 벡터 ξ의 방향을 가리키며, 나머지 손가락들은 Burgers 서킷의 방향으로 감는 방식으로 정의된다. 이를 간단히 SF/RH로 표기하기로 한다. 중요한 점은, 특정 전위에 대한 Burgers 벡터는 항상 고정되어 변하지 않는다는 사실이다.

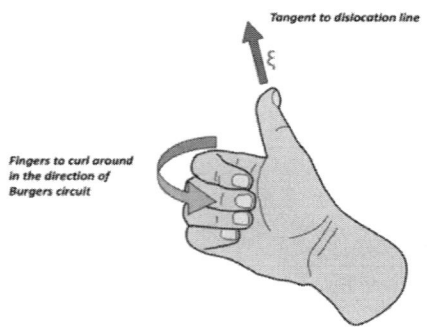

그림 2-12. Burgers 서킷의 방향을
정의하는 오른손 법칙(right-hand rule)

그림 2-13(a)는 간단한 입방정계 결정에서 칼날전위의 Burgers 벡터를 결정하는 과정을 보여준다. 시작점 S에서 종료점 F까지 완전 결정에서 닫히는 오른손 서킷이 전위 코어 주변으로 형성된다. 칼날전위의 특징은 Burgers 벡터 b와 전위선 벡터 ξ가 서로 수직이라는 점이다. 반면, 그림 2-13(b)는 SF/RH 규칙을 사용하여 나선전위에서 Burgers 벡터를 결정하는 방법을 보여준다. 나선전위에서는 Burgers 벡터 b와 전위선 벡터 ξ가 서로 평행하며, 이 경우는 왼손 나선전위(left-handed screw dislocation)에 해당한다.

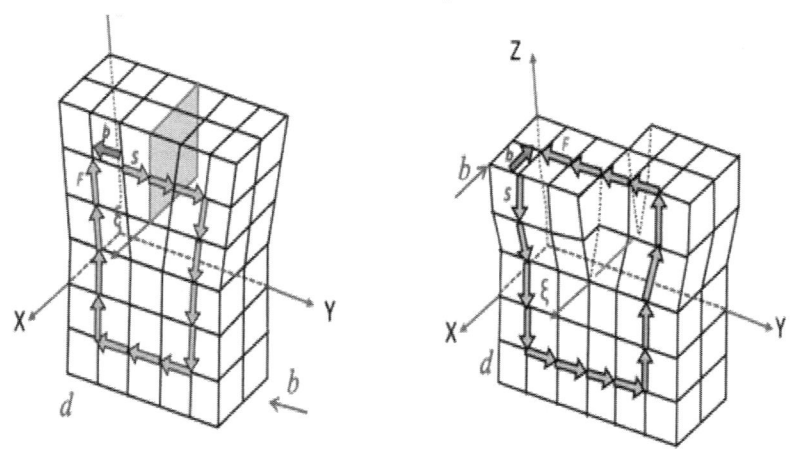

그림 2-13. (a) 입방정계 결정에서 칼날전위의 Burgers 벡터 결정 과정,
(b) SF/RH 규칙을 적용하여 나선전위의 Burgers 벡터를 결정한 과정

그림 2-14(a)는 칼날전위의 특징을 도식적으로 보여준다. 잉여 반면은 전위 코어에서 끝나며, Burgers 벡터 b와 전위선 벡터 ξ는 서로 수직이다. 이 두 벡터는 전위가 움직이는 독특한 슬립면(slip plane)을 정의한다. 그림 2-14(b)는 나선전위의 특징을 도식적으로 나타낸다. 나선전위에서는 Burgers 벡터 b와 전위선 벡터 ξ가 서로 평행하며, 결정학적으로 정의된 특정 슬립면에서만 활주하는 칼날전위와 달리, 나선전위는 다양한 슬립면에서 활주할 수 있다. 이러한 특징 때문에 나선전위는 변형 중 교차 슬립(cross slip)을 가능하게 하는 주요 원인 중 하나이다.

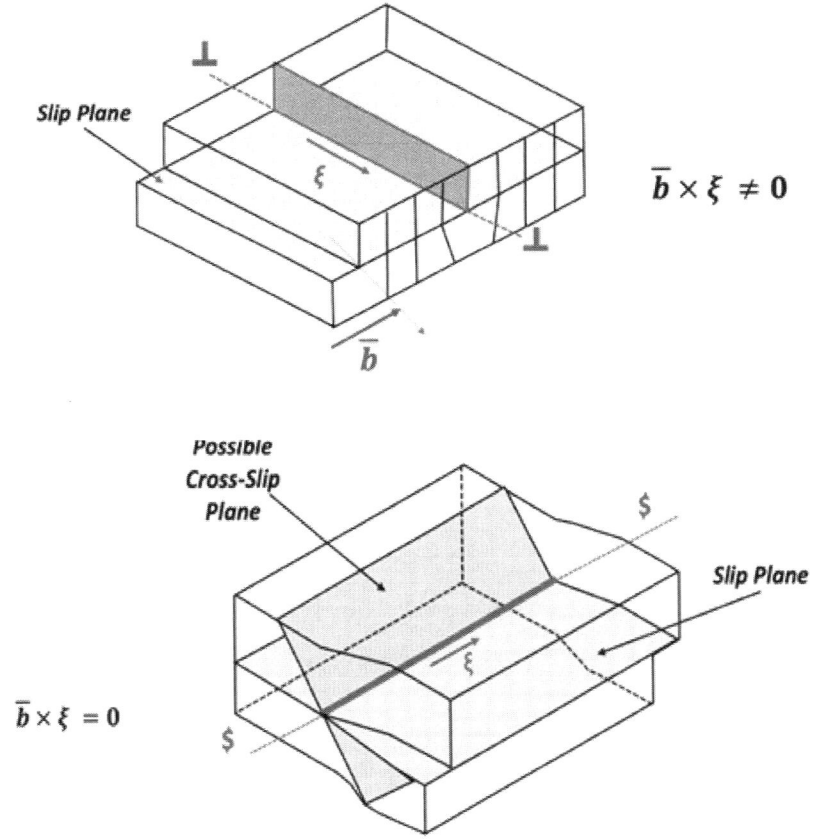

그림 2-14. (a) 칼날전위의 구조적 특징, (b) 나선전위의 구조적 특징

투과전자현미경(Transmission Electron Microscope, TEM)은 미세조직과 변형 메커니즘을 이해하기 위해 재료과학자들이 주로 사용하는 도구이다. 그림

2-15에서 보이듯, TEM을 사용하면 변형된 결정 내부에서 전위의 이미지를 관찰할 수 있으며, 얇은 호일 표본에서 이미지와 전위의 관계를 분석할 수 있다. 대부분의 전위는 구부러져 있으며, Burgers 벡터는 항상 일정하게 유지되므로, 서로 다른 유형의 전위를 정의해야 하는 경우가 발생한다.

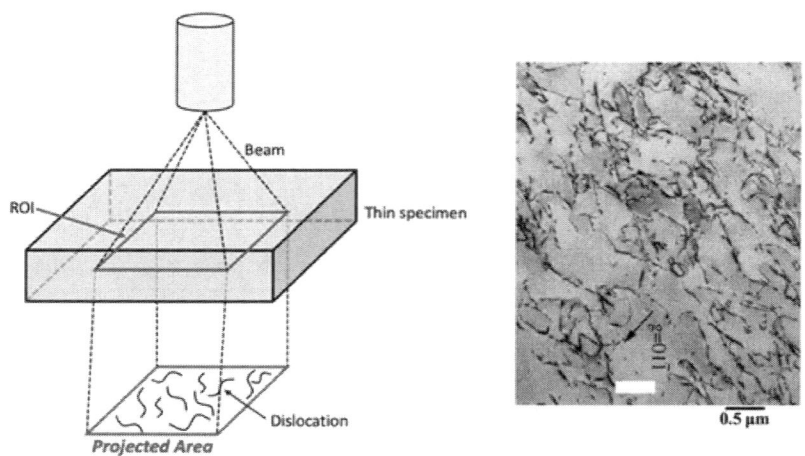

그림 2-15. TEM으로 관찰된 변형된 결정 내 전위의 이미지

그림 2-16은 칼날전위와 나선전위가 결합된 형태인 혼합전위(mixed dislocation)를 도식적으로 보여준다.

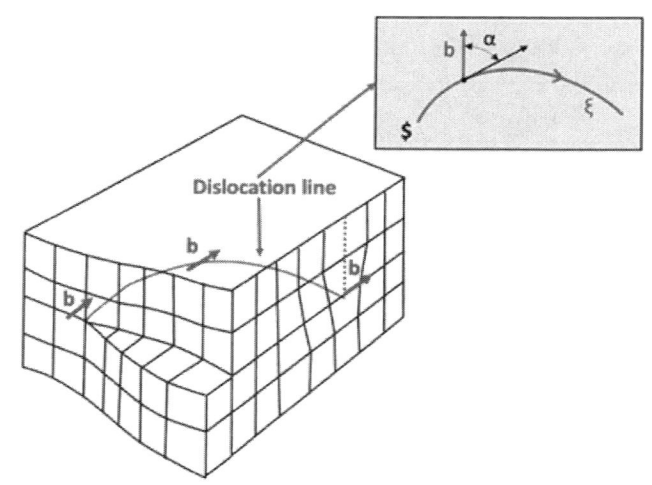

그림 2-16. 혼합전위(mixed dislocations): 칼날전위와 나선 전위의 조합

혼합전위에서 Burgers 벡터는 전위선에 대해 0°에서 90° 사이의 각도로 배향된다. 이러한 구조는 전위의 복합적인 기하학적 특성을 시각적으로 나타낸다.

전위는 결정 내부에서는 끝날 수 없으며, 자유 표면, 결정립, 또는 상경계에서만 끝난다. 전위는 폐쇄된 루프 또는 네트워크를 형성하거나 표면에서 끝나는 형태를 가져야 한다. 이러한 네트워크의 연결 지점은 노드(node)라고 불린다. 그림 2-17은 폐쇄된 전위 루프의 구조를 보여주며, Burgers 벡터 b와 전위선 벡터 ξ의 관계를 통해 전위의 부호를 정의한다.

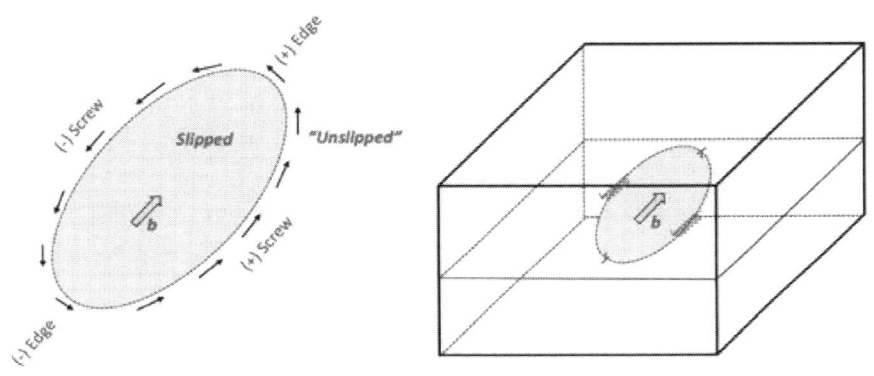

그림 2-17. 폐쇄된 전위 루프(Closed Dislocation Loop)의 구조

그림 2-18은 3개의 전위가 노드를 형성하는 모습을 나타낸다. 노드를 형성하는 전위들의 Burgers 벡터 합은 항상 0이 된다. 그림 2-19는 3개의 전위 루프가 하나의 노드를 형성하는 과정을 보여준다. 여기서는 각각 다른 Burgers 벡터를 가진 3개의 전위 루프가 동일한 슬립면에서 이동한다고 가정한다. 변형이 진행됨에 따라 전위 루프가 확장되고, 합쳐진 영역(coalesced areas)에서 결합된다. 합쳐진 영역의 불연속성은 개별 루프의 Burgers 벡터의 벡터 합으로 정의되며($b_1+b_2=b_{12}$), 이들의 총합은 항상 0이어야 한다(예: $b_{12}+b_{13}+b_{23}=0$). 이러한 과정을 통해 전위가 결합하여 노드를 형성하며, Frank의 규칙이 적용된다.

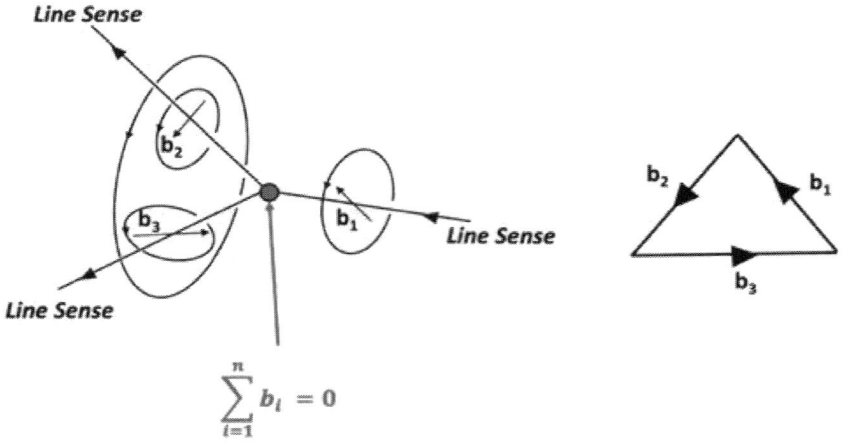

그림 2-18. 노드를 형성하는 세 개의 전위와 Burgers 벡터의 관계

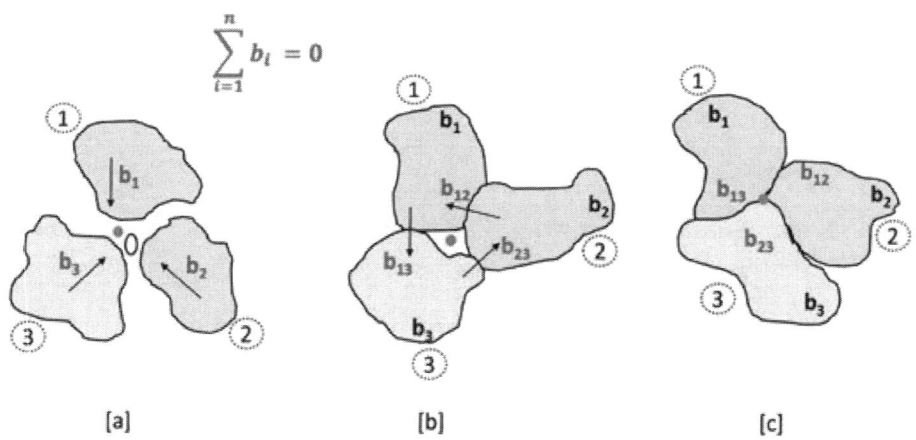

그림 2-19. 세 개의 전위 루프가 결합하여 하나의 노드를 형성하는 과정

그림 2-20은 결정 표면에서 전위가 나타나는 경우를 도식적으로 설명하고 있다. 단결정의 경우, 다수의 전위들이 결정을 통해 이동하면서 슬립 밴드(slip bands)를 형성하며, 이는 여러 개의 슬립 선(slip lines) 또는 트레이스(trace)로 결정 표면에 나타난다. 이러한 현상은 전위들이 이동한 흔적으로 인해 발생하며, 결정의 변형을 시각적으로 확인할 수 있는 중요한 단서가 된다.

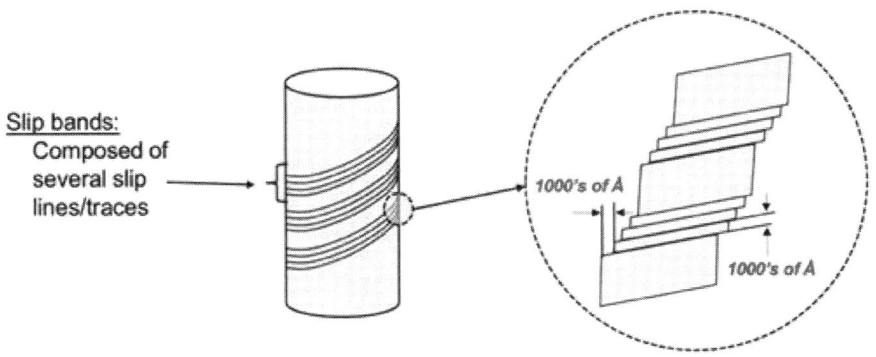

그림 2-20. 결정 표면에서 형성된 슬립 밴드: 여러 슬립선/트레이스로 구성된 구조의 확대도

일부 결정에서는 전위가 더 짧은 분절(segments)로 나누어질 수 있으며, 이로 인해 특정 결정에서 적층 결함(stacking fault, SF)이 발생하기도 한다. FCC 격자에서는 (111) 평면에서 <110> 방향으로 슬립이 일어나며, 이는 FCC 구조의 전형적인 슬립 시스템이다.

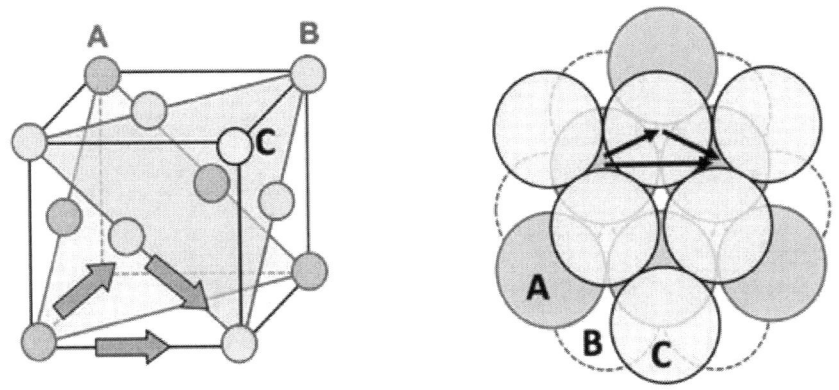

그림 2-21. FCC 격자에서 슬립 거동의 도식적 표현: 원자 배열과 슬립 방향

그림 2-21은 FCC 격자에서 단위 Burgers 벡터가 슬립하는 과정을 도식적으로 보여준다. 그러나 FCC 구조에서는 단위 전위가 더 적은 에너지를 필요로 하는 부분 전위(partial dislocations)로 분리될 수 있다. 이러한 분리는 전위의 에너지 최소화 경로를 따르며, 더 효율적인 변형 메커니즘을 제공해 준다. 이와 관련된 에너지 관점의 이론은 이후 장에서 다루어질 예정이다. 그림 2-22는 FCC 격자에서 부분 전위에 의해 적층 결함이 생성되는 과정을 도식적으로 보여준다. 여기서 AB는 정상적인(확장되지 않은) 전위를 의미하며, BC와 BD는 부분 전위를 나타낸다. BC와 BD 사이의 영역은 적층 결함 영역으로, 이 영역에서 결정은 중간 단계의 슬립(intermediate slip)을 겪게 된다. 이러한 과정에서 BC, 적층 결함 영역, BD는 함께 확장된 전위(extended dislocation)를 형성한다. 이를 통해 FCC 격자 내 적층 결함 생성 메커니즘을 이해할 수 있다.

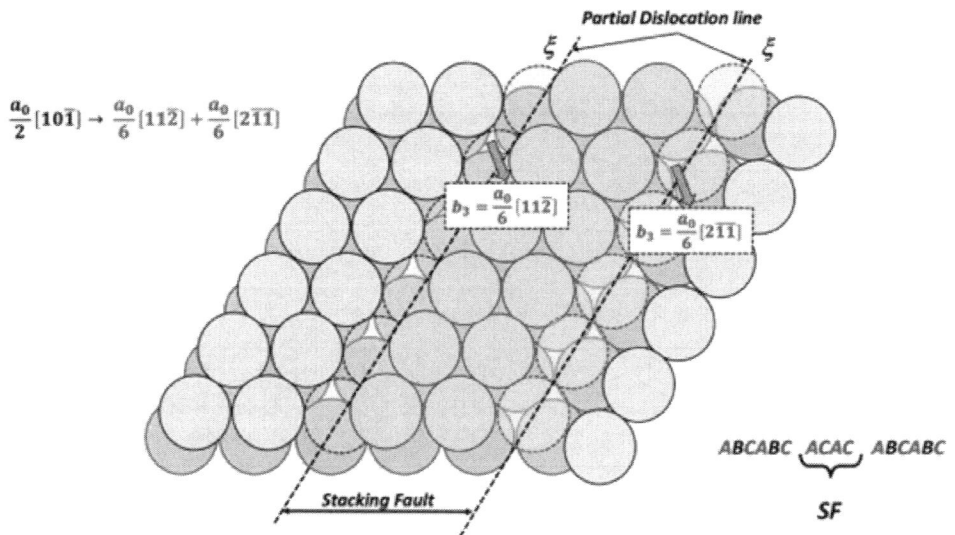

그림 2-22. FCC 격자에서 부분전위의 분리에 의해 적층 결함이 형성되는 과정의 도식적 표현

2-3. 전위 이동에 의한 슬립

전위 이동의 형태는 크게 보존적 이동(conservative motion)과 비보존적 이동(non-conservative motion)으로 구분된다. 보존적 이동에 의한 전위의 활주(glide)는 전위선과 Burgers 벡터를 포함하는 평면에서 발생한다. 이러한 활주를 수행할 수 있는 전위는 활주 가능한 전위(glissile dislocation)로 명명되며, 반대로 움직일 수 없는 전위는 고착 전위(sessile dislocation)로 정의된다. 전위의 활주면과 활주 방향은 결정 구조에 따라 달라지며, 비보존적 이동인 상승(climb)의 경우 전위가 Burgers 벡터에 수직인 활주면 밖으로 이동한다. 많은 전위들의 활주는 소성 변형의 중요한 기구인 슬립을 유도하며, 전위에 의한 활주는 완전한(즉, 무결함) 결정에서 발생하는 슬립보다 상대적으로 적은 원자 운동을 요구한다[1,2,4,5,6].

그림 2-23은 결정 내부에서 활주를 통해 이동하는 전위를 도식적으로 보여주고 있다. 활주 중 원자 결합의 순 변화는 발생하지 않으며, 이러한 특징은 전위가 없는 완전한 결정에서 전단을 수행하는 데 필요한 이론적 응력보다 더 낮은 응력에서 전위를 이동시킬 수 있게 한다.

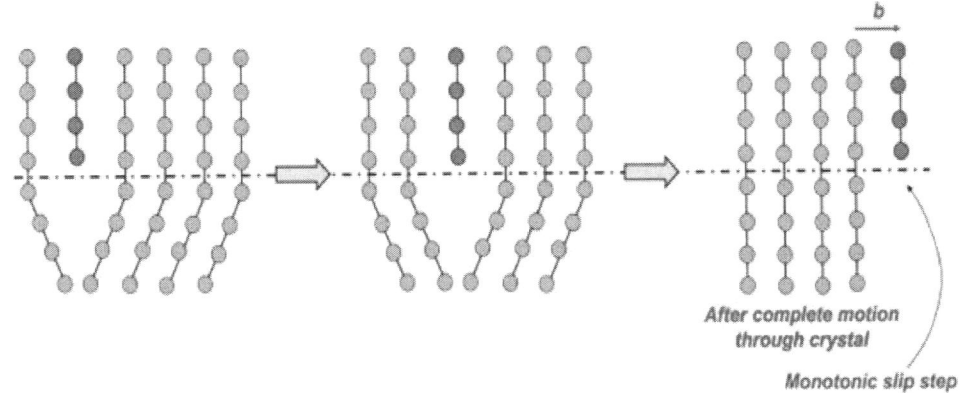

그림 2-23. 결정내부에서 활주에 의해 이동하는 전위

개별 전위가 이동하려면 특정한 힘이 필요하며 이를 Peierls-Nabarro 힘이라고 한다. 이 개념은 1940년 Peierls에 의해 처음 도입되었으며, 이후 다른

연구자들에 의해 개선되었다. 전위 이동에는 마찰력(frictional force)을 극복해야 하며, 이는 격자 내부 전위로 인한 찌그러짐(distortion)에서 비롯된다. 그림 2-24는 전위 이동 시 전위가 더 높은 에너지 상태의 원자 배열(configuration)을 통과해야 함을 보여준다. 전위를 이동시키는 데 필요한 힘(즉, 격자 찌그러짐으로 인한 응력장을 극복하기 위한 힘)은 슬립면 상에서 발생하는 전단 응력(shear stress)에 비례한다.

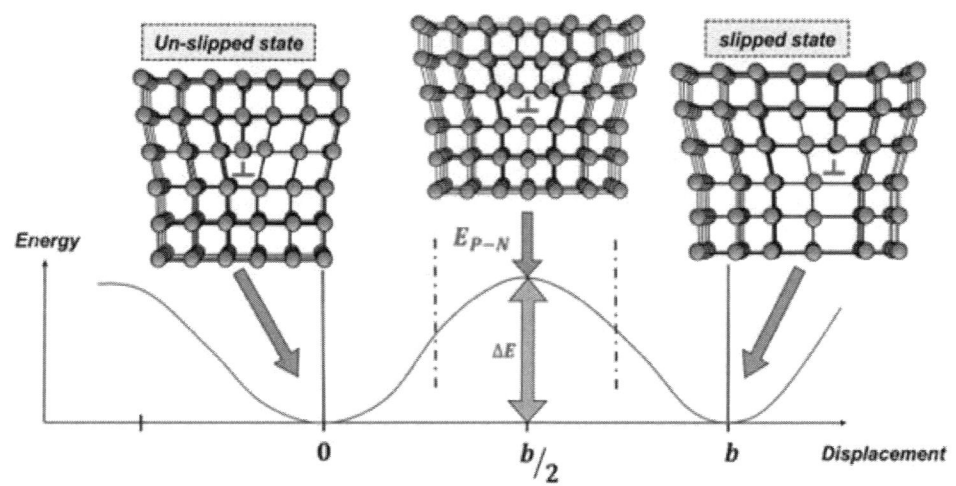

그림 2-24. 전위의 이동시 원자 배열에 따른 에너지 상태의 변화

그림 2-25은 Peierls-Nabarro 힘은 원자들 사이의 힘-거리 관계의 형태에 따라 달라지는 것을 보여준다. Peierls-Nabarro 응력은 슬립면에서 개별 전위를 이동하는 데 필요한 전단 응력에 해당한다. 그 값은 전위에 의해 격자가 찌그러진 양에 따라 다르게 된다. 찌그러진 양은 전위폭(dislocation width: W)으로 설명할 수 있다.

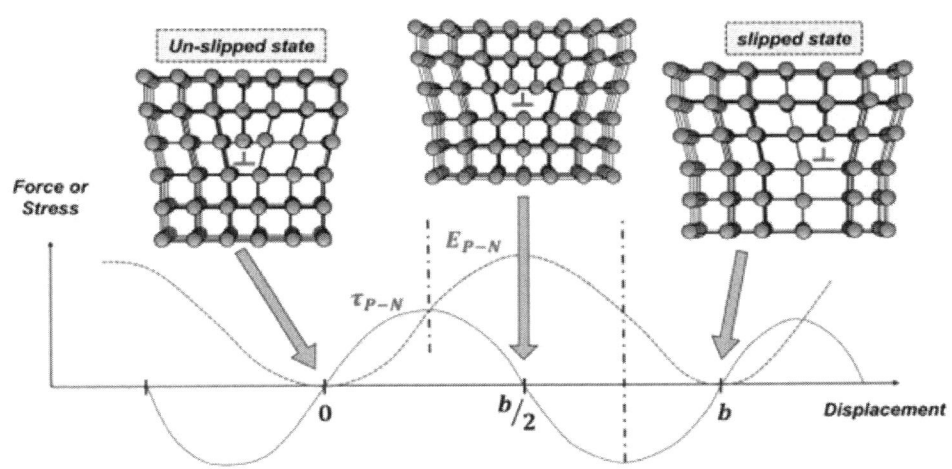

그림 2-25. 원자들 사이의 힘-거리의 관계

그림 2-26에서 보여주듯이 슬립면 위와 아래에서 원자들은 평형위치로부터 변위(U)된다. 이것은 전위로 인한 격자의 찌그러짐을 나타낸다. 전위를 수용하기 위해 슬립면을 가로 질러 차등(differential) 변위가 발생한다(ΔU=UB−UA); 결과적으로 이런 거동은 전단을 생성하게 한다. ΔU의 최대 값은 ±b/4에 해당한다.

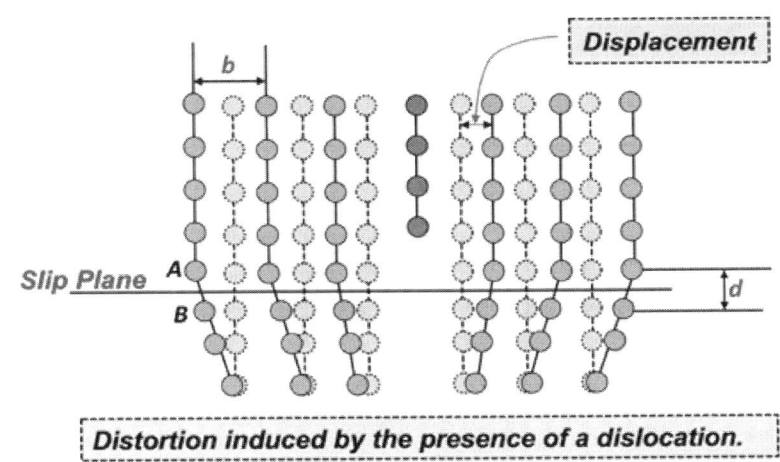

그림 2-26. 전위 주위 원자들에 발생하는 평형위치로부터 변위(U)

Peierls와 Nabarro는 전위 위치의 함수로 단위 길이 당 전위 에너지를 아래의 식과 같이 평가했다.

$$E_{P-N} = \frac{Gb^2}{\pi(1-\nu)} exp\left(\frac{-2\pi W}{b}\right) \quad (2\text{-}1)$$

식(2-1)로부터 전위를 이동하는 데 필요한 전단응력(즉, Peierls 응력)은 아래의 식과 같이 결정할 수 있다.

$$\tau_{P-N} = \frac{2\pi}{b^2} E_{P-N} = \frac{2G}{(1-\nu)} exp\left(\frac{-2\pi W}{b}\right) \approx \frac{2G}{(1-\nu)} exp\left(\frac{-2\pi d}{(1-\nu)b}\right) \quad (2\text{-}2)$$

τ_{P-N}의 값은 결정구조에 따라 변화하며, 일반적으로 $\tau_{P-N} \ll \tau_{theo}$ 것으로 알려져 있다. 이제 Peierls 응력이 d와 b에 따라 어떻게 변화하는지 살펴보자. 고정된 b의 경우에 τ_{P-N}은 d가 증가함에 따라 감소하며, b가 증가하면 τ_{P-N}이 커지는 경향이 있다. 일반적으로 전위를 통한 슬립은 조밀방향(가장 낮은 b)과 넓은 간격의 면(가장 높은 d)에서 더 쉽게 발생한다. 이는 τ_{P-N} 값이 이 면에서 가장 낮기 때문이다. 그림 2-30으로부터 그런 경향을 쉽게 파악할 수 있다. 고정된 d의 경우에 τ_{P-N}은 b가 증가함에 따라 증가하며, d가 증가하면 τ_{P-N}이 감소하는 경향이 있다. 전위를 통한 슬립은 조밀충진방향(가장 낮은 b)과 넓은 간격의 면(가장 높은 d)에서 더 쉽게 발생한다. 이는 이 면에서 τ_{P-N}값이 가장 낮기 때문이다.

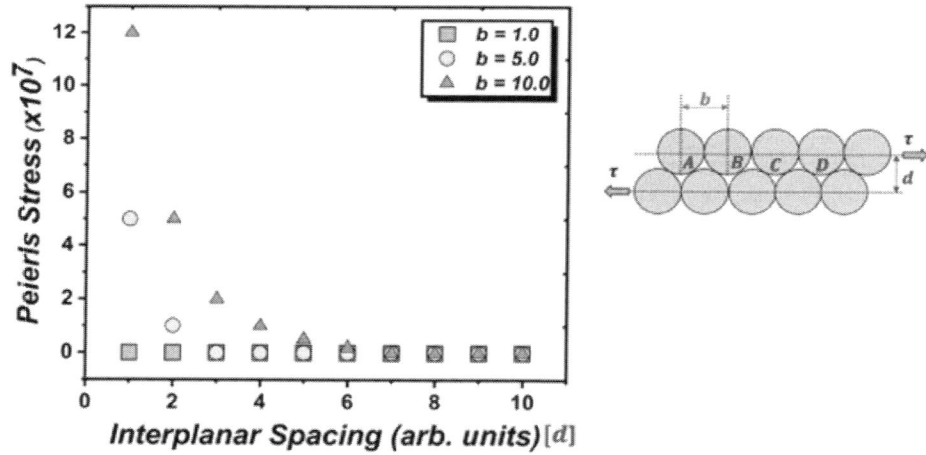

그림 2-30. Peierls 응력에 미치는 d와 b의 영향

그림 2-31에서 그런 경향을 쉽게 파악할 수 있다. 조밀충진면(즉, 원자 간 분리, b가 가장 작은 면)은 가장 멀리 떨어져 있는 면(즉, d가 가장 큰 면)이다. 표 2-2에서 보여주듯이 이런 속성은 원자/이온 패킹 계수(APF/IPF) 또는 면밀도와 관련시킬 수 있다.

표 2-2. APF/IPF와 Peierls 응력와의 상관 관계

				Ionic				Covalent
	FCC/HCP	BCC	SC	KCl	NaCl	CsCl	MgO	Diamond cubic (Si)
APF IPF	0.74	0.68	0.52	0.725	0.67	0.68	0.627	0.34
τ_{P-N}	1	3	7	2	5	3	6	8

Rank 1-8 where 1 is lowest and 8 is highest

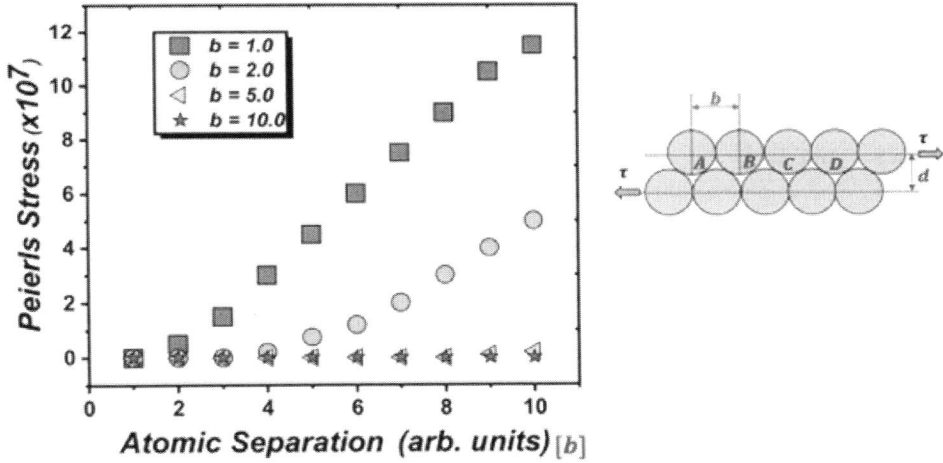

그림 2-31. Peierls 응력에 미치는 d와 b의 영향

전위의 이동을 유도하려면 특정 전단응력이 요구된다. 전위는 특정 슬립계에서 슬립이 발생한다(즉, 특정 결정면과 해당 슬립면의 특정 결정 방향). 그림 2-32에 보여주고 있는 단결정에서 슬립면 As위에서 y' 방향으로 분해전단응력(resolved shear stress)은 아래의 식과 같이 표현이 가능하다.

$$\tau_{z'y'} = \frac{F_{y'}}{A_{z'}} = \frac{F_z \cos \lambda}{A_o / \cos \phi} = \cos \lambda \times \cos \phi \times \sigma_{zz} \tag{2-3}$$

여기서 ϕ는 하중방향과 슬립면에 수직한 방향과의 사이각이며, λ는 하중 방향과 슬립방향과의 사이각을 의미한다. 이 식은 단결정과 다결정에서 개별 결정립에 적용이 가능하다. 가해지는 하중 F에 대해 각, ϕ을 이루는 임의의 면을 고려하자. y'은 슬립 방향이고 z'은 슬립면에 수직방향에 해당한다. ϕ-면 상에 작용하는 슬립을 고려하자. 수직힘(normal force)은 $F_N = F_{z'} = F_z \cos\phi$이 며, 슬립방향(y)으로 전단힘(shear force)은 $F_S = F_z \cos\lambda$에 해당한다. 슬립면의 면적은 $A_S = A\cos\phi$에 해당한다 슬립면상에 분해수직응력(resolved normal stress)은 아래의 식과 같다.

$$\sigma_N = F_N/A_S = (F\cos\phi)/(A_o/\cos\phi) = \sigma\cos^2\phi \tag{2-4}$$

슬립면상에 슬립방향으로 분해전단응력(resolved shear stress)은 아래의 식 과 같다.

$$\tau_S = \tau_{RSS} = F_S/A_S = (F\cos\lambda)/(A_o/\cos\phi) = \sigma\cos\lambda\cos\phi \tag{2-5}$$

분해전단응력은 식(2-6)과 같이 간단하게 표현할 수 있다.

$$\tau_{RSS} = \frac{F}{A_o}\cos\phi\cos\lambda = \sigma_{flow}\cos\phi\cos\lambda = \sigma_{flow}\, m \tag{2-6}$$

또는 $\frac{\tau_{RSS}}{m} = \sigma_{flow}$ 로 표현이 가능하다.

활성 슬립계는 가장 큰 Schmid factor(m)를 갖는다. 분해전단응력을 유동응 력(flow stress)이 아닌 거시적 인장 항복응력(tensile yield stress)과 관련시키면 아래의 식과 같은 결과를 얻을 수 있다.

$$\sigma_y = \frac{\tau_{CRSS}}{\cos\phi\cos\lambda} \text{ 또는 } \tau_{CRSS} = \sigma_y\cos\phi\cos\lambda = \sigma_y\, m \tag{2-7}$$

τ_{CRSS}는 슬립을 통해 소성변형을 시작하는 데 필요한 분해전단응력에 해당 한다.

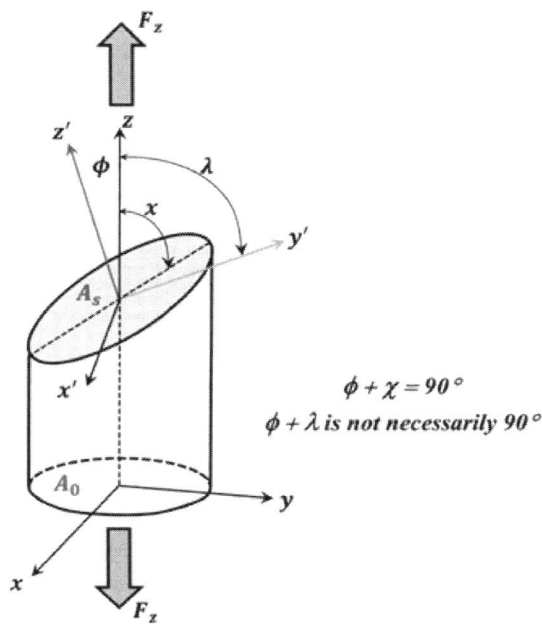

그림 2-32. 단결정에서 슬립이 발생하는 면과 방향

표 2-3은 가장 공통적인 격자 형태에 대한 슬립계를 보여준다. 그림 2-33에서 보여주듯이 FCC 결정구조에서는 4개의 {111} 면에 각각 3개의 <110> 슬립방향을 가지기 때문에 12개의 슬립계가 존재한다. 그림 2-34는 BCC 결정구조에서 3종류의 슬립면에 해당 슬립방향을 도식적으로 보여주고 있다. 3개의 슬립면에 작용하는 전체 슬립계는 48개가 존재한다. BCC 결정구조에서 슬립이 발생하면 슬립계의 구조적인 특성때문에 연필 모양이 발생한다. 이런 슬립계의 형상때문에 BCC에서의 전위의 슬립을 연필 활주(pencil glide)라고도 부른다. 그림 2-35는 HCP 결정구조에서 공통적인 슬립면과 해당 슬립방향을 보여주고 있다. HCP 결정구조는 FCC나 BCC 결정구조와는 달리 낮은 결정학적 대칭성을 가지고 있기 때문에 외부에서 변형을 가하는 경우에 슬립계의 작동이 매우 상이하다. 그 차이는 a/c의 결정학적 축의 비에 의해 결정되는데 합금 성분들의 영향도 미미하게 작용한다고 알려져 있다. 또한 변형온도의 영향도 매우 크다고 알려져 있기 때문에 HCP 결정구조를 가진 재료에서 전위에 의한 슬립은 상대적으로 복잡한 거동을 보인다.

표 2-3. 가장 공통적인 격자 형태에 대한 슬립계

Crystal structure	Slip plane	Slip direction	Number of non-parallel planes	Slip directions per plane	Number of slip systems
fcc	{111}	⟨110⟩	4	3	(4×3) = 12
bcc	{110}	⟨111⟩	6	2	(6×2) = 12
	{112}	⟨111⟩	12	1	(12×1) = 12
	{123}	⟨111⟩	24	1	(24×1) = 24
hcp	{0001}	⟨11$\bar{2}$0⟩	1	3	(1×3) = 3
	{10$\bar{1}$0}	⟨11$\bar{2}$0⟩	3	1	(3×1) = 3
	{10$\bar{1}$1}	⟨11$\bar{2}$0⟩	6	1	(6×1) = 6

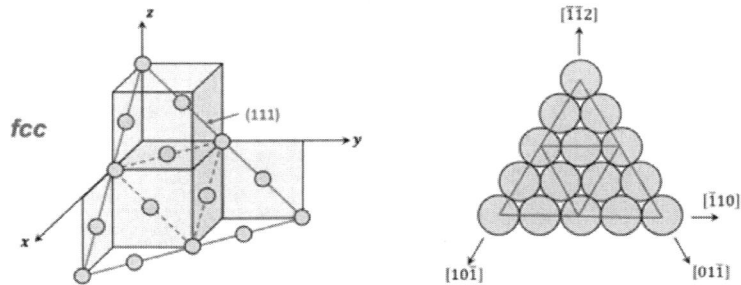

Four {111} planes each with 3 ⟨110⟩ slip directions

12 slip systems

그림 2-33. FCC 결정구조의 슬립계

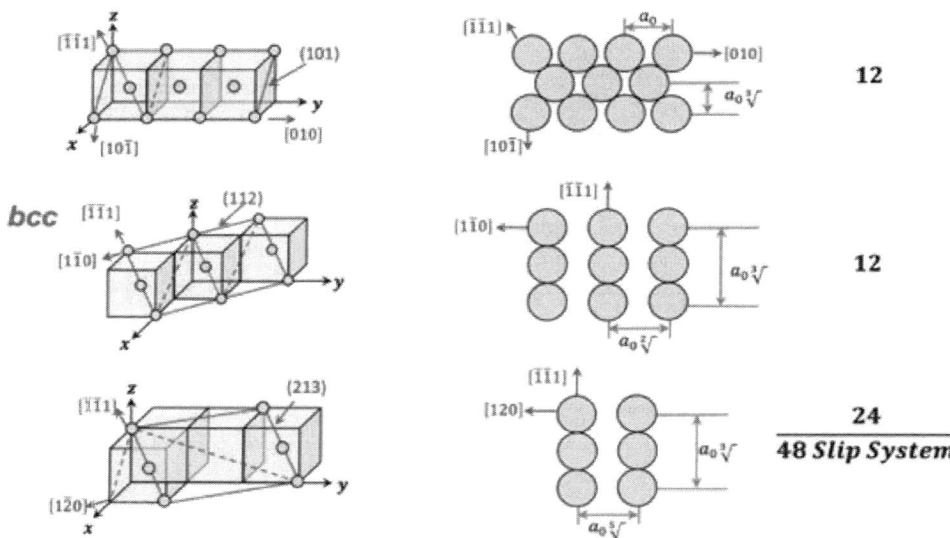

그림 2-34. BCC 결정구조의 슬립계

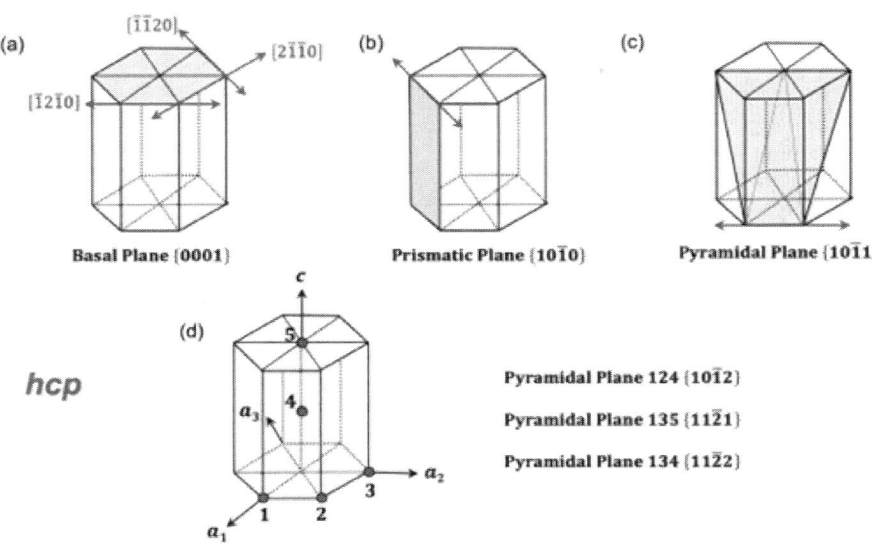

그림 2-35. HCP 결정구조의 슬립계

2-4. 조그, 킹크와 전위교차

활주/슬립에 의한 전위의 이동을 고려해 보자[4]. 그림 2-36에서 보여주듯이 칼날전위의 움직임에 의한 단결정 변형에서 전단 응력 τ_{yx}이 작용하면 AB를 따라 결정에 칼날전위를 도입하고 DC 위치로 이동하게 할 수 있다. 그림 2-37에서 보여주듯이 나사전위의 움직임에 의한 단결정 변형에서 전단 응력 τ_{yx}를 적용하면 선 EF를 따라 결정에 나선전위가 도입되어 HG 위치로 이동하게 할 수 있다.

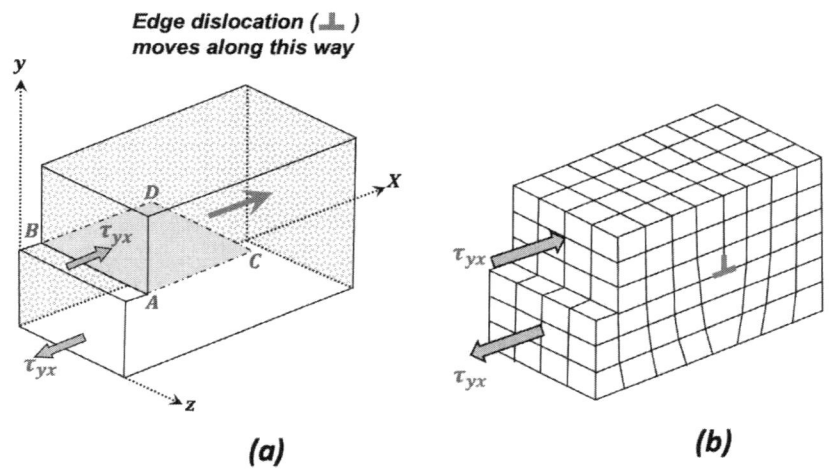

그림 2-36. 칼날전위의 이동에 의한 단결정의 변형 거동
(a) 전단응력의 작용에 의한 전위의 이동 (b) 격자를 이용한 전위 거동

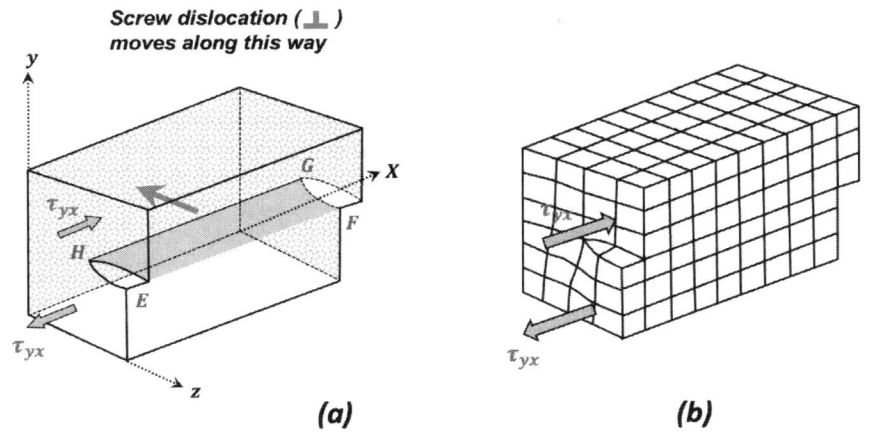

그림 2-37. 나선전위에 의한 단결정의 변형거동
(a) 전단응력의 작용에 의한 전위의 이동 (b) 격자를 이용한 전위 거동

그림 2-38은 슬립면에서 전위 루프가 확장하여 슬립하는 과정을 보여준다. 칼날, 나선 및 혼합 전위의 분절이 이동하고, 결정의 최종 전단은 칼날 및 나선전위에 의해 생성됨을 알 수 있다.

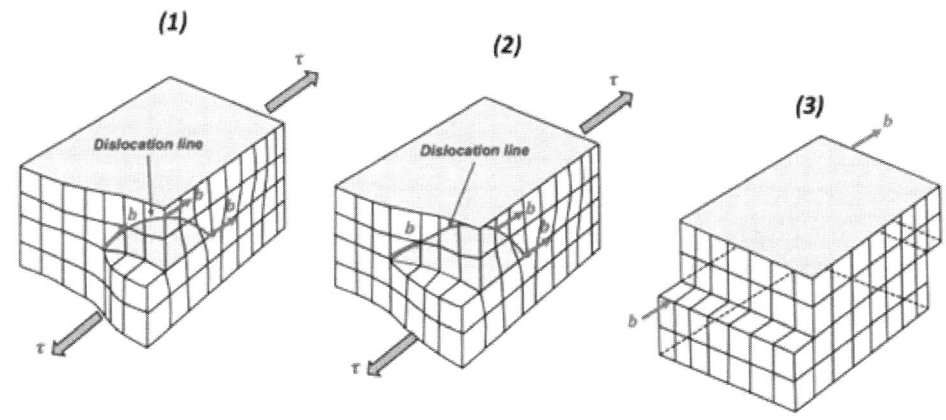

그림 2-38. 슬립면에서 전위 루프의 확장에 의한 슬립 과정

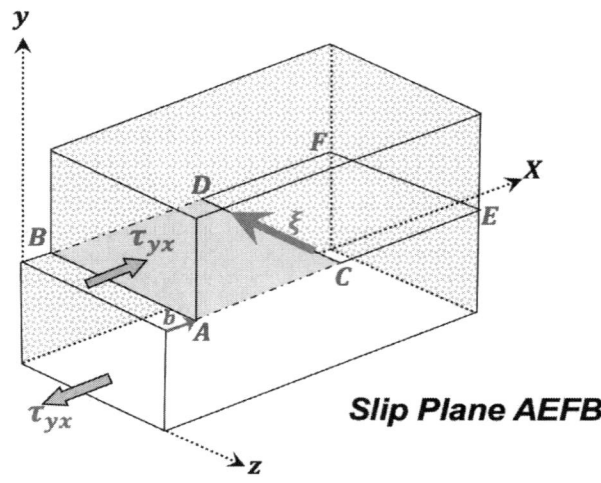

그림 2-39. 슬립면 AEFB에서 전위의 이동

그림 2-39에서 슬립면인 AEFB에서 전위의 이동을 보여주고 있다. 칼날전위는 특정 슬립면에서만 슬립이 발생하도록 제한되는 특성이 있다. 반면에, 그림 2-40에서 도식적으로 보여주는 것과 같이 나선전위는 단일 슬립면 상에서만 슬립이 발생되도록 제한되지는 않는다. 결과적으로 나선전위는 교차슬립(cross-slip)을 발생시킬 수 있고, 칼날전위는 교차슬립을 발생시킬 수 없다. 이런 특성은 전위가 가공경화에 미치는 영향이 매우 크다고 알려져 있다.

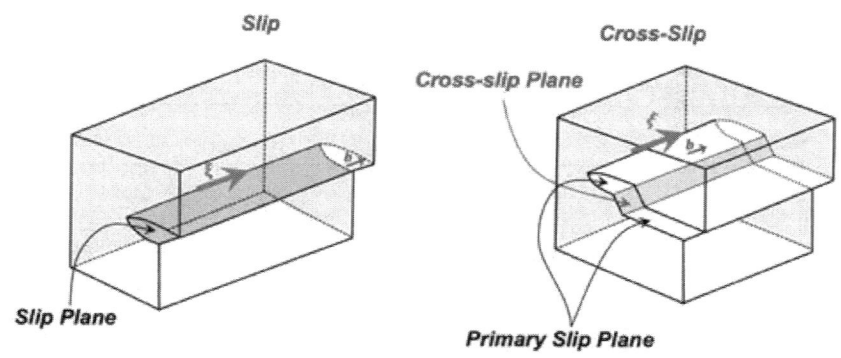

그림 2-40. 나선전위의 슬립면에서 슬립 거동

전위는 활주속도(glide velocities, v)로 활주하며, 작용 응력, 결정의 순도, 온도, 전위 유형에 의존한다고 알려져 있다. Johnston과 Gilman은 이온 결정의 전위가 임계분해전단 응력에서 활주하기 시작한다는 점에 착안하여 아래의 식을 제안하였다.

$$v = A \left(\frac{\tau}{\tau_o}\right)^m \tag{2-8}$$

여기서 τ는 슬립면에 작용된 전단응력이고, τ_o는 $v = 1$ m/s에 해당하는 전단응력이고, m은 상수이다. 이 식은 본질적으로 경험적이며 특정 속도 범위(10^{-9} ~ 10^{-3} m/s)에 적용된다. 그림 2-41에서 보여주고 있듯이 전위 속도는 CRSS에서 빠르게 증가하는데, 이런 경향은 소성 변형의 시작을 의미한다고 볼 수 있다.

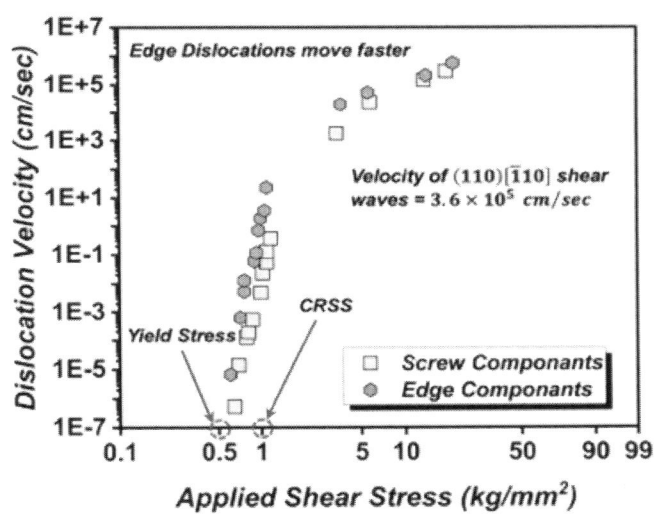

그림 2-41. 전위속도에 미치는 전단응력의 영향

전위의 상승은 공공의 거동과 관련이 있다. 그림 2-42에서 보여주듯이 전위의 양의 상승(positive climb)은 공공 소멸(vacancy annihilation) 그리고 음의 상승(negative climb)은 공공 생성(vacancy generation)에 기인한다. 상승은 확산이 지배하는 과정이라고 볼 수 있다. 확산이 어려운 저온에서는 최소화되는 경향이 있다. 확산이 상대적으로 더 쉬운 환경인 고온에 노출되면 더욱 더 중요한 기능을 발휘하게 된다.

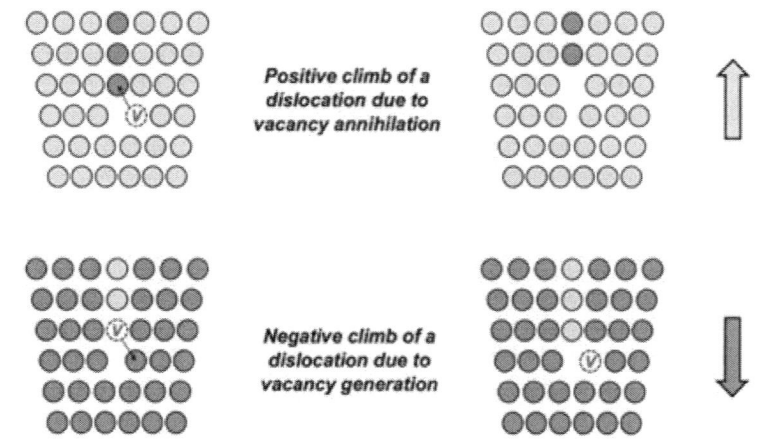

그림 2-42. 전위의 상승거동과 공공의 소멸 및 생성거동과의 관계

전위의 상승이 의미하는 것이 무엇을 의미하는 것인지 생각해 보자. 그림 2-43에서 보여주듯이 전위 선의 짧은 부분의 상승은 조그(Jogs)라고하는 계단을 형성하게 한다. 전위 상승은 조그의 생성과 운동에 의해 진행된다. 조그는 전위를 한 원자면에서 다른 원자면으로 이동하게 하는 계단에 해당한다. 킹크(Kink)이라고하는 또 다른 유형의 전위 계단이 있다. 그림 2-44에서 보여주듯이 킹크는 슬립면 내에서 전위의 위치를 변화시키는 계단에 해당한다.

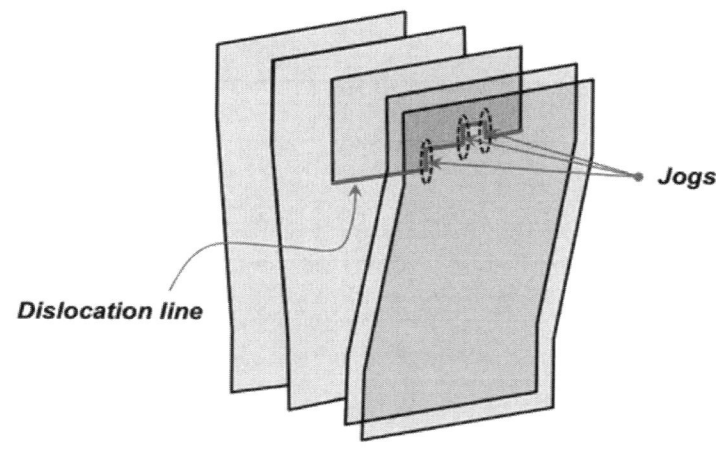

그림 2-43. 전위 선에 형성된 조그

조그와 킹크는 원래 전위 선에서 변위된 전위의 짧은 부분에 해당한다. 이것들은 기존 슬립면에 놓여있는 전위 선과 동일한 Burgers 벡터를 가지고 있다. 조그와 킹크의 보존적 및 비보존적 이동에도 보통의 전위와 동일한 규칙이 적용된다. 칼날과 나선전위에서 킹크를 고려해 보자.

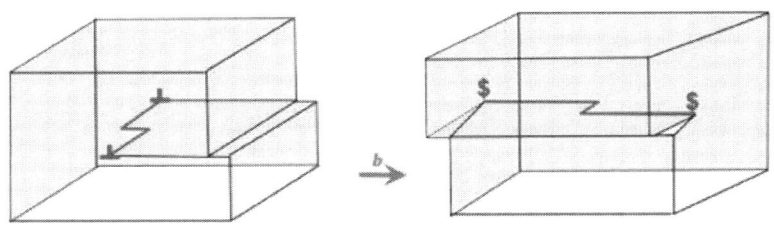

그림 2-44. 전위 선에 형성된 킹크

그림 2-44에서와 같이 킹크는 전위선과 동일한 슬립면에 놓인다. 킹크는 전위선의 활주를 방해하지 않는다. 킹크는 실제로 활주를 도울 수 있다.

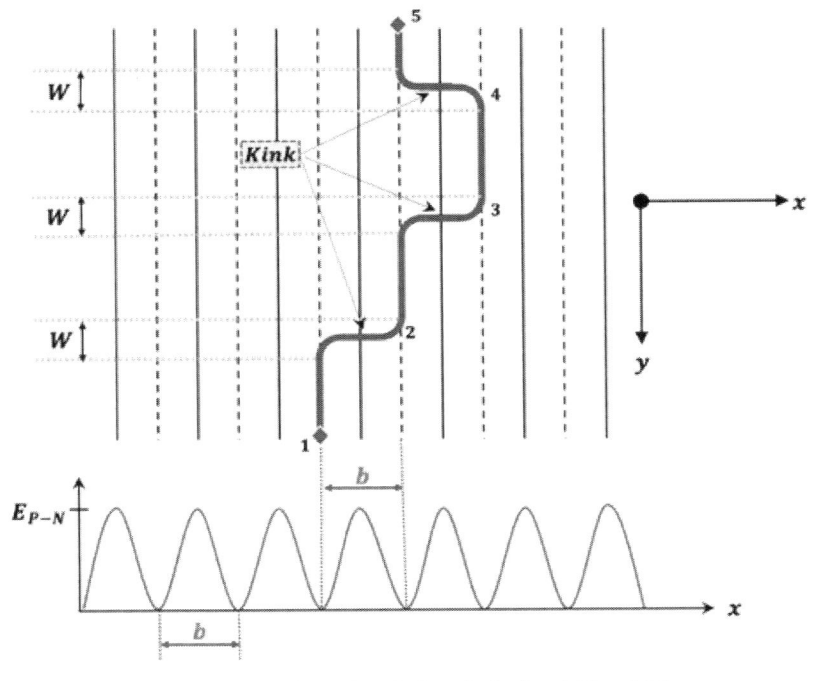

그림 2-45. 킹크에 의한 전위의 이동 기구

전위가 활주하려면 Peierls-Nabarro 장벽을 극복해야만 한다. 이를 위해 그림 2-45에서 보여주듯이 전위선은 작은 세그먼트가 Peierls 장벽을 넘어서 먼저 킹크를 생성하는 계단과 같은 방식(step-like fashion)으로 움직인다. 이후 킹크는 전위선의 길이를 따라 옆으로 퍼져서 전위 선이 앞으로 움직이게 한다.

칼날전위와 나선전위에서 조그를 고려해 보자. 칼날전위 선에 존재하는 조그는 칼날전위의 활주를 방해하지 않는다. 나사전위 선에 존재하는 조그는 칼날 특성을 가지고 있어서 슬립에 의한 활주가 제한된다(b에 수직). 이것은 상승을 필요로 하게 되어 결과적으로 나선전위의 이동을 방해한다.

좀 더 구체적으로 나선전위 상에 존재하는 조그의 움직임을 고려해 보자. 그림 2-47에서 보여주듯이 조그 AB는 AB에 수직인 Burgers 벡터를 가진다. 따라서 이 부분은 짧은 길이의 칼날전위에 해당한다. AB와 Burgers 벡터로 정의되는 면은 AB2D이다. 이 면은 AB가 활주할 수 있는 면에 해당한다. 나사전위인 1AB2를 1´A´B´2´로 이동하려면 조그 AB가 A´B´로 상승이 필요하다. 조그와 킹크는 또한 전위의 교차로 인해 발생할 수 있다. 전위교차(dislocation intersections)는 전위의 증식(multiplication) 및 가공경화(work hardening)를 유도하기도 한다.

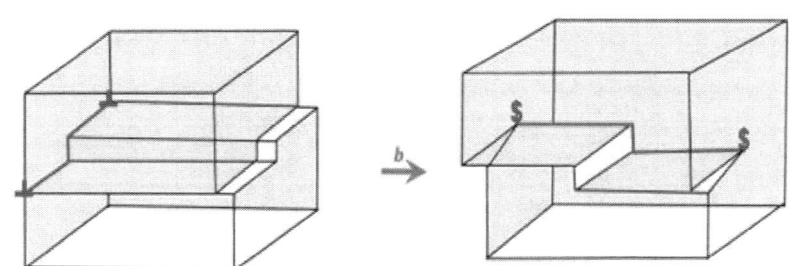

그림 2-46. 칼날전위와 나선전위에서 조그 거동

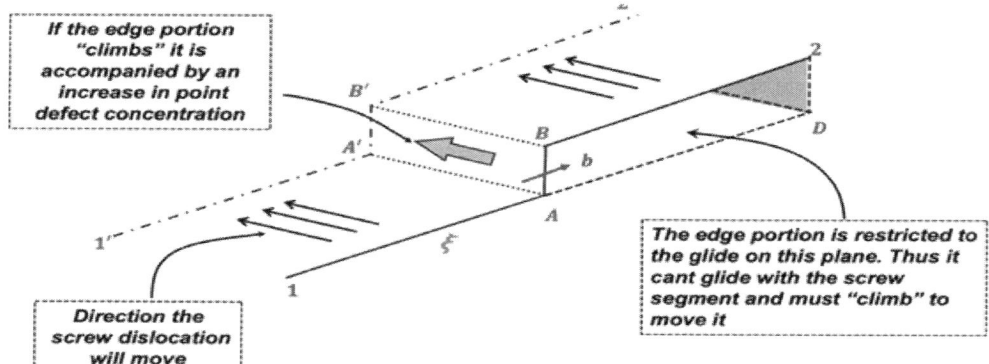

그림 2-47. 나선전위 상에 존재하는 조그의 거동

2-5. 전위이동 및 전위증식에 의한 소성변형

　이 장에서는 전위 이동이 결정의 변형 특성에 미치는 영향은 무엇이고, 전위 이동으로 인해 얼마나 많은 변형이 발생할 수 있는지에 대해 생각해 보자[1,4,5]. 그림 2-48에 있는 단순한 형태의 입방구조의 단결정을 고려해 보자. 단일 전위가 단결정을 통과하면 결과적으로 변형은 어떻게 발생할 것인지 계산해 보자.

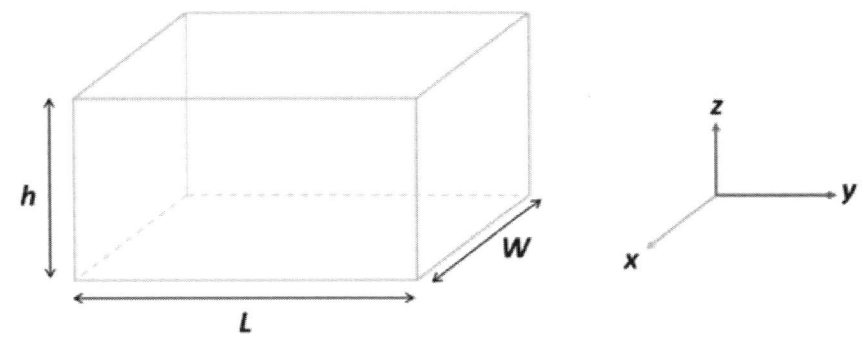

그림 2-48. 전위이동이 변형 특성에 미치는 영향을 이해하기 위한 단순한 형태의 단결정

　그림 2-49은 단일 전위 통과 후 입방구조의 단결정의 2차원(2D) 그리고 3차원(3D)의 형상을 보여준다. 먼저 전단변형은 다음의 식(2-9)로 간단하게 정의된다.

$$\gamma = \frac{b}{h} \tag{2-9}$$

　원래 단결정 크기가 1cm × 1cm × 1cm이고, b = 1Å (대략 정확한 크기)라고 가정해 보자. 전단변형은 다음의 식과 같이 계산할 수 있다.

$$\gamma = \frac{b}{h} = \frac{1 \times 10^{-10}\, m}{1 \times 10^{-2}\, m} = 1 \times 10^{-8}\ or\ 1 \times 10^{-6}\,\% \tag{2-10}$$

　이 양은 실제로 감지 할 수 없는데 어떻게 하면 전위가 비교적 큰 변형률을 유도할 수 있는지 생각해 보자. 인지할 수 있는 양의 변형률을 유도하려면 다중(multiple) 전위가 있어야만 한다. 이것을 계산해 보자. 임의의 수의 전위, N을 가정하면 전단 변형률은 다음의 식과 같다.

$$\gamma = \frac{Nb}{h} \tag{2-11}$$

이 표현은 더 나은 결과를 보여주고 있으나 모든 전위가 결정을 통과한다고 가정해야만 한다. 실제의 경우 우리는 이런 상황을 관찰하기 어렵다. 전위는 주로 결정 내에서 노드를 형성하거나 소멸할 수 있기 때문이다. 따라서 우리는 위 상황을 수정할 필요가 생기게 된다.

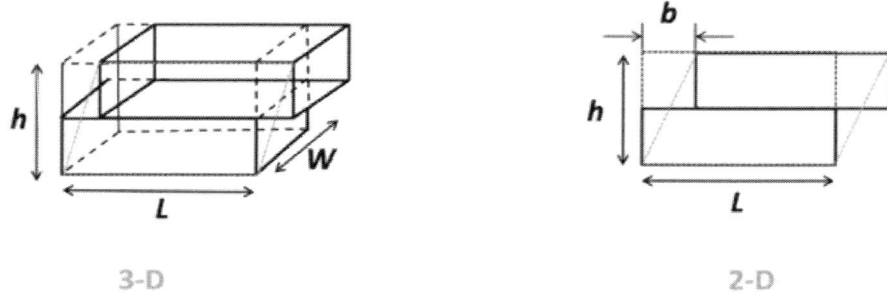

그림 2-49. 단일 전위 통과 후 입방구조의 단결정의 2D 그리고 3D의 형상

모든 전위가 결정을 통과하지 못한다면 그림 2-50과 같이 전위가 부분적으로 결정을 통과하면 어떻게 되는지 생각해 보자. 모든 전위가 결정 길이를 따라 거리 x_i를 이동한다고 가정하면 단일 및 다중 전위에 대한 변형률과 관련된 식은 다음과 같이 표현할 수 있다. 단일 전위에 대한 식은 아래와 같이 표현할 수 있다.

$$\gamma = \frac{x_i}{L} \frac{b}{h} \tag{2-12}$$

다중 전위에 대해서는 다음의 식과 같이 표현할 수 있다.

$$\gamma = \frac{1}{L} \frac{b}{h} \sum_{1}^{N} x_i \tag{2-13}$$

다중 전위에 대해서 N 전위가 평균 거리 $\bar{x}$ 만큼 이동하면 다음의 식과 같이 표현 가능하다.

$$\gamma = \frac{N\bar{x}}{L}\frac{b}{h} \tag{2-14}$$

이 식에서 $L \times h$ = 결정 끝부분의 면적에 해당한다. 전위 밀도는 다음의 식과 같이 표현할 수 있다.

$$\rho_\perp = \frac{N}{Lh} = \frac{\#\perp lines}{area} \tag{2-15}$$

$$\gamma = \rho_\perp b \bar{x} \tag{2-16}$$

실제로 $\rho_\perp$만큼 단위 체적당 총 전위선 길이로 정의되며, 보다 간단하게는 단위 단면적을 절단하는 전위선의 수로 정의된다. 이러한 유형의 전위 이동과 관련된 전단 변형률 속도는 다음과 같다.

$$\dot{\gamma} = \frac{d\gamma}{dt} = \rho_\perp b \frac{dx}{dt} = \rho_\perp b \dot{x} \tag{2-17}$$

$$\dot{\gamma} = \rho_\perp b v \tag{2-18}$$

여기서 v는 전위 속도(dislocation velocity)에 해당한다. 이식은 Taylor-Orowan 방정식으로 알려져 있으며 전위운동을 변형률 속도와 관련시켜주는 특징이 있다.

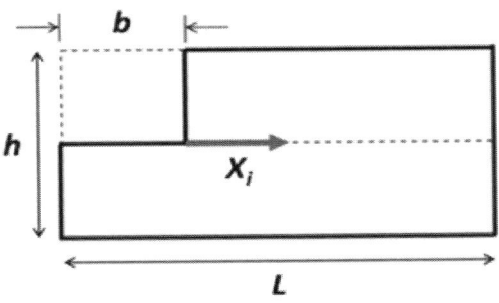

그림 2-50. 전위가 부분적으로 결정을 통과한 경우

다음은 그림 2-51(a)와 같이 평균 간격이 x인 칼날전위의 균일한 분포를 포함하는 1cm × 1cm × 1cm 입방 결정을 고려해 보자. 우리에게 얼마나 많은 전위가 있는지에 대한 정확한 정보는 제공되지 않는다. b = 1 Å으로 하자. 이런 상황에서 그림 2-51(b)와 같이 이 결정에서 1% 변형률 (즉, γ = 0.01)을 유도하려면 단위 면적당 몇 개의 전위가 필요하는지 그리고 이 결정에서 10% 변형률 (즉, γ = 0.1)을 유도하려면 단위 면적당 몇 개의 전위가 필요하는지를 알아보자.

전단 변형은 다음과 같다.

$$\gamma = 10^{-2} = \rho_\perp b \bar{x} = \rho_\perp (10^{-8}\,cm) \cdot x \tag{2-19}$$

그림 2-51(b)에서 보여주는 전단 변형의 정의를 이용하여 x를 찾아보자.

$$\gamma = \frac{\delta}{h} = \frac{Nb}{h}\frac{x}{h} \approx \frac{x}{h} = \frac{x}{1\,cm}; \quad x = 10^{-2} \tag{2-20}$$

$$1\%\ strain: \rho_\perp = \frac{\gamma}{bx} = \frac{10^{-2}}{(10^{-8})(10^{-2})} = 10^8\ dislocation\ lines/cm^2$$

$$10\%\ strain: \rho_\perp = \frac{\gamma}{bx} = \frac{10^{-1}}{(10^{-8})(10^{-2})} = 10^9\ dislocation\ lines/cm^2$$

일반적으로 주조 후 변형 전에 재료 내부에는 많은 전위는 존재한다. 변형이 진행되기 위해서는 더 많은 전위들이 필요하며, 변형 동안 전위 밀도($\rho_\perp$)가 크게 증가해야 한다. 전위의 생성은 재료 내부에서 주로 어디에서 발생하는지 알아보자. 전위가 생성되는 자리(dislocation sources)는 균일 핵생성(homogeneous nucleation), 계면(interfaces), Frank-Read sources와 점결함의 응축(condensation) 등과 밀접한 관련이 있다. 전위가 생성되는 계면으로는 결정립계(grain boundary) 및 상 경계(phase boundary), 표면(surface)과 표면 박막(surface film) 등이다. 그리고 Frank-Read sources는 필름 성장을 위한 결정 중에 형성되거나 계면(interface)에서 변형을 수용하기 위해서 발생하기도 한다. 점결함의 응축 등에 의해서도 발생한다.

균일 핵생성의 경우 정상적인 상황에서는 거의 발생하지 않고, $\tau_{hom} \cong \frac{G}{14} \sim \frac{G}{30}$ 정도의 매우 높은 응력이 요구되며 충격 하중(shock loading) 조건하에서 생성이 가능하다. 충격 하중 동안 균일 핵생성을 위한 Meyers 모델에 의하면 전위는 일축 변형 상태에 의해 설정된 편차 응력에 의해 충격 선단(shock front) (또는 그 근처)에서 균일하게 핵 생성된다. 이러한 전위의 생성은 편차 응력을 완화시켜 준다. 이러한 전위는 아음속(subsonic speeds) 속도로 짧은 거리를 이동하며 충격파 (shock ware)가 재료를 통해 전파됨에 따라 새로운 전위 계면이 생성된다.

다음은 계면(interface)에서 발생하는 전위 생성을 생각해 보자. 결정립계의 계단(steps)과 턱(ledges)이 작은 표면 계단이 마치 단결정에 있는 것처럼 변형 초기 단계에서 강력한 전위 생성 위치가 되며 응력 집중(stress concentration) 위치로 작용한다. 2 상 입자(second phase particles)와 개재물(inclusions)도 동일한 영향을 보일 수 있다. 2 상 입자 (또는 기타 결함) 또는 그 근처에서 높은 국부 응력은 핵 형성을 용이하게 해준다.

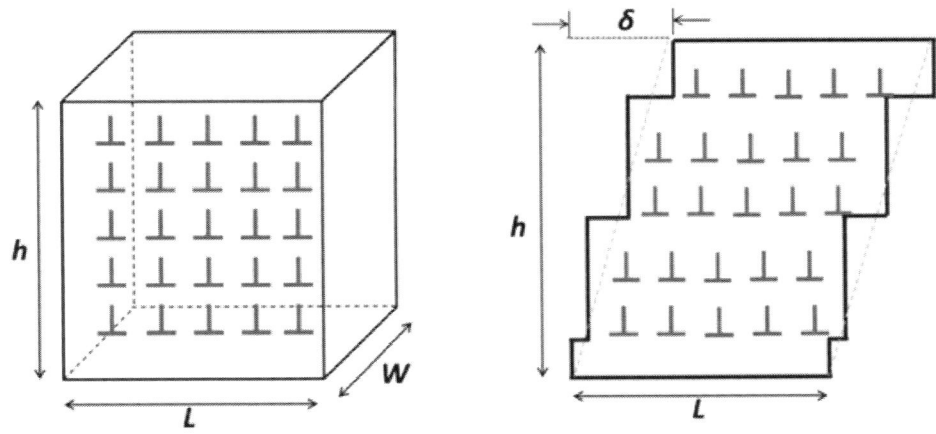

그림 2-51. 변형전 후 칼날전위의 분포

다음은 Frank-Read Source에 의해 전위의 증식이 발생하는지에 대해서 알아보자(그림 2-52).
(a) 우선 이동 전위가 L의 거리를 유지하면서 고정되어 있는 상황을 고려하자.
(b) 가해진 전단 응력은 전위 세그먼트(segment)를 곡률 반경이 R이 되도록 구부러지게 유도한다.

아래 전단응력과 전위의 곡률 반경의 식은 이런 현상을 쉽게 설명해 주고 있다.

$$\tau = (aGb)/R \qquad (2\text{-}21)$$

(c) 전단응력이 가해지는 경우 전위가 $R = L/2$까지 휘어지는 것이 계속 진행된다. 이때 전단 응력은 최대가 된다.

$$\tau = (2aGb)/L \approx (Gb)/L \qquad (2\text{-}22)$$

(d) 루프가 자발적으로 확장된다. 이런 거동은 반대 부호의 전위인 지점 C 와 D가 서로를 소멸 할 때까지 계속된다.

(e) 세그먼트 AB가 이 과정을 반복하는 동안 루프가 커진다.

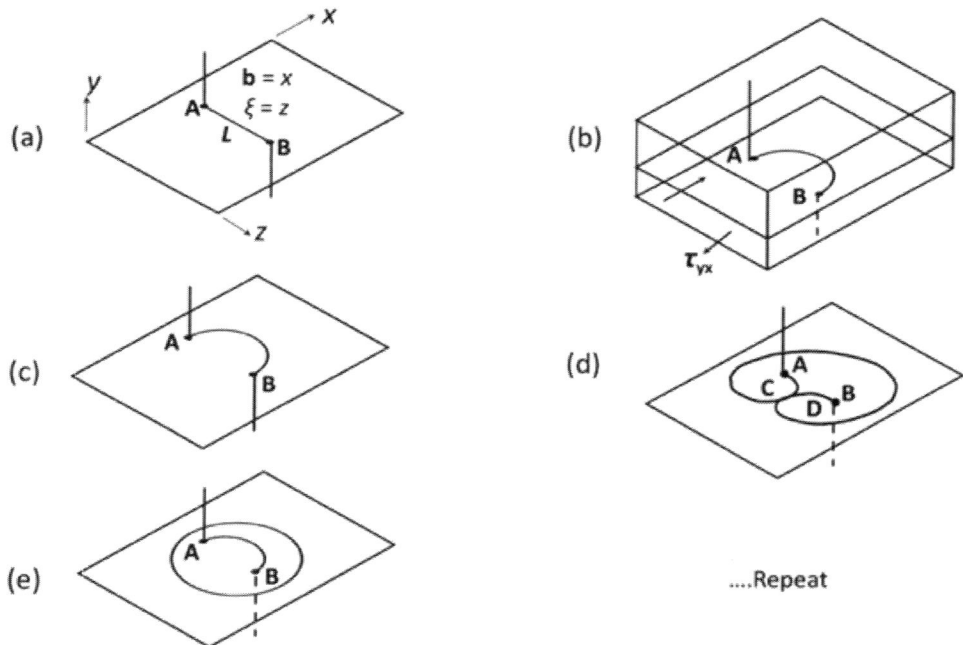

그림 2-52. Frank-Read Source에 의한 전위 증식 기구

다음은 Frank-Read Source에 의한 전위의 증식에 대해 좀 더 구체적으로 설명해 보자. 우선 그림 2-53과 같이 끝이 "고정(pinned)된" 전위 세그먼트를 고려하자.

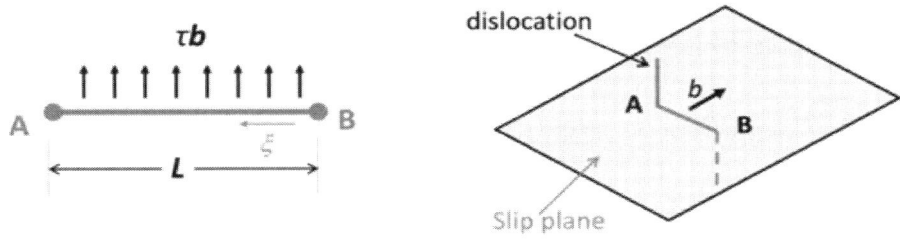

그림 2-53. A와 B 점에서 고정된 전위 세그먼트

작용된 전단 응력, t 는 그림 2-54에서 보여주듯이 세그먼트를 곡률 반경 R로 휘어지도록 한다. 전단응력과 곡률 반경과의 관계는 아래와 같다.

$$\tau = (aGb) / R \tag{2-23}$$

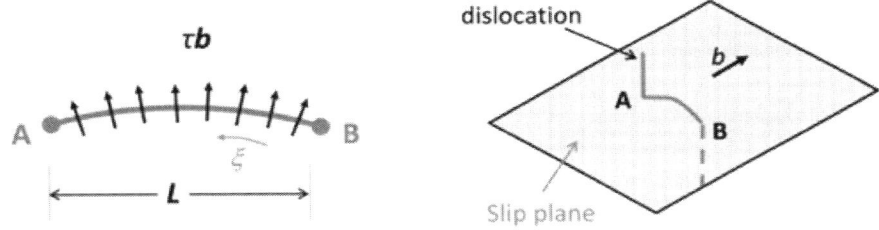

그림 2-54. 전단응력에 의해 휨이 발생하는 전위 선

전위 선이 반원형이 형성될 때에는 그림 2-55에서 보여주듯이 $R = L / 2$ 이고, $\tau \approx (Gb) / L$ 이다.

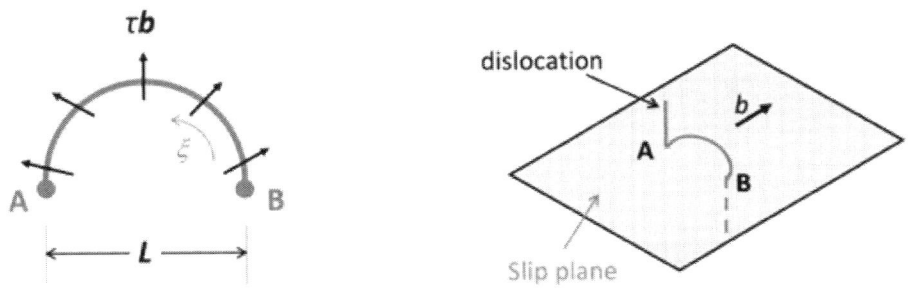

그림 2-55. $R = L / 2$의 조건까지 휘어진 전위 선

이후 전위 루프는 자체적으로 구부러지고 그림 2-56와 같이 확장하게 된다.

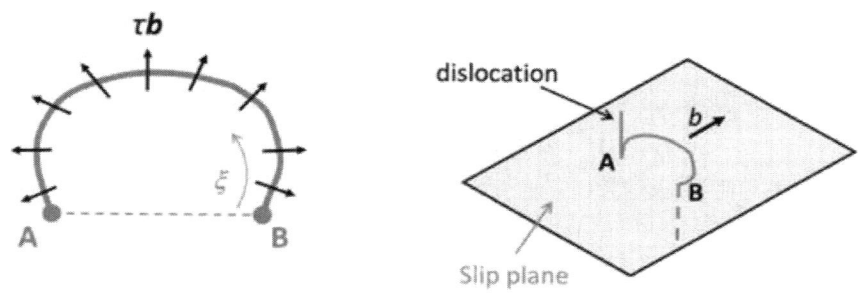

그림 2-56. 전위 선이 확장되는 단계

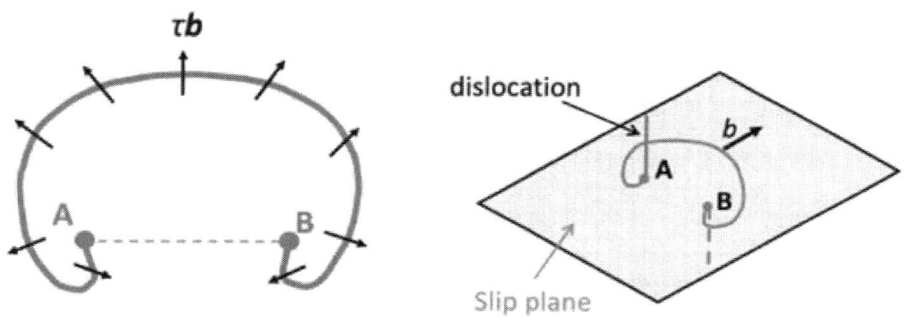

그림 2-57. 확장된 전위 선

그림 2-58에서 보여주듯이 확장된 전위 선은 C와 D에서 반대의 부호를 갖는다. 결과적으로 전위 선들이 확장되어 그들이 서로 만날 때에는 그들은 소멸할 것이다.

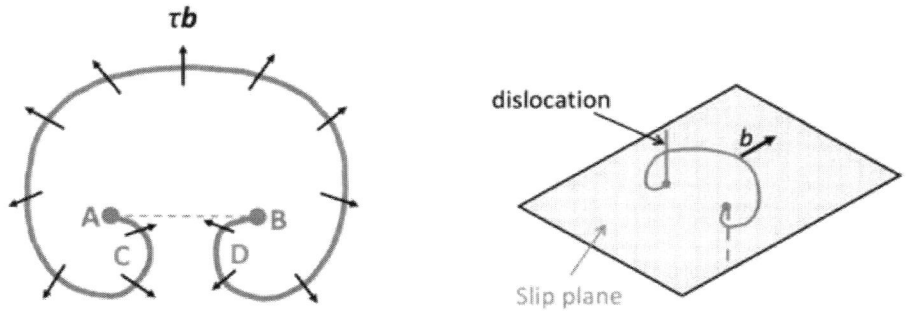

그림 2-58. 확장된 전위 선

그림 2-59에서와 같이 CD에서의 소멸의 결과는 닫힌 외부 루프와 새로운 전위 세그먼트 AB의 생성이다.

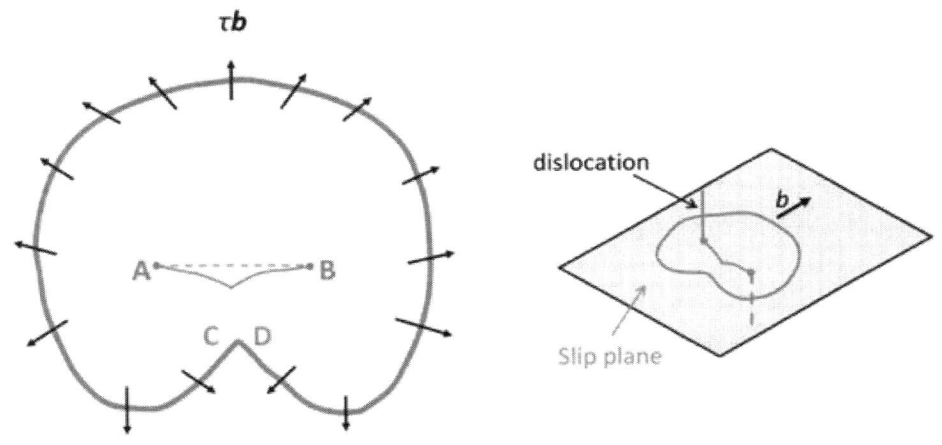

그림 2-59. 확장된 전위 선이 루프를 만드는 과정

최종적으로 그림 2-60에서와 같이 바깥쪽 루프가 확장되고, 전위 세그먼트 AB가 다시 전체 전위 생성 프로세스를 거치게 된다.

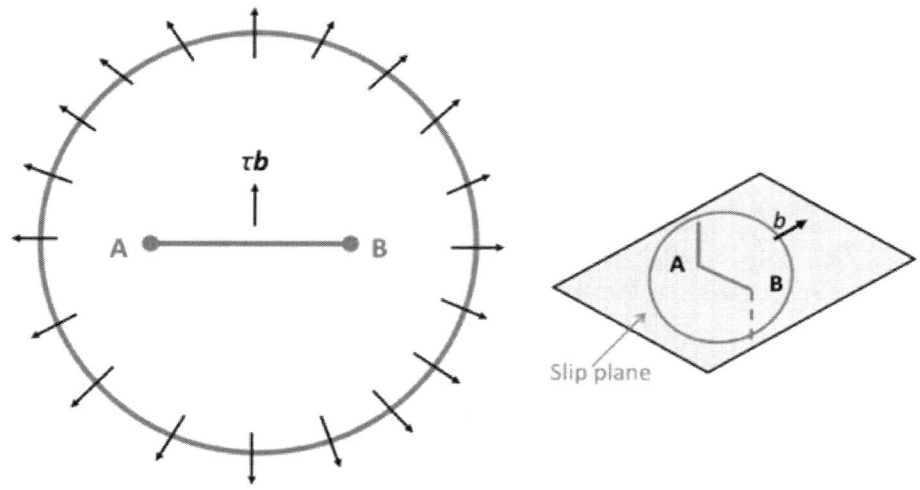

그림 2-60. 확장된 전위 선이 루프를 만드는 과정

다음엔 점 결함의 응축에 의한 전위의 생성을 고려해 보자. 그림 2-61에서 보여주듯이 전위는 공공(또는 침입형 원자)이 판상(discs)이나 프리즘(prismatic) 루프로 붕괴(collapse)되거나 집합(aggregation)되어 형성될 수도 있다.

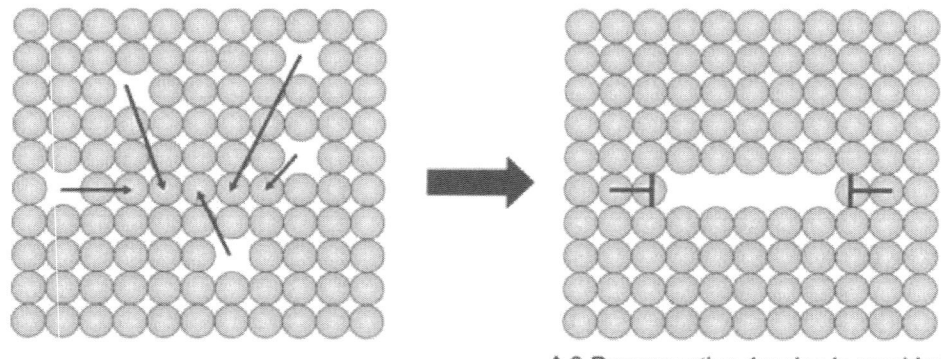

그림 2-61. 점 결함의 응축에 의한 전위의 생성

FCC 결정에서 Frank 부분 전위 생성에 대해서 생각해 보자(그림 2-62). 이 부분 전위는 하나의 조밀충진 {111} 원자 층을 삽입하거나 제거하여 형성된다. 이로 인해 고유(intrinsic) 또는 외부(extrinsic) 적층 결함(stacking fault)이 발생한다. 결과적으로 그 결함의 {111} 평면에 수직인 Burgers 벡터를 가진 칼날 전위를 생성시킨다. 이 전위는 고착(sessile)된 성질을 갖게 된다.

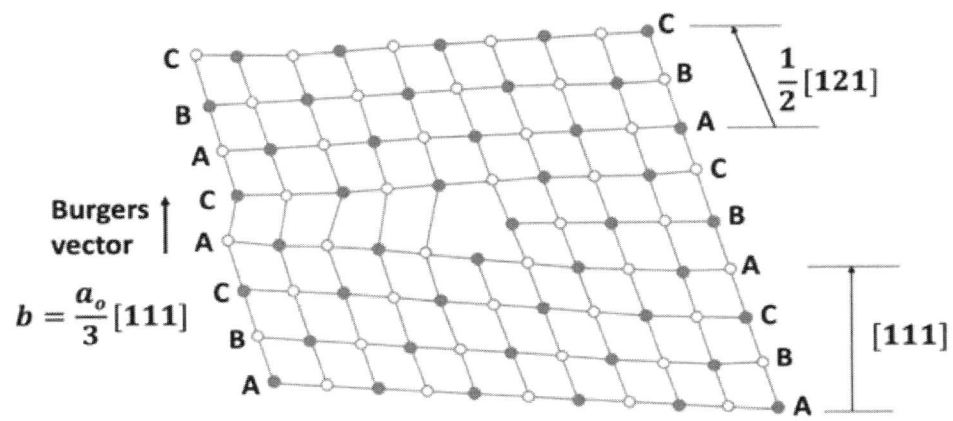

그림 2-62. FCC 결정에서 Frank 부분 전위 생성

결정 성장 중 전위 발생에 대해 설명해 보자. 융점 근처에서는 소성 변형을 일으키기 위해서 작은 응력이 필요하다. 이러한 응력은 다양한 원인에 의해 발생된다. 열응력(thermal stresses), 조성응력(constitutional stress), 공공의 과포화(supersaturation)가 대표적인 예이다. 조성 및 온도의 구배 (gradients)는 응고 및 성장 중에 수지상(dendrite)의 정렬 불량(misalignments)을 초래할 수 있다. 이로 인해 전위 네트워크와 결정립계가 발생될 수 있다. 유사한 정렬 불량은 박막에서 성장하는 섬(islands) 사이에서 발생하여 전위 및 / 또는 결정립계가 발생할 수 있다. 정합/에피택셜(coherent/epitaxial) 상 사이의 계면에서의 전위 생성을 알아보자. 격자 상수(lattice parameter)의 약간의 변동은 에피택셜 성장 동안 전위를 유발시킬 수 있다. Misfit 전위를 형성시키기 위해서 도달해야 하는 임계 두께가 존재한다. Misfit 전위는 시스템의 전체 변형 에너지를 감소시킨다. 그림 2-63은 그 과정을 도식적으로 보여주고 있다.

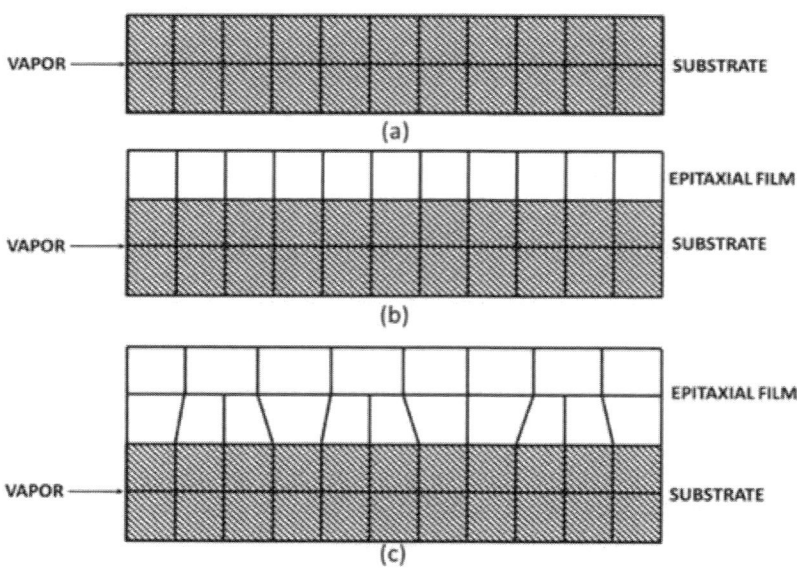

그림 2-63. 정합/에피택셜 (coherent/epitaxial) 상 사이 계면에서 전위 생성

그림 2-64에서 보여주듯이 전위의 소스에서 생성된 전위가 슬립 면상에 존재하는 장애물에 접근하면 쌓임(pile up)의 현상이 발생할 수 있다. 전위를 쌓이게 만드는 장애물에는 결정립계, 2 상 및 고정 전위 등이 포함된다. 앞선(lead) 전위의 거동은 작용된 전단 응력과 다른 전위로부터 발생한 상호작용 힘 (즉, 역 응력)의 영향을 받는다. 누적된 전위의 수는 다음과 같이 표현할 수 있다.

$$n = \frac{k\pi\tau L}{Gb} \text{ or } n = \frac{k\pi\tau D}{4Gb} \tag{2-24}$$

여기서 k = 나사 전위의 경우 1이고 칼날 전위의 경우 (1-n)이다.

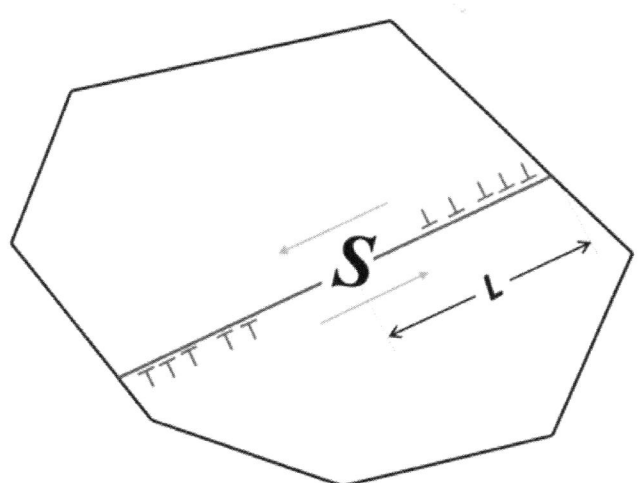

τ (lead dislocation) $\approx n\tau$

그림 2-64. 전위의 소스에서 생성된 전위가 슬립 면상에 존재하는 장애물에서 쌓이는 현상

전위가 슬립 면상에 존재하는 장벽에 쌓임(pileup)의 발생은 앞선 전위에 응력 집중을 발생시킨다. 전위의 쌓임은 슬립 방향으로 슬립면을 따라 추가적으로 발생되는 전위의 움직임에 반대하는 역할을 하는 역응력(back stress)을 생성시킨다. 이렇게 장애물에 쌓일 수 있는 전위의 수는 장벽의 유형, 슬립면과 장벽 사이의 방위 관계, 재료 및 온도 등에 따라 다를 수 있다. 전위 쌓임은 교차슬립(나선전위의 cross-slip), 상승(climb) 및 균열의 생성에 의해 소멸되기도 한다. 이런 거동에 대한 도식적인 설명을 그림 2-65에 나타내었다.

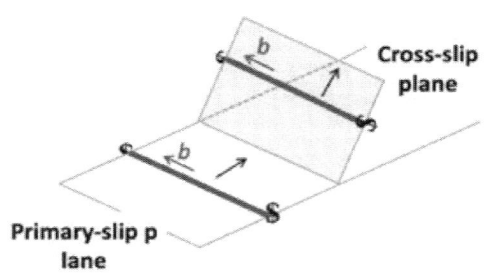

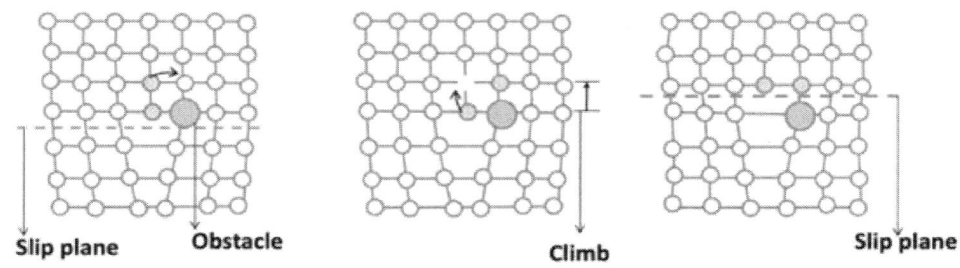

그림 2-65. 장애물에 쌓인 전위들의 가능한 거동

전위-점결함의 상호 작용이 발생하는 현상에 대해 설명해 보자. 공공과 고립 된 용질 원자는 결정 격자를 찌그러뜨려서 전위와 상호 작용할 수 있다. 점결함을 둘러싼 변형장은 구형의 대칭의 형상을 가진다. 이런 이유 때문에 일반적으로 나선전위의 움직임에는 영향을 주지 않는다. 보다 자세한 내용은 전위 주변의 응력장을 보다 자세히 학습할 때 다루기로 하겠다. BCC 철의 침입형 탄소 또는 질소는 예외적이기도 하다. 여러 전위 소스와 전위-결함 상호 작용의 결합 된 작동은 가공/변형 경화의 근원이 된다. 용질과 격자 사이의 탄성계수의 차이는 전위와의 상호 작용을 야기시킬 수 있다. 기지보다 탄성적으로 약한 점결함은 전위 선에 끌리며 그 반대의 경우도 마찬가지이다. 전위 주변에 점결함들의 함량 증가는 불순물 구름(cloud)/분위기(atmosphere)라고 한다. 전위선 상에 불순물 분위기의 응축은 상부 항복점(upper yield points), 변형시효(strain aging) 및 고용강화(solid solution strengthening)의 원인 중에 하나이다.

2-6. 응력-변형 거동에 미치는 결정방위와 계면의 영향

전위는 슬립계인 특정 슬립면 상에서 특정 슬립 방향으로 이동한다. 이것은 단결정과 다결정에서 슬립 트레이스(slip trace)를 유발한다. 이제 결정방위가 어떻게 응력-변형률 거동에 영향을 미치는지 알아보자[2,7]. 그림 2-66은 단결정의 일축 인장 응력-변형률 곡선의 거동을 도식적으로 보여주고 있다. 단결정의 응력-변형률은 응력 축과 평행하게 배열하고 있는 결정학적 방향에 따라 달라진다. 단결정의 가공경화는 아래와 같이 총 3단계(Stage I, Stage II, Stage III)로 나눠서 설명할 수 있다.

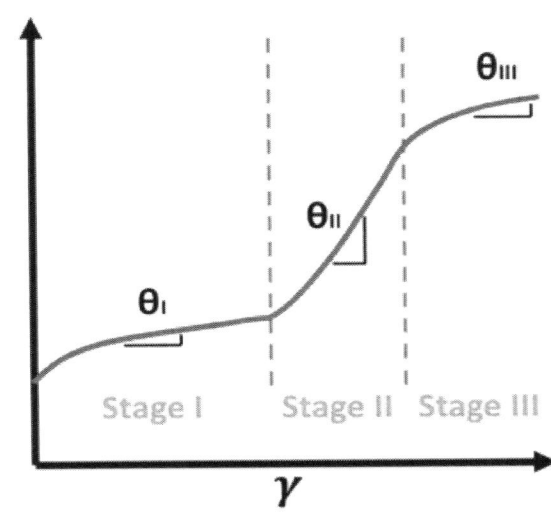

그림 2-66. 단결정의 일축 인장 응력-변형률 곡선의 거동

Stage I 동안에는 항복 후 소성 변형을 위한 전단 응력은 일정하다고 가정할 수 있다. 이 단계에서는 가공경화가 거의 발생하지 않거나 매우 미미하다. 이것은 단일 슬립계가 작동할 때 일반적인 현상이다. 전위는 서로 많이 상호 작용하지 않는다. 다른 표현으로 용이활주(Easy glide)가 발생해서 나타나는 현상이라고도 한다. 활성화된 슬립계는 최대 Schmid 계수 (즉, m = $\cos\phi\cos\lambda$)를 가진 것에 해당한다. Stage II에서는 소성 변형을 계속하는 데 필요한 전단 응력이 거의 선형 방식으로 증가하기 시작한다. 광범위한 가공

경화가 발생한다($\Theta \approx G/300$). 이 단계는 슬립이 여러 슬립계에서 작동될 때 시작된다. 가공경화는 교차하는 슬립면 상에서 이동하는 전위 간의 상호작용으로 인해 발생한다. Stage III 동안에는 가공경화 속도가 감소한다. 이 감소는 교차슬립의 정도가 증가하여 곡선에 포물선 모양이 생기기 때문에 발생하는 것이다. 단결정의 가공경화에 미치는 온도의 영향을 고찰해 보자. 온도가 증가하면 Stage I 및 Stage II의 범위를 감소시키고 τ_{CRSS}를 감소시킨다. Stage I에서는 2차 슬립계의 시작이 더 용이하고, Stage II에서는 교차슬립이 더 용이해진다. 단결정의 가공경화에 미치는 적측결함에너지(SFE)의 영향을 고찰해 보자. FCC 금속의 경우에 SFE이 감소하면 교차슬립이 줄어든다(적층결함이 더 넓어짐). 이는 Stage II에서 Stage III로 전환하는 데 필요한 응력 수준을 증가시킨다. 예를 들어 Cu-30 at.% Zn은 SFE가 낮아 Stage II를 높은 응력 수준으로 확장된다.

다음은 단결정의 변형에 미치는 하중 축을 기준으로 슬립면 및 슬립방향의 방향의 영향을 고찰해 보자. 그림 2-67에서와 같이 단결정 소재에 일축 인장을 가하는 경우 슬립면에 작용하는 응력을 계산해 보자.

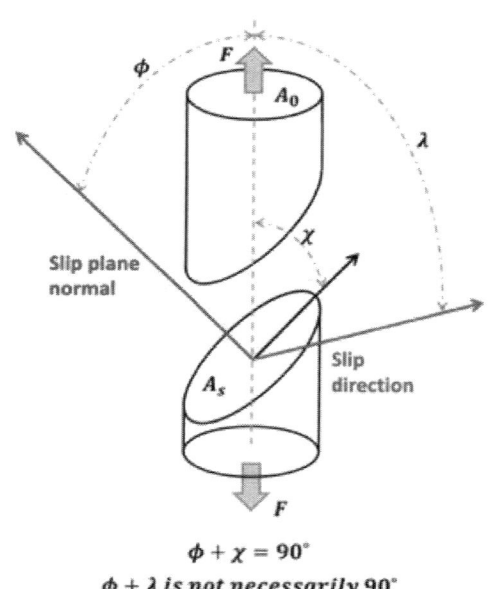

그림 2-67. 일축 인장 시 단결정의 슬립면에 작용하는 응력

일축 인장시 슬립면에 수직하게 작용하는 응력은 아래 식으로 표현할 수 있다.

$$\sigma_N = \sigma \cos^2 \phi \tag{2-25}$$

일축 인장시 슬립면 상에 작용하는 전단응력은 다음과 같이 표현할 수 있다.

$$\tau_{RSS} = \sigma \cos \phi \cos \chi \tag{2-26}$$

슬립면 상에서 슬립방향으로 작용하는 전단응력은 다음과 같이 표현할 수 있다.

$$\tau_{CRSS} = \sigma \cos \phi \cos \lambda \tag{2-27}$$

다음은 단결정을 인장 시 발생하는 회전에 대해 고찰해 보자. 그림 2-69(a)에서처럼 인장 축으로부터 χ_0도 벗어난 평면에서 슬립을 위해 배향된 단결정을 고려하자. 이상적으로는 그림 2-69(b)에서처럼 결정면이 하중 축에 대해 상대적인 방향을 변경하지 않고 활주한다. 그러나 인장시험 중에는 인장시편의 끝이 일정한 축에 구속된다. 따라서 결정면은 자유롭게 활주할 수 없고, 그림 2-69(c) 처럼 그들은 인장 축을 향해 회전하도록 강제된다($\chi_i < \chi_0$).

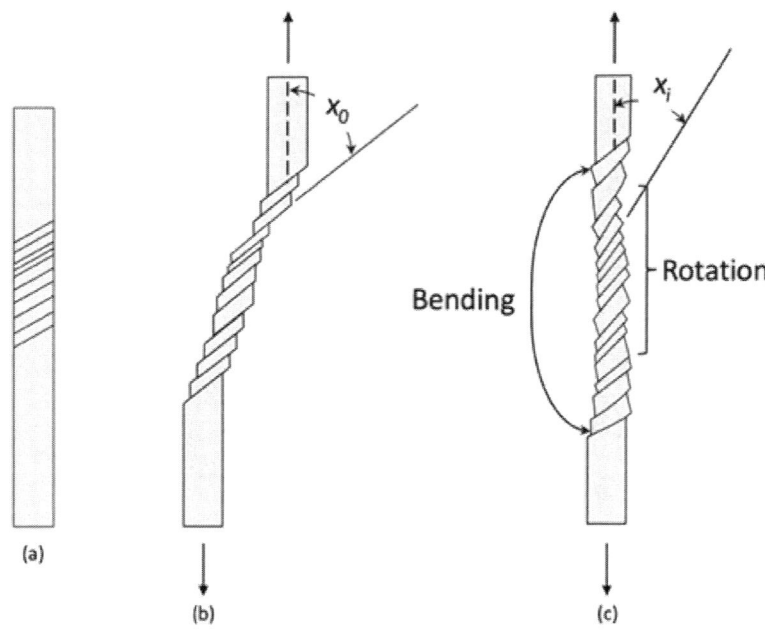

그림 2-69. 인장 시 단결정의 방위 회전: (a) 변형 전 상태, (b) grip 구속이 없는 상태에서 변형 후 상태, (c) grip 구속이 있는 상태에서 변형 후 상태

슬립면은 시편의 길이가 변함에 따라 방향이 바뀐다. 활주 전단응력과 전단변형은 아래 식을 통해 슬립면의 초기 방향(χ_o)과 슬립방향 (λ_o)과 시편의 연신(L_i/L_o)으로부터 결정할 수 있다.

$$\gamma = \frac{1}{\sin \chi_o} \left\{ \left[\left(\frac{L_i}{L_o}\right)^2 - \sin^2 \lambda_o \right]^{1/2} - \cos \lambda_o \right\} \tag{2-28}$$

$$\tau = \frac{P}{A} \sin \chi_o \left[1 - \frac{\sin^2 \lambda_o}{(L_i/L_o)} \right]^{1/2} \tag{2-29}$$

결정 회전은 그림 2-70에 보여주고 있는 입체 투영(stereographic projection)을 사용하여 추적할 수 있다. Schmid 계수를 통해 특정 결정방위에 대해 얼마나 많은 슬립계가 작동되는지 결정할 수 있다.

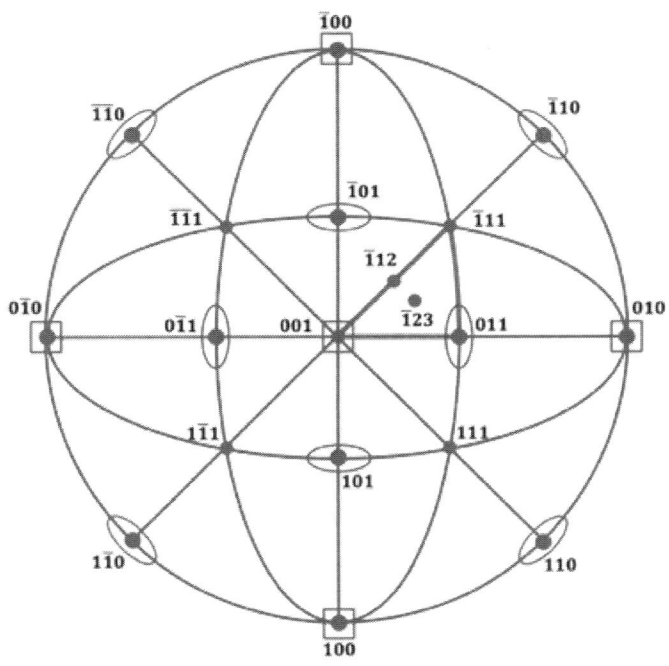

그림 2-70. 입방정 구조의 입체 투영(stereographic projection)

다음은 인장 중에 작동 슬립계의 수가 변경되는 이유는 무엇인지 고찰해 보자. 소성 변형 동안 단결정은 다음 중 하나를 수행하게 된다. 슬립으로 인해 서로에 대해 상부 및 하부 면의 평행 이동이 발생하거나, 또는 (평소와 같이) 시험기가 시편의 상단 및 하단 끝이 정렬된 상태를 유지하도록 구속할 때, 결정은 응력 축과 슬립 방향 사이의 각도가 감소하도록 회전한다. 따라서 Schmid 계수가 변경되어, 이로 인해 다른 슬립계에서 슬립이 시작될 수 있다. 그림 2-71은 단일 슬립(방향 P)이 일어나도록 배향된 결정에 대한 격자 회전을 보여준다. 결정이 회전함에 따라 슬립면과 인장 축 사이의 각도가 감소한다. 인장 축의 방향이 바뀐다.

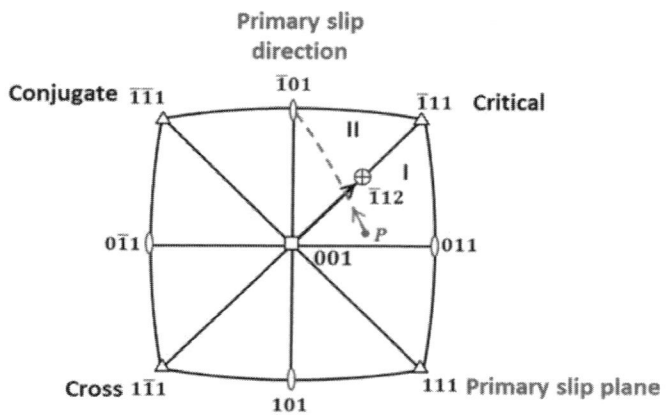

그림 2-71. 일축 인장 시 FCC 결정에서 발생하는 격자
회전을 보여주는 (001) 스테레오그래픽 투영

그림 2-72에 보여 주는 것처럼 회전으로 인해 인장 방향이 P'로 변경되면 Schmid 계수는 두 개의 슬립계에 대해 동일해 지고, 슬립은 두 개의 슬립계에서 발생한다(즉, 전위는 두 계에서 이동한다). 결정은 교대(alternating) 슬립계에서 발생하는 변형과 함께 계속 회전한다. 이것은 하중 축이 [112]에 도달할 때까지 계속된다. 여기서 결정은 방향의 변화없이 파괴될 때까지 네킹이 진행된다.

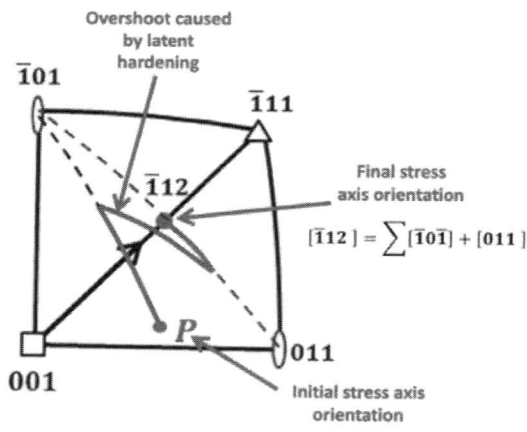

그림 2-72. Primary 와 conjugate 슬립계의 "overshoot"와
관련된 FCC 결정의 격자 회전

금속이 소성변형되는 작동하는 독립적인 슬립계에 대해 고찰해 보자. 이것은 금속의 소성변형에 대해 중요한 매개변수이기도 하다. 결정립계에서 변형 정합성(strain compatibility)을 유지하는 데 필요한 5개의 독립적인 슬립계가 요구된다. 일반적으로 기하학적(geometrical) 슬립계의 수는 독립적인 슬립계의 수 보다 많다. HCP 구조의 결정의 기저면(0001)에서 발생하는 한 방향의 임의 변위는 아래의 식처럼 다른 두 방향을 적절히 조합하여 복제할 수 있다.

$$a_3 = -a_1 + a_2 \tag{2-30}$$

기하학적으로는 3개의 독립적인 슬립계가 존재하나 독립적인 슬립계는 단지 2개인 것을 알 수 있다. 다결정(polycrystal)의 금속이 소성변형되는 요구되는 슬립계의 수는 어느 정도일지 생각해 보자. 5개 미만의 독립적인 슬립계를 가진 다결정 형태의 재료의 경우에는 취성(brittle)의 방식으로 거동할 것이고 광범위한 소성변형은 불가능할 것이다. 연성(ductility)은 이차(secondary) 슬립계 또는 기타 변형기구의 활성화를 통해 가능할 수 있다. 최소 5개의 독립적인 슬립계가 있어야 하며 이를 von Mises 기준(criterion)이라고 한다. von Mises 기준에 대하 좀더 구체적으로 알아보자. 임의의 변형은 변형 텐서의 6개의 독립적인 구성 요소를 가지고 있다: ε_{xx}, ε_{yy}, ε_{zz}, ε_{xy}, ε_{xz}, ε_{yz}. 변형은 일정한 부피에서 발생하고 부피 변형은 다음과 같다.

$$\Delta = \frac{(1+\varepsilon_{xx})(1+\varepsilon_{yy})(1+\varepsilon_{zz})\,dx\,dy\,dz - dx\,dy\,dz}{dx\,dy\,dz} \tag{2-31}$$
$$= (1+\varepsilon_{xx})(1+\varepsilon_{yy})(1+\varepsilon_{zz}) - 1$$

작은 변형을 가정하면 변형의 곱(즉, $\varepsilon_{ii} \times \varepsilon_{jj}$)을 무시할 수 있고 다음과 같은 관계를 얻을 수 있다.

$$\Delta = \varepsilon_{xx} + \varepsilon_{yy} + \varepsilon_{zz} = 0 \tag{2-32}$$

변형 텐서의 주 대각선에 있는 3요소만 관련되어 있기 때문에 그중 단지 두 개만 독립적이므로 아래의 표현처럼 변형 텐서를 5개의 독립적인 구성 요소로 줄이는 것이 가능해진다.

$$\begin{bmatrix} \varepsilon_{11} & \varepsilon_{12} & \varepsilon_{13} \\ & \varepsilon_{22} & \varepsilon_{23} \\ & & \varepsilon_{33} \end{bmatrix} = \begin{bmatrix} \varepsilon_{11} & \varepsilon_{12} & \varepsilon_{13} \\ & \varepsilon_{22} & \varepsilon_{23} \\ & & -(\varepsilon_{11}+\varepsilon_{22}) \end{bmatrix} \quad (2\text{-}33)$$

따라서 순수한 변형을 생성하려면 5개의 독립적인 슬립계 또는 변형 모드가 있어야 한다. 다결정 재료에 대해 좀 더 상세히 고찰해 보자. 그림 2-73에서와 같이 개별 결정립 내에 발생하는 소성변형은 인접하고 있는 결정립들에 의해 구속되며, 결정립계를 따라 발생하는 변형률은 각 결정립에서 동일해야 하기 때문에 결정립들은 협력(cooperative) 방식으로 변형하려고 할 것이다. 그렇지 않은 경우 치명적인 파괴가 발생한다. 단일 결정립의 소성변형은 인접한 결정립에 의해 구속되므로 다결정 재료는 단결정보다 본질적으로 소성 유동(plastic flow)에 대한 저항력이 더 크다.

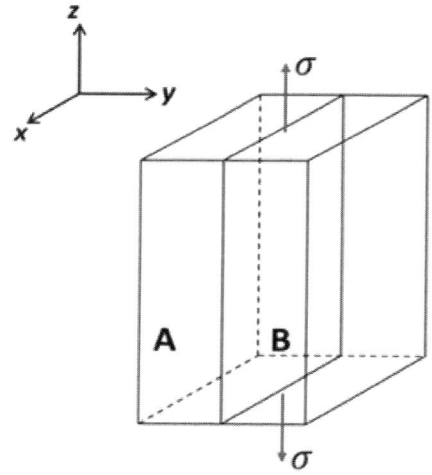

그림 2-73. 소성변형의 구속에 영향을 주는 결정립계의 영향

강화기구에 대해서는 나중에 논의할 것이지만 지금은 집합조직 강화(texture hardening)에 대해 논의할 가치가 있다. 집합조직이 발달한 재료 내부에 존재하는 결정립은 무질서로 배향되지 않기 때문에 일부 결정립은 다른 결정립보다 슬립에 더 유리하게 배향되게 된다. 각 결정립은 고유의 Schmid 계수를 가지고 있어서 단결정과 마찬가지로 Schmid 계수가 가장 낮은 결정립은 마지막으로 변형되는 경향이 있다. 인장 항복 응력을 CRSS와 아래 식

을 이용하여 관련시키는 것이 가능하다.

$$\sigma_{ys} = M \, \tau_{CRSS} \tag{2-34}$$

여기서 M은 Taylor 계수에 해당한다.

Taylor 계수는 다결정을 구성하는 모든 결정립에 대한 Taylor 계수 값의 평균을 나타낸다. Taylor 계수의 범위는 FCC 구조의 경우 3.674~2.228 범위의 값을 가지며 일반적으로 ~3.06로 인용되며, BCC 구조의 경우 3.182~2.08 범위의 값을 가지며 일반적으로 ~2.75로 인용된다. 이것은 가공경화가 일반적으로 단결정보다 다결정에서 더 클 것임을 시사하고 있다. 그림 2-74에 단결정과 다결정 알루미늄의 응력-변형률 곡선을 비교하여 나타내었다.

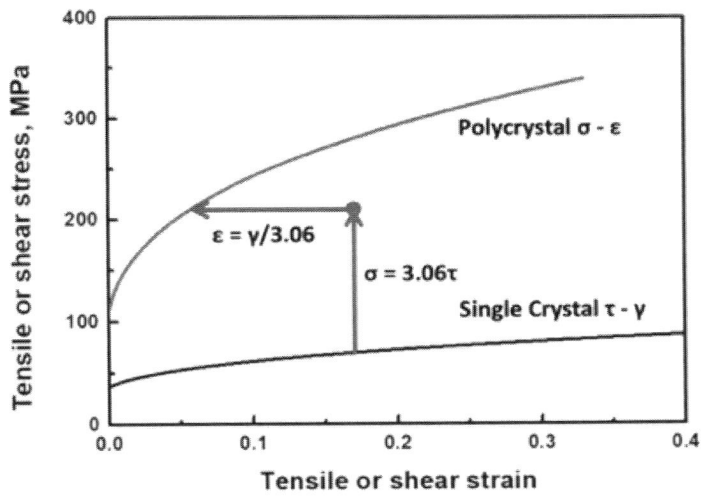

그림 2-74. 단결정과 다결정 알루미늄의 응력-변형률 곡선의 비교

2-7. 슬립 이외 변형 모드

이전 장에서 소재의 소성변형과 관련된 기구인 슬립(slip)은 전위의 이동에 의해 발생한다고 설명하였다. 소재에서 슬립 이외 변형이 어떤 기구로 발생하는지 고려해 보자. 전단 변형의 유형으로는 변형 쌍정(deformation twinning), 응력 유기 마르텐사이트 변태(stress-induced martensite transformations), 거시적 kinking, 크리프(creep)이 있다[1,6,8]. 슬립 다음으로 중요한 변형기구는 변형 쌍정의 형성과 관련이 있다. 변형 쌍정에 의한 변형은 그림 2-75에 도시적으로 보여주고 있다. 비 체적 요소(specific volume element) 내부의 격자는 원자적으로 균일한 전단 변형률(shear strain)을 겪는다. 이 전단 변형은 쌍정면을 기준으로 격자를 거울 이미지(mirror image)로 변환해 준다.

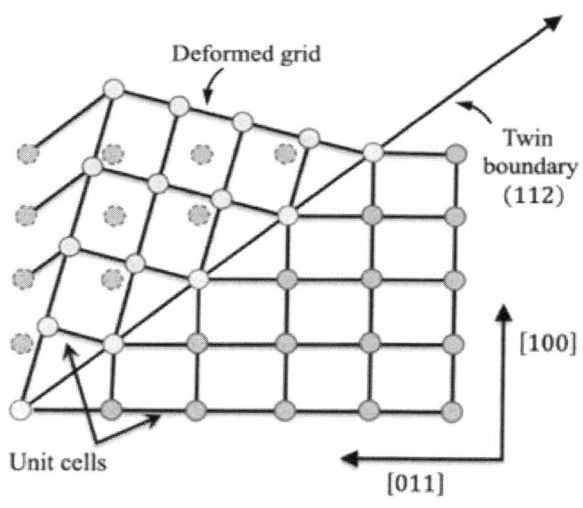

그림 2-75. BCC 결정 내부에 발달하는 쌍정의 구조 [1]

응력 유기 마르텐사이트 변태의 경우를 살펴보면 그림 2-76와 같이 상변태가 소재 내부에 전단 영역(sheared region)을 발생시킨다.

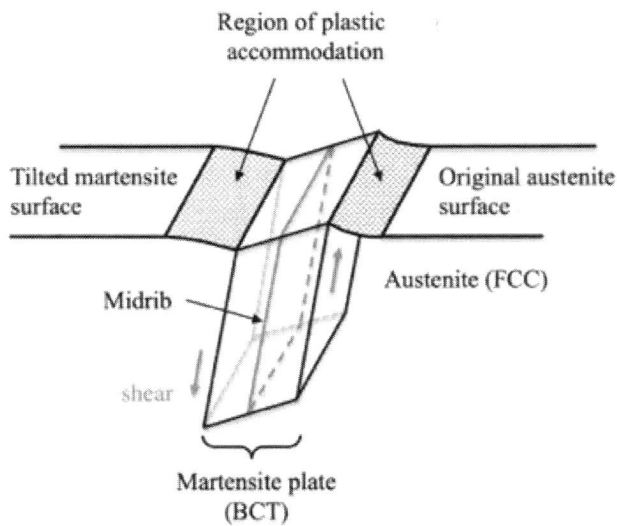

그림 2-76. 마르텐사이트 변태 시 소재에서 발생하는 전단에 대한 도식도 [2]

이런 거동은 탄소강 (FCC(gamma-Fe) → BCT), Ti 합금(BCC → HCP), Cu-Zn 합금(BCC → FCT) 과 ZrO_2(tetragonal → monoclinic) 등과 같은 다양한 소재에서 관찰된다. 변형 유기 소성(transformation-induced plasticity, TRIP) 강에서 준안정 오스테나이트는 변형 중에 마르텐사이트로 변형된다. 마르텐사이트는 가공경화 속도(work hardening rate, WHR)가 더 높기 때문에 높은 가공 경화 계수(n), 더 높은 UTS 그리고 더 높은 ε_u 와 같은 결과가 나타난다. 슬립을 위한 킹크(kink) 밴드는 분해 전단 응력이 없는 일부 소재에서 관찰되며, 결정은 그림 2-77에서 보여주듯이 국부적으로 버클링(buckling)이 되는 거동을 보인다. 이런 거동은 압축 및 인장에서 발생할 수 있다.

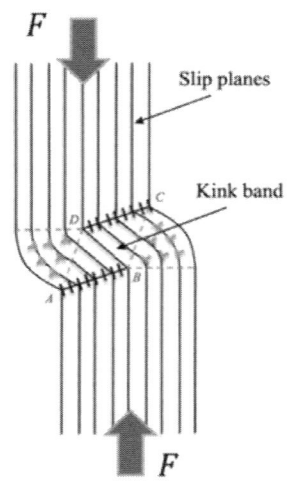

그림 2-77. Kink 밴드 및 관련 전위 분포의 개략도 [3]

킹크(kink) 밴드는 "국부화된(localized)" 슬립에 의해 시작되는 2차 변형 모드와 관련이 있다. 거시적 메커니즘으로 전위의 kinking과 혼동하지 말아야 한다. Kink 밴드는 슬립 평면에 놓여 있으며 슬립 방향에 수직인 축을 중심으로 구조의 국부적이고 대칭적인 굽힘에 해당한다. 이제 Kink 밴드를 결정학적 측면에서 고려해 보자. 그림 2-78에서 보여주듯이 η_1 방향으로 평면 K_2에서 슬립이 발생한다. 시편 축의 향상된 국부적 변화로 인해 슬립이 ABCD 영역에 집중된다. 경계 AD 및 BC는 구조에 대해 대칭이 되도록 자체 방향을 지정한다. 변형은 본질적으로 η_1 방향으로 평면 K_1에서 발생하는 단순 전단에 해당한다.

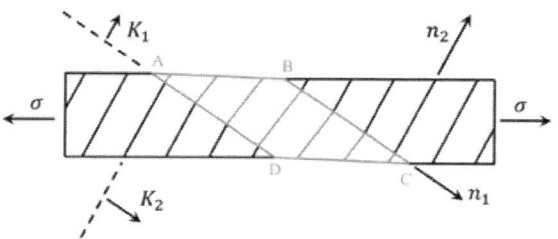

그림 2-79. Kink band에서의 예 [4]

또한 HCP 결정과 같이 슬립이 상대적으로 쉬운 기저면(basal plane)이 인장이나 압축 축에 거의 수직으로 존재하는 경우나 압축 축과 거의 평행할 경우에 슬립이 매우 좁은 띠 내부에 국한되어 발생할 수 있다. 그림 2-79에서 보여주고 있듯이 킹크(kink)는 인장 축에 거의 수직인 기저면이 한 세트만 있는 결정이 확장될 때 그리고 슬립계가 압축 축과 거의 평행한 결정의 슬립면이 압축될 때 발생한다. 이런 거동은 FCC, BCC, HCP 및 이온 결정에서 관찰된다고 알려져 있다.

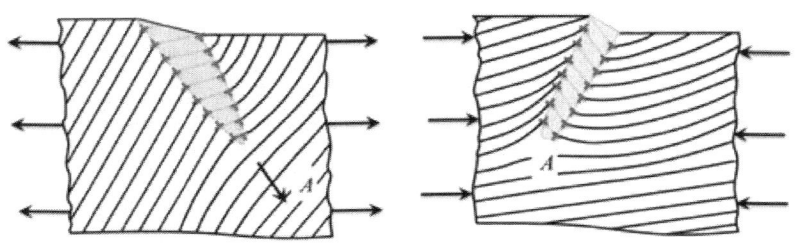

그림 2-79. Kink band에서의 예 [4]

변형 쌍정은 '기계적 쌍정(mechanical twinning)'이라고도 한다. 변형 쌍정은 전위에 의한 슬립 다음으로 두 번째로 중요한 소성 변형 기구에 해당한다고 설명하였다. 전위에 의한 슬립만큼은 흔하게 발생하지는 않지만 소성 변형의 주요 원인이 될 수 있다. 많은 경우에 쌍정은 슬립과 함께 발생할 수도 있다. 모든 구조에는 고유한 쌍정 요소(twinning elements) 세트가 존재한다. 그림 2-80은 쌍정의 결정학적 구조를 2차원으로 보여준다.

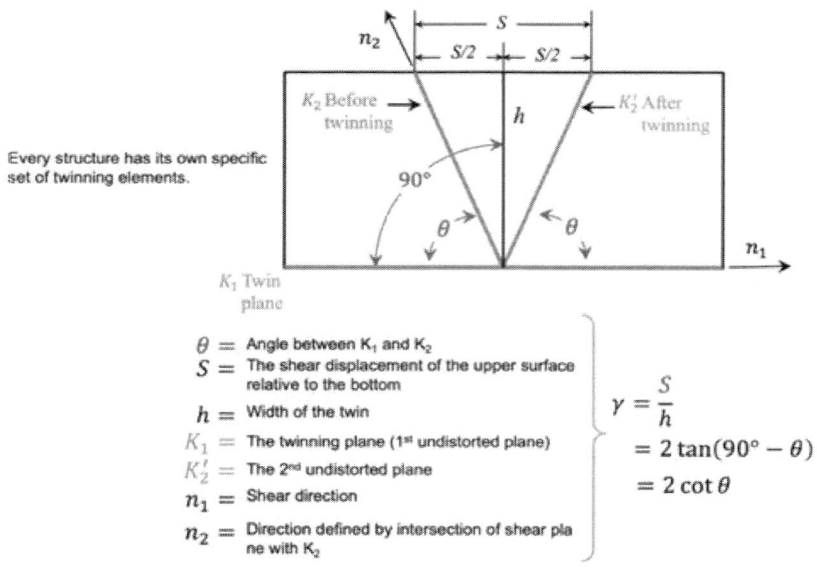

그림 2-80. 쌍정의 결정학적 구조

그림 2-81에 쌍정과 쌍정 밴드의 형성 과정을 보여주고 있다.

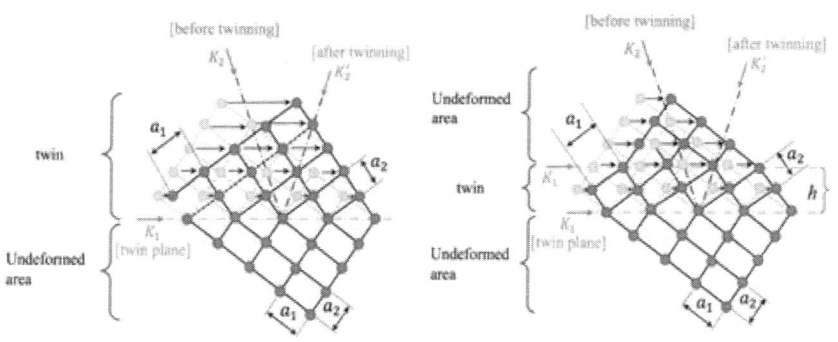

그림2-81. 쌍정과 쌍정밴드의 형성과정[5]

이제 변형 쌍정은 어떤 소재에서 발생하는지 알아보자. Zn 및 Mg와 같은 일부 HCP 금속은 상온 온도에서 변형될 때 쌍정이 발생한다. Fe와 같은 일부 BCC 금속은 상온 온도 이하 또는 높은 변형률 속도에서 변형되는 경우 쌍정이 발생하기도 한다. 표 2-4는 결정구조에 따라 작동하는 쌍정면, 쌍정방향, 전단변형양, 최대 변형률을 보여주고 있다.

표 2-4. 결정구조 별 작동하는 쌍정면, 쌍정방향, 전단변형양, 최대 변형률

Crystal Structure	Metal	Twin Mode	Twinning Shear, S	Maximum Tensile Strain Single-Crystal
Face-Centered Cubic	All	$\{111\}\langle11\bar{2}\rangle$	0.707	0.40
Body-Centered Cubic	All	$\{112\}\langle11\bar{1}\rangle$	0.707	0.40
Hexagonal Close-Packed	Be	$\{10\bar{1}2\}\langle10\bar{1}\bar{1}\rangle$	0.19	0.095
	Ti	$\{10\bar{1}2\}\langle10\bar{1}\bar{1}\rangle$	0.18	0.09
	Ti	$\{10\bar{1}1\}\langle10\bar{1}\bar{2}\rangle$	0.10	0.05
	Ti	$\{11\bar{2}2\}\langle11\bar{2}\bar{3}\rangle$	0.22	0.11
	Ti	$\{11\bar{2}4\}\langle22\bar{4}\bar{3}\rangle$	0.22	0.11
	Zr	$\{10\bar{1}2\}\langle10\bar{1}\bar{1}\rangle$	0.17	0.085
	Zr	$\{11\bar{2}1\}\langle11\bar{2}\bar{6}\rangle$	0.63	0.35
	Zr	$\{11\bar{2}2\}\langle11\bar{2}\bar{3}\rangle$	0.23	0.112
	Mg	$\{10\bar{1}2\}\langle10\bar{1}\bar{1}\rangle$	0.13	0.065
	Mg	$\{10\bar{1}1\}\langle10\bar{1}\bar{2}\rangle$	0.14	0.07
	Zn	$\{10\bar{1}2\}\langle10\bar{1}\bar{1}\rangle$	0.14	0.07
	Cd	$\{10\bar{1}2\}\langle10\bar{1}\bar{1}\rangle$	0.17	0.085

다음은 변형 쌍정의 형태에 대해 좀 더 자세히 고찰해 보자. 일반적으로 변형 쌍정은 렌즈 모양(lens-shaped)을 갖는 경향이 있다. 그림 2-82과 같이 변형 쌍정은 전위 배열로 단순하게 나타낼 수 있다.

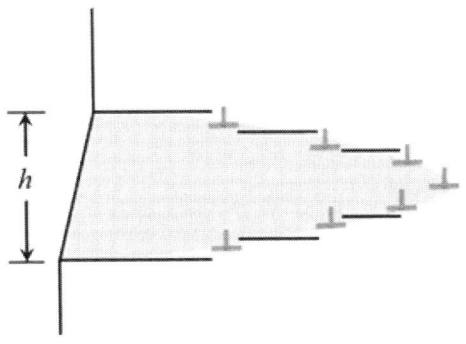

그림 2-82. 변형 쌍정의 단순 모양

중앙 평면은 K_1과 거의 평행하다. 변형 쌍정의 생성과 관련해서는 많은 모델이 (예: pole 기구) 존재한다. 이와 관련해서 보다 자세한 내용은 이 교재

에서 다루고 자하는 것 이상의 수준으로 별도의 학습이 요구된다. 좀더 자세한 내용은 변형 쌍정 형성과 관련된 논문을 참조하길 바란다. 쌍정에 의한 소성 변형이 슬립에 의한 소성변형과 서로 다른 점에 대해서 고찰해 보자. 쌍정이 형성된 영역은 원래 격자의 거울 이미지에 해당한다. 슬립 후 슬립된 영역은 원래 결정립과 동일한 방향을 갖는데, 쌍정이 발생한 영역은 그렇지 못하다. 전위에 의한 슬립은 원자간격의 배수의 거리 만큼 일어나는 것이 보통이지만 쌍정의 경우에는 원자의 이동 거리가 한 원자의 거리보다 훨씬 작은 것이 특징이다. 쌍정 방향은 항상 극성(즉, 단일 방향)을 가지는 반면, 슬립 방향은 양수 또는 음수일 수 있다. 쌍정은 결정학에 의해 결정된 특정 유형 및 크기의 모양을 변경하는 것이 가능한 반면, 슬립이 발생하는 동안 모양 변화는 슬립에 따라 달라진다. 쌍정을 발생시키는데 필요한 응력은 슬립을 발생시키는데 필요한 응력과는 상이한 거동을 보인다고 알려져 있다. 쌍정을 발생시키는데 필요한 응력은 온도에 덜 민감하다고 알려져 있다. 그림 2-83은 온도의 증가에 따른 슬립과 쌍정을 발생시키기 위해 필요한 응력의 변화를 도식적으로 설명해 주고 있다.

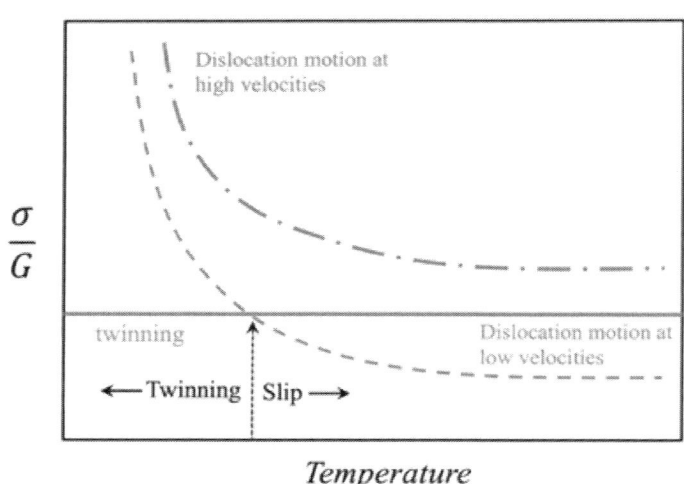

그림 2-83. 슬립과 쌍정을 발생시키기 위해 필요한 응력의 온도 의존성

슬립계가 많은 소재의 경우에는 쌍정은 지배적인 소성변형 기구가 아니다. 슬립계가 제약을 받을 경우나 어떤 이유로 인해서 슬립의 임계분해 전단응력이 증가되어 쌍정의 형성에 필요한 응력이 슬립을 발생하게 하는 응력보다 작을 때 쌍정이 발생하는 것이 보통이다. 즉, 쌍정은 슬립(또는 확산)을 통한 소성 변형이 방해되는 경우에 발생하는 경향이 있다. 저온에서의 BCC 금속, 높은 c/a 비율의 HCP 금속 그리고 높은 변형률속도(탄도(ballistic))에서의 변형 등에서도 관찰된다. 그림 2-84은 HCP 금속에서 쌍정 발생에 미치는 c/a 비의 영향을 보여주고 있다.

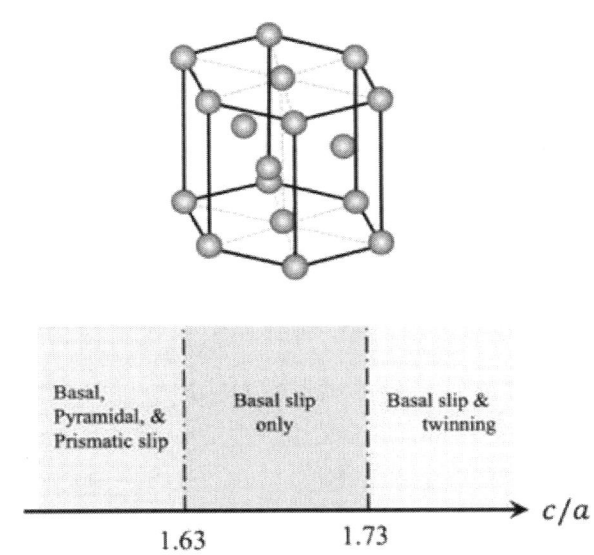

그림 2-84. HCP 소재에서 쌍정 발생에 미치는 c/a 비의 영향

쌍정은 형성되고 매우 빠르게(음속에 가깝게) 움직인다. 이로 인해 다결정 Sn이 소성변형에 의해 구부러질 때 "울음(cry)"이 들린다. Cd에서 관찰되는 변형 중 쌍정의 형성과 움직임은 그림 2-85 표시된 것처럼 톱니 모양의 응력-변형 곡선의 형태를 보여주기도 한다.

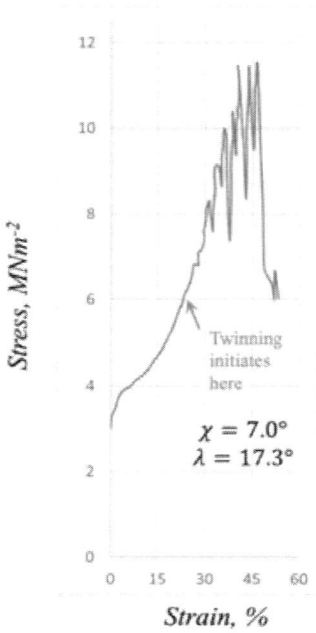

그림 2-85. Cd의 응력-변형 곡선 [6]

쌍정 형성에 미치는 적층 결함 에너지의 영향에 대해 고찰해 보자. 적층 결함 에너지의 감소는 적층 결함의 형성을 용이하게 해준다고 이미 설명하였다. 또한 이것은 또한 쌍정을 촉진시키기도 한다. 왜 이런 거동이 발생하는 것일까? 적층 결함 에너지의 감소는 전위의 교차 슬립이 억제되어 평면 슬립(planar slip)과 더 큰 유동 응력이 발생되어 이런 거동이 생기게 된다. 쌍정이 소성변형에 기여해 주는 역할은 무엇일까? 쌍정은 그것이 제공해 주는 전단으로 인해 소성변형에 기여할 수 있다. 그러나 이 소성 변형은 매우 작은 것이 특징이다. 쌍정은 또한 결정의 일부에서 슬립 발생이 유리해지도록 결정학적 방위(crystallographic orientation)를 변경해 주는 역할도 한다. 결정의 회전(rotation) 또는 방위 변경(re-orientation)은 Schmid 인자를 변경시킬 수 있다는 점에 관심을 가져야 한다. 표 2-5에 슬립과 쌍정을 대비시켜 설명하였다.

표 2-5. 슬립과 쌍정의 비교

슬 립	쌍 정
1. 원자 간 거리만큼의 거리에서 발생함	1. 원자 간 거리의 일부(fraction)만큼에서 발생함
2. 전단 변형이 불균일함	2. 변위가 한 면에서 다음 면으로 균일하게 전달됨
3. 양 방향으로 발생 가능함	3. 단일 방향으로만 발생함
4. 결정 방위가 유지됨	4. 결정 방위가 변화함 (거울 대칭처럼)
5. 항복을 유발하는 응력은 변형을 지속시키는 응력보다 작음 ($\tau_{yield} < \tau_{flow}$)	5. 쌍정을 핵생시키는 응력은 쌍정을 이동시키는 응력보다 큼 ($\tau_{nucleation} > \tau_{flow}$)

2-8. 전위의 탄성 특성-전위의 분리

전위는 완전한 결정 격자를 국부적으로 왜곡시키는 선 결함(line defects)이다. 이 격자 왜곡(distortion)은 결정 내부에 탄성 응력장(stress field)을 생성시킨다[1,2]. 탄성 이론을 사용하여 탄성 응력장의 크기를 추정할 수 있다. 우리는 차례로 이 정보를 사용하여 전위의 에너지, 다른 전위에 가하는 힘, 다른 결함과의 상호 작용 에너지를 결정할 수 있다. 전위 (및 기타 결함) 주변의 응력장 간 상호 작용은 궁극적으로 격자의 기계적 성질을 결정한다. 이제 전위의 변형 에너지에 대해 고찰하기로 하자. 그림 2-86에서 보여주고 있듯이 전위의 에너지는 평형 위치에서 원자의 변위와 관련된 왜곡에서 비롯된다. 전위의 중심 근처 (즉, 전위 선을 따라), 변위가 너무 커서 탄성 이론으로 계산할 수 없다. 즉, Hooke의 법칙은 여기에 적용되지 않는다. 이 영역을 전위 코어(dislocation core)라고 한다. 코어에서 몇 개의 격자 간격, 예를 들어 거리 r_0에서부터는 변위가 매우 작기 때문에 탄성 이론을 사용하여 실체를 모델링할 수 있다. 즉, 여기부터는 Hooke의 법칙이 적용된다. r_0는 차단 반경이라고 하며, 일반적으로 b에 가까운 값을 갖는다.

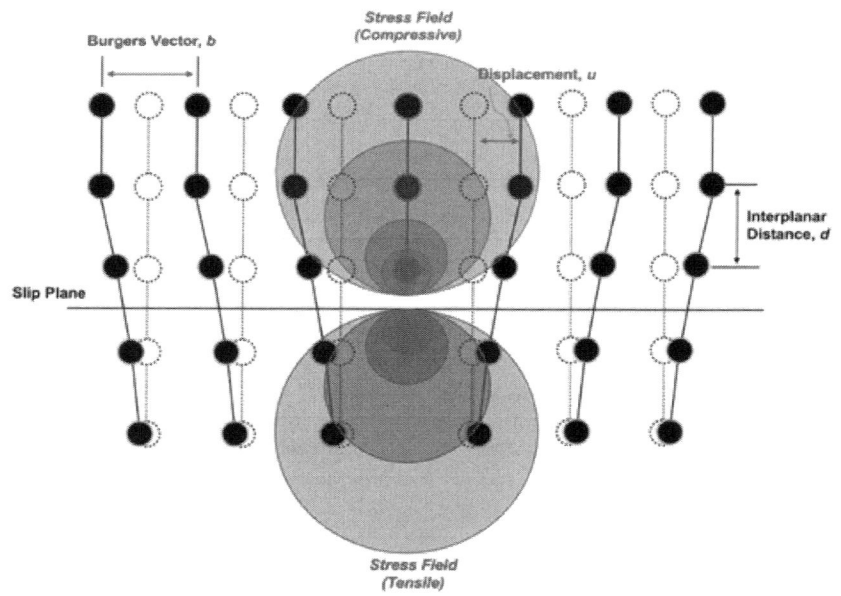

그림 2-86. 전위 주변에 발생한 원자의 변위

소재에 가해진 변형률은 소재의 내부 에너지를 증가시킨다. 단위 부피당 탄성 변형 에너지는 다음과 같이 표현할 수 있다.

$$\frac{Elastic\ strain\ energy}{Volume} = \frac{1}{2} \sum_{i=x,y,z} \sum_{j=x,y,z} \sigma_{ij} \varepsilon_{ij} \tag{2-35}$$

따라서 부피 dV의 요소에 대해 가해진 탄성 변형 에너지는 다음과 같이 표현될 수 있다.

$$dU_{elastic} = \frac{1}{2} dV \sum_{i=x,y,z} \sum_{j=x,y,z} \sigma_{ij} \varepsilon_{ij} \tag{2-36}$$

이 표현을 활용하여 전위를 둘러싸는 응력 및 변형의 성분을 통합하여 전위에 대한 탄성 변형 에너지를 추정할 수 있다. 전위를 포함하는 결정은 최저 에너지 상태가 아니다. 결정의 격자 에너지에 추가되어야 하는 변형 에너지 항(U_{total})이 존재한다. 칼날 및 나사 전위의 존재로 인한 격자의 왜곡은 그림 2-87과 그림 2-88의 원통형 그림에 잘 표현되어 있다. 이 그림은 각 유형의 전위를 왜곡된 실린더로 묘사해 주고 있다. 이 그림을 사용하여 탄성 이론을 기반으로 변형 에너지를 계산할 수 있다. 이것은 Hull과 Bacon[1]과 Weertman과 Weertman [2]에 자세히 설명되어 있으니 참조하길 바란다.

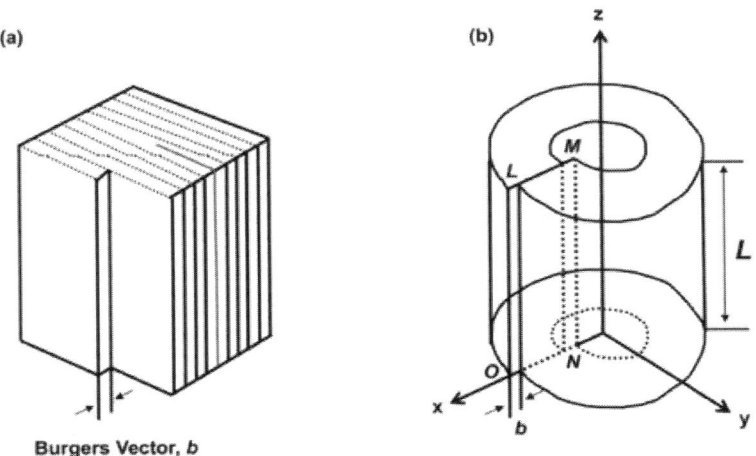

그림 2-87. (a) 결정에서 형성된 칼날 전위와 (b) 그것에 해 발생한 왜곡을 모사해 주는 실린더 모양의 링에서의 탄성 왜곡[1]

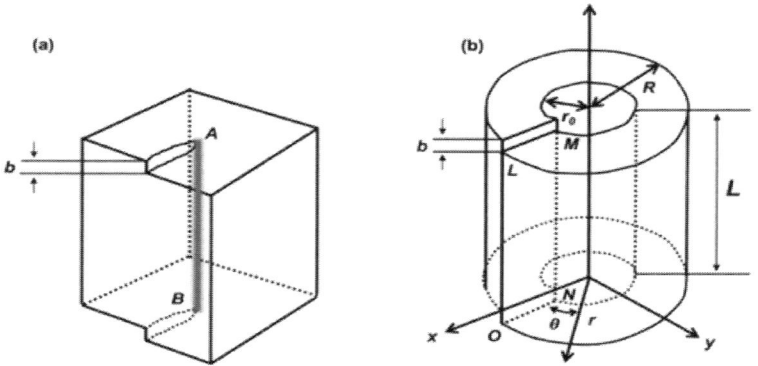

그림 2-88. (a) 결정에서 형성된 나선 전위와 (b) 그것에 의해 발생한 왜곡을 모사해 주는 실린더 모양의 링에서의 탄성 왜곡[1]

그럼 나사 전위 주변에 발생하는 탄성 왜곡에 대해 우선 알아보도록 하자. 그림 2-89는 나선 전위 주변의 탄성 왜곡을 설명해 주기 위해 작성된 것이다. x 및 y 방향에는 원자 변위가 없다(u=v=0). z 방향의 변위는 θ가 0에서 2π로 증가함에 따라 0에서 b까지 균일하게 아래 식과 같이 증가한다.

$$w = \frac{b\theta}{2\pi} = \frac{b}{2\pi} tan^{-1}\left(\frac{y}{x}\right) \tag{2-36}$$

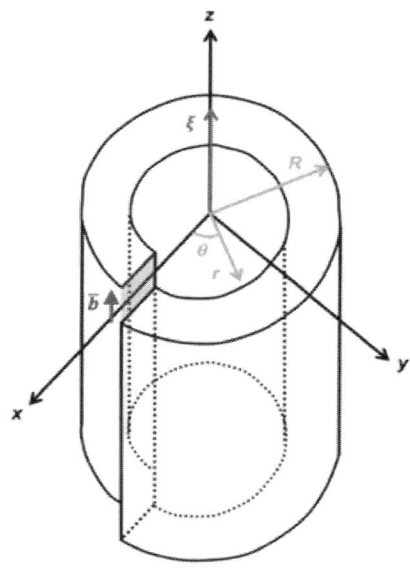

그림 2-89. 나선 전위 주변의 탄성 왜곡을 설명해 주기 위해 작성된 그림

탄성 이론에서 변위와 변형률과의 관계는 다음과 같은 식으로 표현된다.

$$e_{xx} = \frac{\partial u}{\partial x} \quad ; \quad e_{yy} = \frac{\partial v}{\partial x} \quad ; \quad e_{zz} = \frac{\partial w}{\partial x}$$

$$e_{yz} = e_{zy} = \frac{1}{2}\left(\frac{\partial v}{\partial z} + \frac{\partial w}{\partial y}\right) \quad ; \quad e_{zx} = e_{xz} = \frac{1}{2}\left(\frac{\partial w}{\partial x} + \frac{\partial u}{\partial z}\right) \quad ; \quad e_{xy} = e_{yx} = \frac{1}{2}\left(\frac{\partial u}{\partial y} + \frac{\partial v}{\partial x}\right)$$

(2-37)

따라서 직선 나선 전위 주변의 변형은 다음과 같이 표현이 가능하다.

$$e_{xx} = e_{yy} = e_{zz} = e_{xy} = e_{yx} = 0$$

$$e_{yz} = e_{zy} = \frac{b}{4\pi}\frac{x}{(x^2+y^2)} = \frac{b}{4\pi}\frac{\cos\theta}{r}$$

$$e_{zx} = e_{xz} = \frac{b}{4\pi}\frac{y}{(x^2+y^2)} = \frac{b}{4\pi}\frac{\sin\theta}{r}$$

(2-38)

등방성 고체의 경우 Hooke의 법칙은 다음과 같이 표현할 수 있다.

$$\sigma_{xx} = 2Ge_{xx} + \lambda(e_{xx} + e_{yy} + e_{zz})$$

$$\sigma_{yy} = 2Ge_{yy} + \lambda(e_{xx} + e_{yy} + e_{zz})$$

$$\sigma_{zz} = 2Ge_{zz} + \lambda(e_{xx} + e_{yy} + e_{zz})$$

$$\tau_{xy} = 2Ge_{xy} \quad ; \quad \tau_{yz} = 2Ge_{yz} \quad ; \quad \tau_{zx} = 2Ge_{zx}$$

(2-39)

이러한 식을 결합하면 나선 전위를 둘러싼 응력 성분을 얻을 수 있다. 그림 2-90는 단지 z방향으로 원자 변위가 발생하는 나선 전위에서 발생하는 응력 텐서와 전위의 구조를 보여준다.

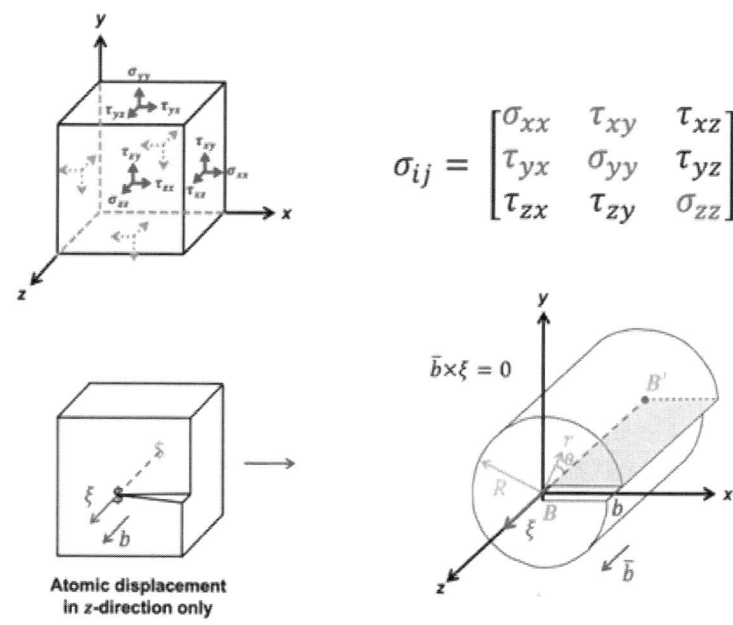

그림 2-90. 나선 전위 주변의 응력 텐서와 전위의 구조

나선 전위 주변의 탄성 응력은 다음과 같이 표현할 수 있다.

$$\tau_{xz} = \tau_{zx} = -\frac{Gb}{2\pi}\frac{y}{(x^2+y^2)} = -\frac{Gb}{2\pi}\frac{\sin\theta}{r}$$

$$\tau_{yz} = \tau_{zy} = \frac{Gb}{2\pi}\frac{x}{(x^2+y^2)} = \frac{Gb}{2\pi}\frac{\cos\theta}{r}$$

$$\sigma_{xx} = \sigma_{yy} = \sigma_{zz} = \tau_{xy} = \tau_{yx} = 0$$

(2-40)

모든 전단 성분은 전위 선에 평행한 것을 알 수 있다.

다음은 칼날 전위 주변의 탄성 왜곡을 고려해 보자. 그림 2-91은 칼날 전위 주변의 탄성 왜곡을 설명해 주기 위해 작성된 것이다.

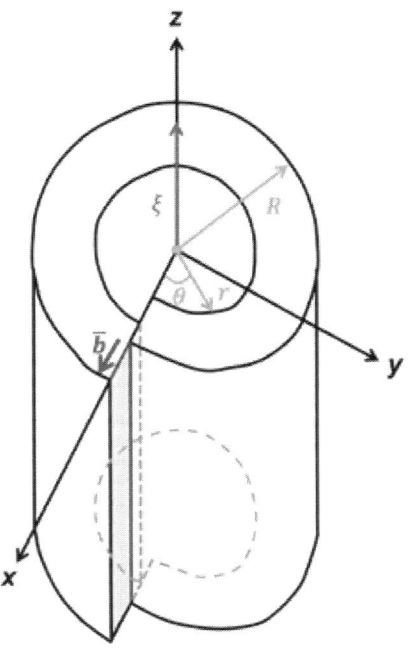

그림 2-91. 칼날 전위 주변의 탄성 왜곡을 설명해
주기 위해 작성된 그림

z 방향으로 원자 변위가 없으며, 유일한 변위는 슬립면인 x-z 평면에 존재하며 다음과 같이 표현이 가능하다.

$$u = \frac{b}{2\pi}\left[tan^{-1}\frac{y}{x} + \frac{1}{2(1-v)} \cdot \frac{xy}{x^2+y^2}\right]$$
$$= \frac{b}{2\pi}\left[\theta + \frac{\sin 2\theta}{4(1-v)}\right]$$
$$v = -\frac{b}{8\pi(1-v)}\left[\frac{1-2v}{2(1-v)}\ln r + \frac{\cos 2\theta}{4(1-v)}\right]$$
$$w = 0$$

(2-41)

칼날 전위 주변의 탄성 응력은 다음과 같이 표현할 수 있다.

$$\sigma_{xx} = -\frac{Gb}{2\pi(1-\nu)}\frac{y(3x^2+y^2)}{(x^2+y^2)^2} = -\frac{Gb}{2\pi(1-\nu)r}\sin\theta\,(2+\cos 2\theta)$$

$$\sigma_{yy} = \frac{Gb}{2\pi(1-\nu)}\frac{y(x^2-y^2)}{(x^2+y^2)^2} = -\frac{Gb}{2\pi(1-\nu)r}\sin\theta\cos 2\theta$$

$$\tau_{xy} = \tau_{yx} = \frac{Gb}{2\pi(1-\nu)}\frac{x(x^2-y^2)}{(x^2+y^2)^2} = \frac{Gb}{2\pi(1-\nu)r}\cos\theta\cos 2\theta$$

$$\sigma_{zz} = \nu(\sigma_{xx}+\sigma_{yy}) - \frac{Gb\nu}{2\pi(1-\nu)}\frac{y}{x^2+y^2} = -\frac{2Gb\nu}{2\pi(1-\nu)r}\sin\theta$$

$$\tau_{xz} = \tau_{zx} = \tau_{yz} = \tau_{zy} = 0$$

(2-42)

이 식에 대한 자세한 유도과정은 관련 서적을 통해 추가적인 학습을 추천한다. 칼날 전위 주변의 응력장을 전위 선을 기준으로 위치별로 도식적으로 표현하는 것이 가능하다. 그림 2-92에 그 결과를 나타내었다.

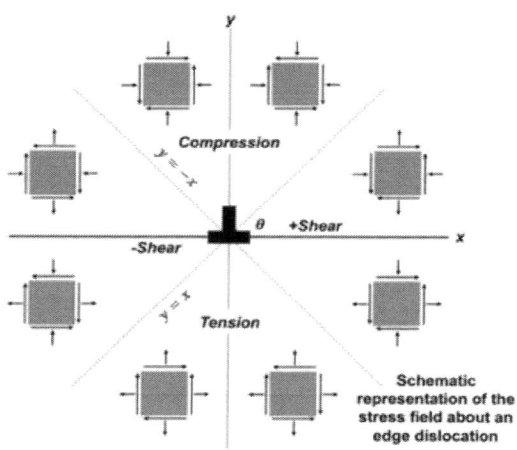

그림 2-92. 칼날 전위 주변에 발생한 응력 분포

칼날 전위 주변의 응력장에는 팽창(dilatational) 및 전단(shear) 성분이 모두 존재하는 점에 관심을 가질 필요가 있다. 칼날 전위 주변에는 다음과 같이 정수압 응력(σ_{hyd})이 존재한다.

$$\sigma_{hyd} = p = \frac{\sigma_{xx} + \sigma_{yy} + \sigma_{zz}}{3} = \frac{Gb(1+\nu)}{3\pi(1-\nu)} \frac{y}{x^2 + y^2} \tag{2-43}$$

이 정수압 응력은 그림 2-93에서 보여 주듯이 슬립면 위에서 압축이 되고 그 아래에서는 인장이 된다. 또한 슬립면에 평행한 전단도 있음을 잊지 말아야 한다.

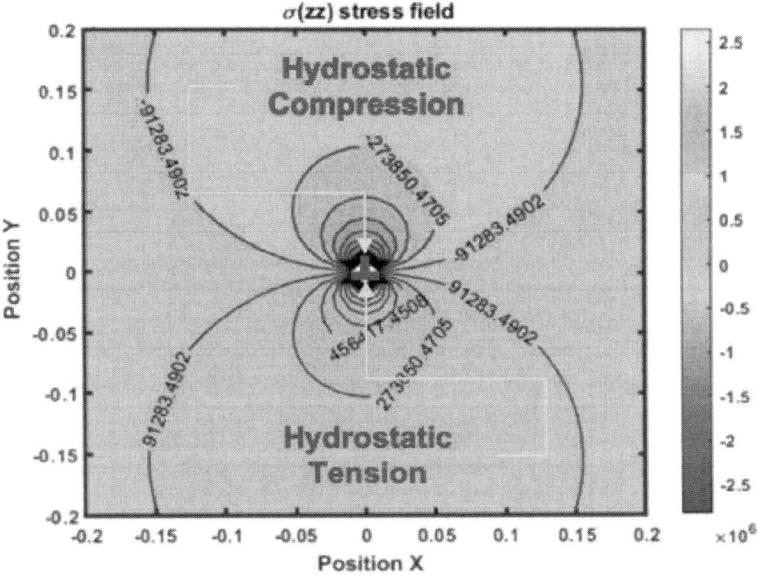

그림 2-93. 칼날 전위 주변에 발생한 정수압 분포

E_{total}은 다음과 같이 두 부분으로 나눌 수 있다.

$$E_{total} = E_{core} + E_{elastic(strain\ energy)} \tag{2-43}$$

코어 기여도(E_{core})는 계산하기 어렵지만, 전위에 의해 관통된(threaded) 된 평면당 ≈0.5eV의 값을 갖는 것으로 추정할 수 있다. 탄성 이론에서 단위 전위 길이 당 탄성 변형 에너지는 다음과 같이 주어진다.

$$U_{elastic}^{Screw} = \frac{Gb^2}{4\pi}\int_{r_o}^{R}\frac{dr}{r} = \frac{Gb^2}{4\pi}\int_{r_o}^{R}\frac{dx}{x} = \frac{Gb^2}{4\pi}ln\left(\frac{R}{r_o}\right)$$

$$\therefore U_{elastic}^{Screw} \propto Gb^2$$

$$U_{elastic}^{Edge} = \frac{Gb^2}{4\pi(1-\nu)}\int_{r_o}^{R}\frac{dx}{x} = \frac{Gb^2}{4\pi(1-\nu)}ln\left(\frac{R}{r_o}\right)$$

$$\therefore U_{elastic}^{Edge} \propto \frac{Gb^2}{(1-\nu)} \cong 1.5\,Gb^2$$

$$U_{elastic}^{Mixed} = \left[\frac{Gb^2\sin^2\theta}{4\pi(1-\nu)} + \frac{Gb^2\cos^2\theta}{4\pi}\right]ln\left(\frac{R}{r_o}\right)$$

(2-45)

모든 다른 유형의 전위에 대해 $E_{elastic}$의 값은 느리게 변화하는 로그 항을 통해 r_o 및 결정 반경 R에 따라 달라진다. 이것은 그림 2-94에 설명되어 있다. $U_{elastic}$의 값은 코어 영역 외부에서 느리게 변하는 로그 항을 통해 r_o와 결정 반경 R에 약하게 의존한다.

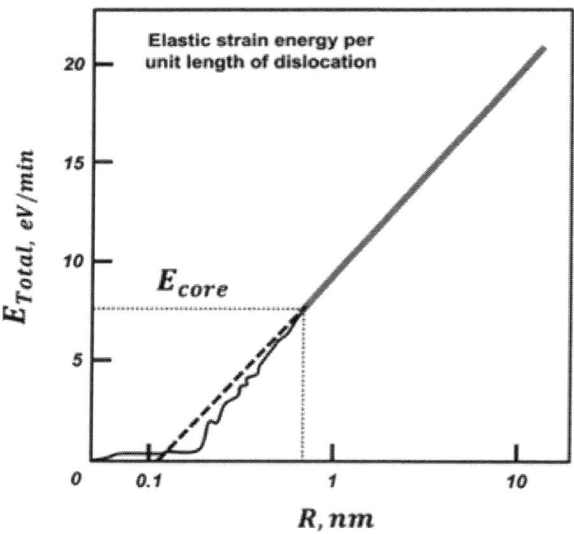

그림 2-94. 직선의 칼날 전위를 포함하는 반경 R의 실린 더안에 탄성 에너지의 변화

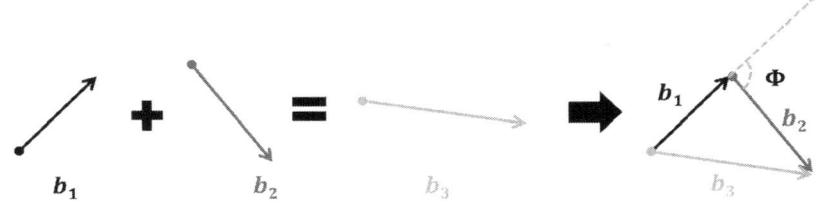

Yes if $(b_1^2 + b_2^2) > b_3^2$

No if $(b_1^2 + b_2^2) > b_3^2$

No net energy change if $(b_1^2 + b_2^2) = b_3^2$

모든 유형의 전위에 대해 $U_{elastic}$을 다음과 같이 근사할 수 있다.

$$U_{elastic} = \alpha G b^2 \qquad (2\text{-}46)$$

여기서 $\alpha \cong 0.5 - 1.0$ 범위 값을 가진다.
또한 다음과 같이 간략하게 표현하는 것이 가능하다.

$$U_{elastic} \propto b^2 \qquad (2\text{-}47)$$

전위의 형태에 따라 다음과 같은 에너지의 차이를 가진다.

$$U_{elastic}(screw) < U_{elastic}(edge) < U_{elastic}(mixed) \qquad (2\text{-}48)$$

이 관계에서 우리는 전위가 반응/결합하여 형성하거나 다른 것 또는 부분적으로 분리하는 것이 에너지적으로 가능한지 여부를 결정할 수 있다. 이것은 일반적으로 Frank의 규칙(rule)으로 알려져 있으며 다음과 같이 표현할 수 있다. 그림 2-95는 이 내용을 쉽게 설명해 주고 있다.

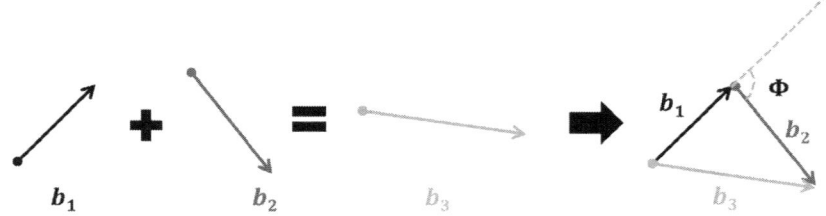

Yes if $(b_1^2 + b_2^2) > b_3^2$

No if $(b_1^2 + b_2^2) > b_3^2$

No net energy change if $(b_1^2 + b_2^2) = b_3^2$

그림 2-95. 전위의 반응/결합 여부

결정의 Burgers 벡터는 평형 격자 위치를 다른 위치에 연결해야 한다. 결정 구조는 Burgers 벡터를 결정한다. Burgers 벡터 = 하나의 격자 간격이면 전위는 단위 강도(unit strength)의 전위에 해당한다.

다음은 전위의 분리에 대해서 고찰해 보자. Unity보다 크거나 같은 강도를 가진 일부 전위는 더 짧은 세그먼트로 분리(dissociate)(즉, 분할(split))되며 다음과 같은 식으로 표현할 수 있다.

$$Will\ the\ reaction\ b_1 \to b_2 + b_3\ occur\ ?$$
$$Yes\ if\ b_1^2 > (b_2^2 + b_3^2)$$
$$No\ if\ b_1^2 < (b_2^2 + b_3^2) \tag{2-49}$$

이것은 평형 위치가 단위 셀의 가장자리가 아닌 조밀 충진 결정(예: FCC 및 HCP)에서 발생한다. 예를 들어 그림 2-96에서 보여주듯이 FCC 결정에서 단위 전위(unit dislocation)의 분리를 고려해 보자. 이 예에서 부분 전위로의 분리는 변형 에너지가 감소하기 때문에 에너지적으로 유리하다. 분리는 부분 전위 사이에 적층 결함을 생성시킨다.

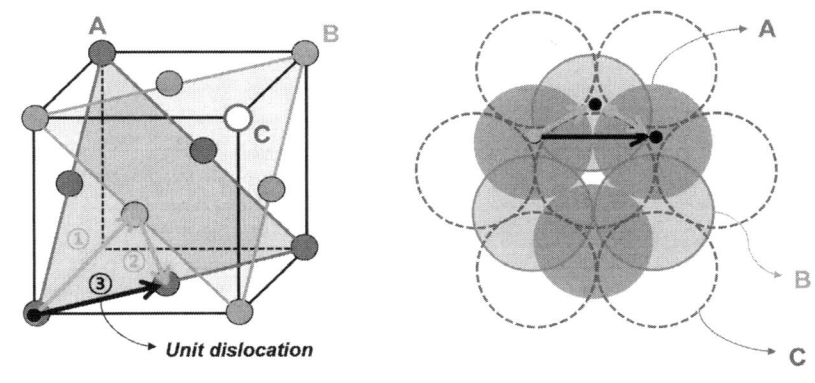

① $b = \frac{a_0\sqrt{6}}{6} = \frac{a_0}{6}[2\bar{1}\bar{1}]$, ② $b = \frac{a_0\sqrt{6}}{6} = \frac{a_0}{6}[11\bar{2}]$, ③ $b = \frac{a_0\sqrt{2}}{6} = \frac{a_0}{2}[10\bar{1}]$

Reaction $b_1 \rightarrow b_2 + b_3$ will occur if $b_1^2 > (b_2^2 + b_3^2)$

③ $\frac{a_0}{2}[10\bar{1}] \rightarrow$ ① $\frac{a_0}{6}[2\bar{1}\bar{1}] +$ ② $\frac{a_0}{6}[11\bar{2}]$

$$\frac{a_0^2}{2} > \frac{a_0^2}{6} + \frac{a_0^2}{6}$$

그림 2-96. FCC 결정에서 단위 전위의 분리

    결정에 가해지는 응력이 충분히 클 때 전위는 슬립 또는 상승을 통해 이동하여 소성 변형을 발생시킨다. 작용된 응력을 생성시키는 작용된 하중은 전위가 이동함에 따라 결정에 일을 유도한다. 그런 다음에 전위는 마치 아래 주어지는 힘을 경험하는 것처럼 반응한다.

$$Force = \frac{Work\ required\ to\ move\ \perp}{Distance\ moved} \quad (2\text{-}50)$$

    우리는 지금 활주/슬립 힘을 고려하고 나중에 상승 힘을 고려할 것이다. 그림 2-97에서와 같이 작용된 전단응력(τ) 하에서 활주가능한(glissile) 전위(ξ)를 고려해 보자. 이때 전위는 Burgers 벡터, b를 가진다. 전위선 dl의 작은 부분이 ds 거리만큼 앞으로 이동하면 슬립면 위와 아래의 결정 영역은 Burgers 벡터, b와 동일한 거리만큼 서로에 대해 변위될 것이다.

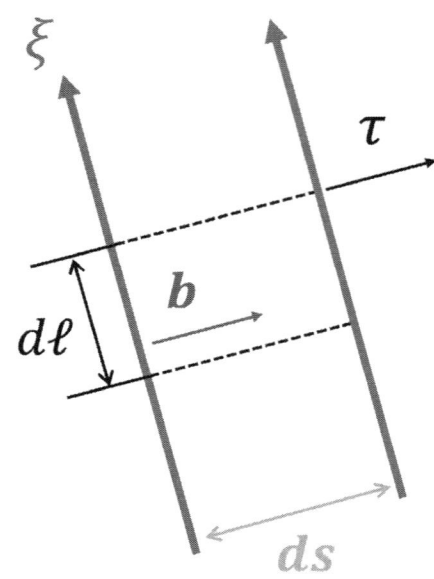

그림 2-97. 슬립면에 작용하는 전단응력 하에서 전위의 활주

세그먼트 dl의 활주로 인한 결정의 평균 전단 변위(average shear displacement)는 다음과 같다.

$$dx = \left(\frac{ds\,dl}{A}\right) b \tag{2-51}$$

A는 전체 슬립면의 영역이고 ds dl은 작은 세그먼트에 의해 지나간 영역으로 다음과 같이 표현할 수 있다.

$$dA = ds\,dl \tag{2-52}$$

이 작은 영역 (τ로 인해)에 균일하게 작용하는 외력(f)은 다음과 같다.

$$f = A\tau \quad (\tau = f/A \text{ 임을 고려하면}) \tag{2-53}$$

따라서 작은 요소 dl이 앞으로 활주할 때 행해지는 증분 일은 다음과 같이 표현할 수 있다.

$$dW = force \times displacement = fdx = (A\tau)\left[\left(\frac{ds\,dl}{A}\right)b\right] = \tau(ds\,dl)b = \tau b\,dA \quad (2\text{-}54)$$

힘(f)은 수행된 일을 적용한 거리(ds)로 나눈 것이므로 전위 단위 길이(dl) 당 활주힘, F_L은 다음과 같다.

$$F_L = \frac{f}{dl} = \frac{dW/ds}{dl} = \frac{dW}{dA} = \tau b \quad (2\text{-}55)$$

외부에서 가해진 응력의 결과로 발생한 힘은 전위 길이를 따라 전위 선에 수직으로 작용한다. 이것은 Peach-Koehler 식으로 종종 다음과 같이 주어진다.

$$\boldsymbol{F} = F_L\,dl = (\sigma \cdot b) \times dl = (\sigma \cdot b) \times \xi = g \times \xi \quad (2\text{-}56)$$

전위의 변형 에너지가 길이에 비례하기 때문에 선장력(line tension)이 발생한다. 길이가 증가하면 길이에 비례하여 전위의 변형 에너지가 증가한다. 따라서 전위는 구부러지거나 항상 펴서 길이를 줄이려고 한다. 직선 전위는 더 짧으므로 곡선 전위보다 변형에너지가 낮다. 전위 길이의 단위 증가 당 에너지 증가에 해당하는 선장력, Γ는 다음과 같이 표현할 수 있다.

$$\Gamma = \alpha G b^2 \quad (2\text{-}57)$$

아래 그림 2-98에 나타낸 것과 같은 곡선의 전위를 고려해 보자.

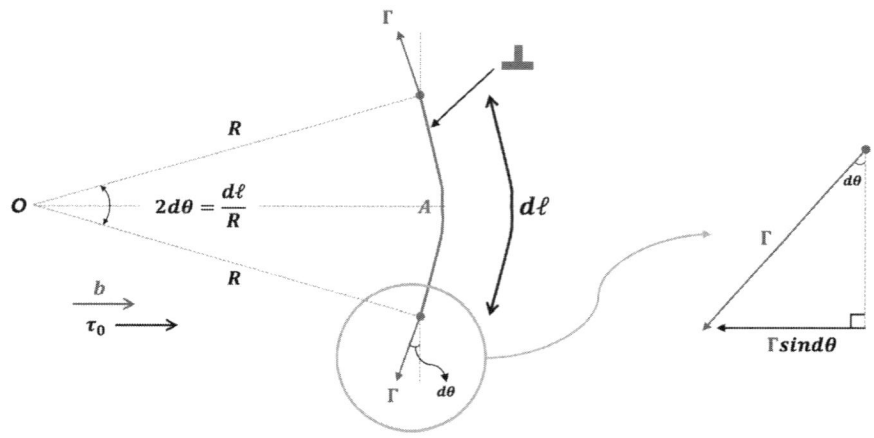

그림 2-98. 선장력이 작용하고 있는 구부러진 전위

Γ를 극복하고 곡률 반경 R을 유지하려면 특정 전단응력, τ_o 필요하다. τ_o는 $d\theta = 90°$일 때 최대이다. 작용 응력 τ_o로 인한 바깥으로 향하는 힘(f_{out})은 다음과 같다.

$$f_{out} = (\tau_o b)\, dl = 2\tau_o R\, d\theta \tag{2-58}$$

바깥쪽으로 향하는 힘은 OA를 따라 작용하는 선장력에 의해 반대되며 다음과 같이 표현할 수 있다.

$$\begin{aligned} f_{tension} &= 2\Gamma \sin(d\theta) \\ &= 2\Gamma\, d\theta\ (for\ small\ values\ of\ \theta) \end{aligned} \tag{2-59}$$

그리고 다음과 같은 조건에서 곡률이 유지되게 된다.

$$\begin{aligned} f_{tension} &= f_{out} \\ 2\Gamma\, d\theta &= 2\tau_o\, b R\, d\theta \\ \tau_o &= \frac{\Gamma}{bR} = \frac{\alpha G b}{R} \end{aligned} \tag{2-60}$$

이 식은 대부분의 전위에 대해 적절한 근사치를 제공해 준다. 그러나 일반적으로 부적합한 가정을 적용하고 있기 때문에 주의를 가지고 다뤄야 할 필요가 있다.

전위의 고정(immobilization)을 통한 강화를 논의할 때 이 버전을 사용한다. 전위에 작용하는 힘의 개념은 중요한 의미가 있다. 전위는 항상 총 탄성변형 에너지를 줄이는 배열을 채택하려고 한다.

전위에 작용하는 힘은 선택한 좌표계를 기준으로 두 성분으로 나눌 수 있다.

$$Climb\ force = F_y \quad Glide\ force = F_x \tag{2-61}$$

그들은 수직 및 전단 힘을 각각 나타낸다. 그림 2-99에 칼날 전위에 작용하는 두 성분을 나타내었다.

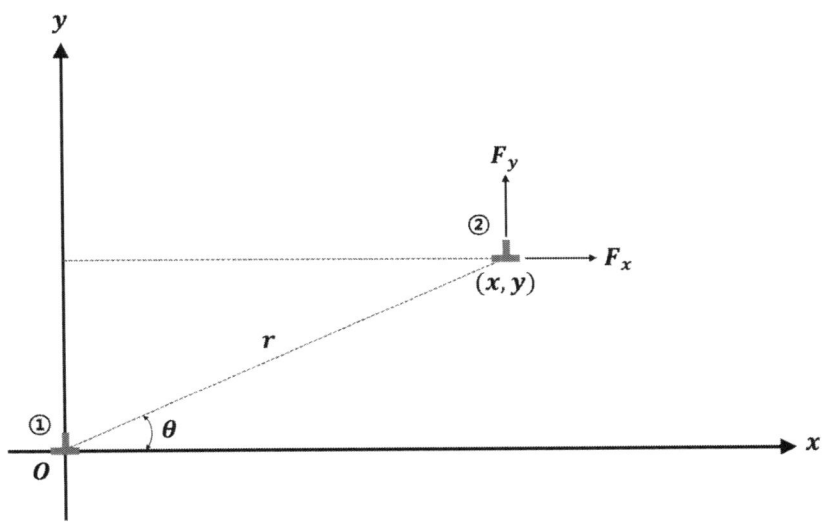

그림 2-99. 칼날 전위에 작용하는 두 힘의 성분

(예제 2-1) 칼날 전위 간 상호 작용/힘을 계산하는 문제이다. 아래 그림에 나타낸 칼날 전위 1 (ξ = [001])의 존재로 인해 칼날 전위 2 (ξ = [001])에 가해지는 힘을 계산하고 그 결과를 그래픽하게 설명하시오. 단, 전위들은 평행한 Burgers 벡터((b_1, b_2 = [001]))를 가진다.

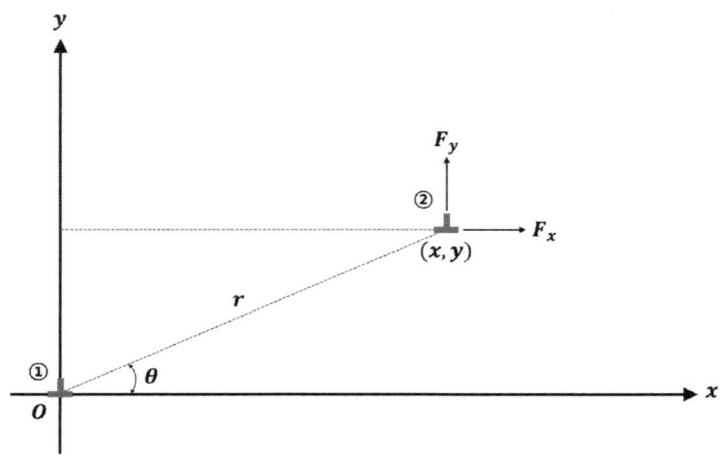

(풀이)

$$F_{1-2} = \begin{bmatrix} F_x \\ F_y \\ F_z \end{bmatrix} = (\sigma_1 \cdot b_2) \times \xi_2 = \left(\begin{bmatrix} \sigma_{xx} & \tau_{xy} & 0 \\ \tau_{xy} & \sigma_{yy} & 0 \\ 0 & 0 & \sigma_{zz} \end{bmatrix} \cdot b_2 \begin{bmatrix} 1 \\ 0 \\ 0 \end{bmatrix} \right) \times \begin{bmatrix} 0 \\ 0 \\ 1 \end{bmatrix} = \begin{bmatrix} \sigma_{xx} b_2 \\ \tau_{xy} b_2 \\ 0 \end{bmatrix} \times \begin{bmatrix} 0 \\ 0 \\ 1 \end{bmatrix}$$

$$= \begin{vmatrix} i & j & k \\ \sigma_{xx} b_2 & \tau_{xy} b_2 & 0 \\ 0 & 0 & 1 \end{vmatrix} = (\tau_{xy} b_2)i - (\sigma_{xx} b_2)j$$

$$\therefore F_x = \tau_{xy} b_2 \quad \text{and} \quad F_y = -\sigma_{xx} b_2$$
$$\quad\quad\quad [\text{glide}] \quad\quad\quad\quad [\text{climb}]$$

$$\text{Glide force}: \; F_x = b_2 \tau_{xy} = \frac{G b_1 b_2}{2\pi(1-\nu)} \frac{x(x^2 - y^2)}{(x^2 + y^2)^2}$$

$$\text{Climb force}: \; F_y = -b_2 \sigma_{xx} = \frac{G b_1 b_2}{2\pi(1-\nu)} \frac{y(3x^2 + y^2)}{(x^2 + y^2)^2}$$

$$\text{General equation}: \; F = \frac{G b_1 b_2}{2\pi(1-\nu)r} [\cos\theta (\cos^2\theta - \sin^2\theta) i + \sin\theta (1 + \cos^2\theta) j]$$

$$= \frac{G b_1 b_2}{2\pi(1-\nu)r} [(\cos\theta \cos 2\theta) i - \sin\theta (2 + \cos 2\theta) j]$$

$$= \frac{G b_1 b_2}{2\pi(1-\nu)r} [F_x(\theta) + F_y(\theta)]$$

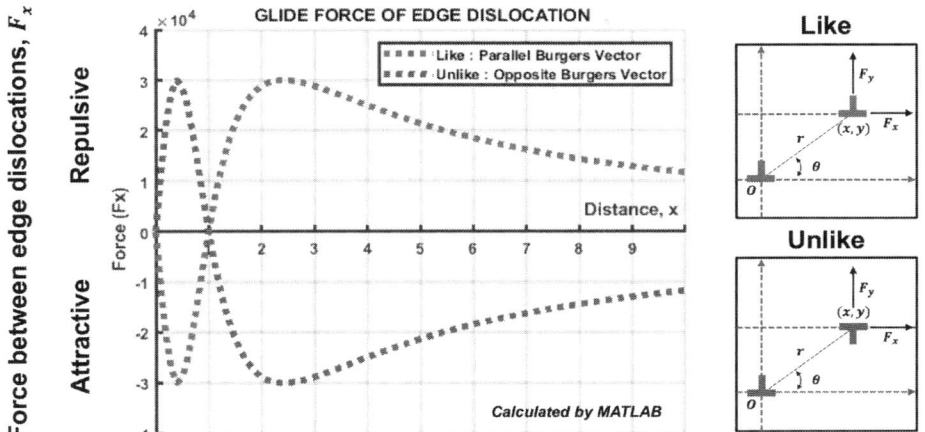

The implications of this distribution of stresses is that **dislocations will assume different configurations depending upon their type, sign and orientation.**

$$= \frac{Gb_1b_2}{2\pi(1-\nu)r}[(\cos\theta\cos 2\theta)\,i - \sin\theta(2+\cos 2\theta)\,j]$$

$$= \frac{Gb_1b_2}{2\pi(1-\nu)r}\left[F_x(\theta) + F_y(\theta)\right]$$

(연습문제 2-2) 나선 전위 간 상호 작용/힘을 계산하는 문제이다. 아래 그림에 나타낸 나선 전위 1 (ξ = [001])의 존재로 인해 나선 전위 2 (ξ = [001])에 가해지는 힘을 구하시오. 단, 전위들은 평행한 Burgers 벡터 ((b_1, b_2 = [001]))를 가진다.

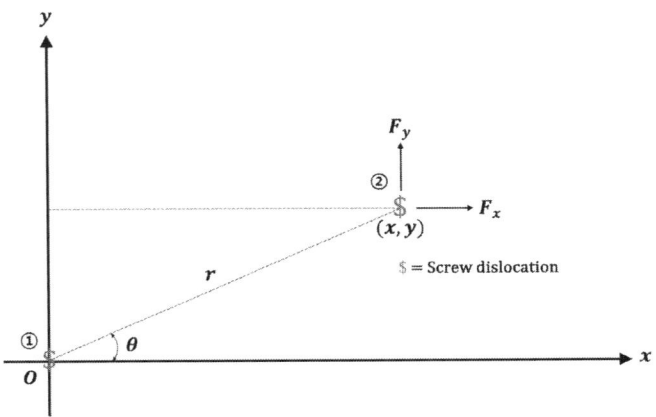

$$F_{1-2} = \begin{bmatrix} F_x \\ F_y \\ F_z \end{bmatrix} = (\sigma_1 \cdot b_2) \times \xi_2 = \left(\begin{bmatrix} 0 & 0 & \tau_{xz} \\ 0 & 0 & \tau_{yz} \\ \tau_{xz} & \tau_{yz} & 0 \end{bmatrix} \cdot b_2 \begin{bmatrix} 1 \\ 0 \\ 0 \end{bmatrix} \right) \times \begin{bmatrix} 0 \\ 0 \\ 1 \end{bmatrix} = \begin{bmatrix} \tau_{xz} b_2 \\ \tau_{yz} b_2 \\ 0 \end{bmatrix} \times \begin{bmatrix} 0 \\ 0 \\ 1 \end{bmatrix}$$

$$= \begin{vmatrix} i & j & k \\ \tau_{xz} b_2 & \tau_{yz} b_2 & 0 \\ 0 & 0 & 1 \end{vmatrix} = (\tau_{yz} b_2) i - (\tau_{xz} b_2) j$$

$$\therefore F_x = \tau_{yz} b_2 \quad \text{and} \quad F_y = -\tau_{xz} b_2$$

$$Glide\ force: F_x = b_2 \tau_{yz} = \frac{Gb_1 b_2}{2\pi} \frac{x}{(x^2+y^2)} = \frac{Gb_1 b_2}{2\pi} \cos\theta$$

$$Climb\ force: F_y = -b_2 \tau_{yz} = \frac{Gb_1 b_2}{2\pi} \frac{y}{(x^2+y^2)} = \frac{Gb_1 b_2}{2\pi} \sin\theta$$

$$General\ equation: F = \frac{Gb_1 b_2}{2\pi r} \cos\theta\ i + \sin\theta\ j$$

그림 2-100에서처럼 동일한 슬립면에 있는 두 개의 유사한 칼날 전위 (즉, 둘 다 평행한 Burgers 벡터를 가짐)는 서로를 밀어낸다.

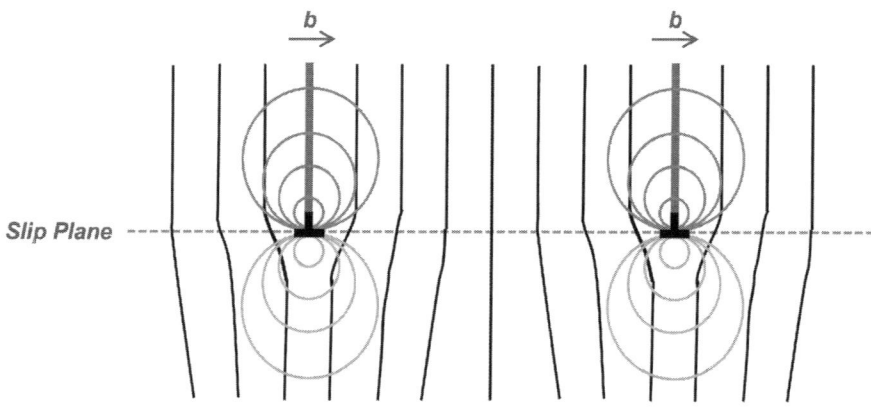

그림 2-100. 동일한 슬립면에 놓인 동일한 부호의 Burgers 벡터를 가진 두개의 칼날 전위

탄성 변형에너지를 기반으로 유도된 식을 이용하여 다음과 같이 이를 근사할 수 있다.

$$E_{elastic} = \alpha Gb^2 + \alpha Gb^2 = \alpha G(2b)^2 \tag{2-62}$$

그림 12-101에서처럼 두 개의 다른 부호를 가진 칼날 전위 (즉, 둘 다 반대 Burgers 벡터를 가짐)가 동일한 슬립면에 놓이면 서로 끌어당겨 소멸된다.

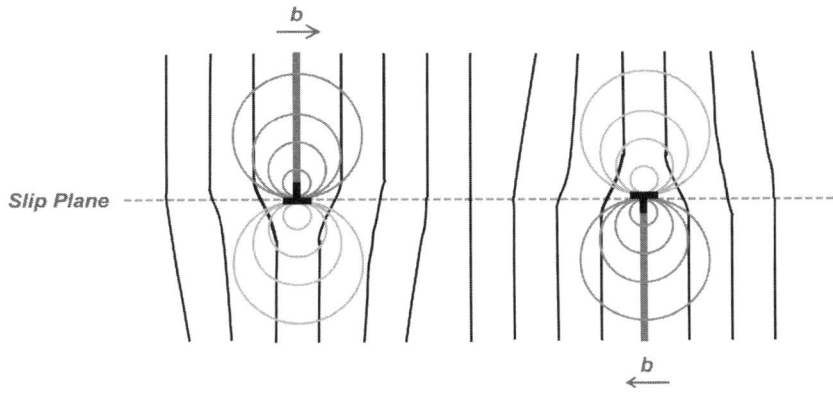

그림 2-101. 동일한 슬립면에 놓인 반대 부호의 Burgers 벡터를 가진 두 개의 칼날 전위

탄성 변형에너지에 기반하여 유도된 식을 이용하여 다음과 같이 이를 근사할 수 있다.

$$E_{elastic} = \alpha Gb^2 - \alpha Gb^2 = 0 \tag{2-63}$$

그림 2-102에서 두 개의 다른 칼날 전위 (즉, 둘 다 반대 Burgers 벡터를 가짐)는 몇 개의 원자 간격으로 분리되어 있는 평행한 슬립면에 놓여져 있는 경우에는 서로를 끌어당기고 공공을 남기면서 소멸된다.

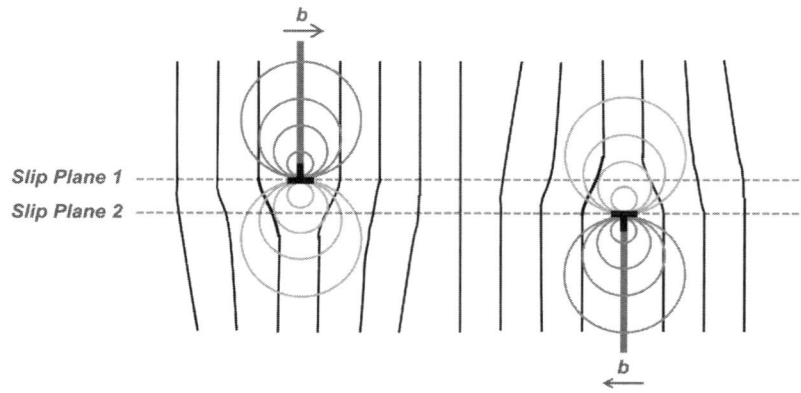

그림 2-102. 몇 개의 원자 간격으로 분리되어 있는 평행한 슬립면에 놓여져 있는 반대 부호를 갖는 두개의 칼날 전위

두개의 칼날 전위가 안정하게 배열되는 위치는 아래 그림 2-103과 같이 Burgers 벡터의 부호에 따라 상이하다.

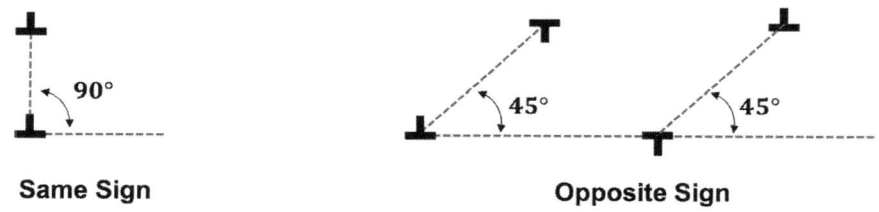

그림 2-103. 두개의 칼날 전위의 안정된 배열

이런 칼날 전위들간의 상호작용으로 안정하게 아래 그림 2-104과 같이 저경각입계(low-angle grain boundary, LAGB)가 생성되기도 한다.

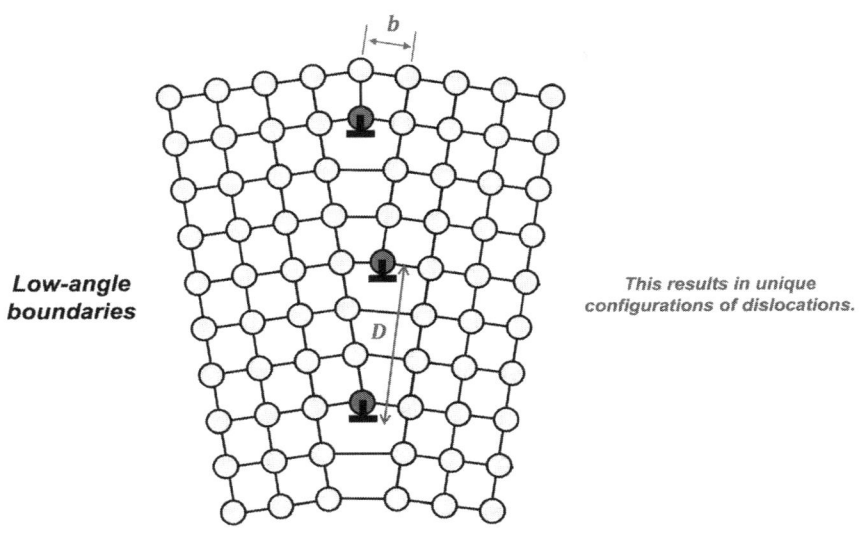

그림 2-104. 칼날 전위들의 상호작용으로 생성된 저경각입계

전위와 자유 표면 사이의 힘 즉, 이미지(image) 힘이 발생하는 이유에 대해 고민해 보자. 자유면(free surface)은 접근하는 전위에 의해 발생되는 변위에 반대되는 응력을 제공하지는 않는다. 전위가 자유면에 접근함에 따라 결정의 변형에너지가 감소한다. 이것은 전위를 자유면 쪽으로 당기는 역할을 한다 (그림 2-105). 즉, 이것은 결정으로부터 전위를 끌어당기는 것으로 설명할 수 있다.

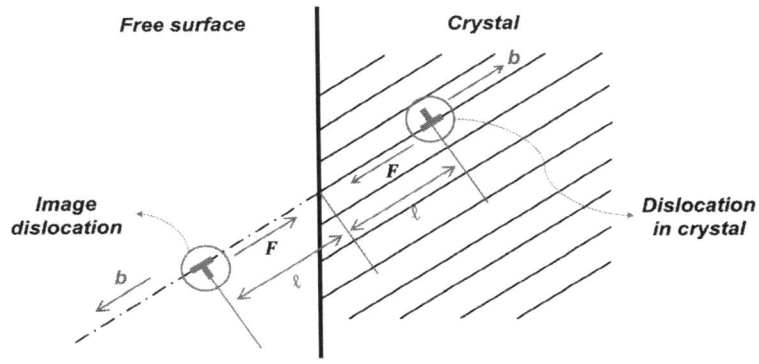

그림 2-105. 자유면에 접근하는 전위에 작용되는 이미지 힘

2-9. Peach-Koehler 식

대부분의 전위는 혼합된 형태이다. 혼합 전위는 전위 선에 대한 접선 벡터, ξ가 Burgers 벡터, b에 평행하거나 수직이 되지 않도록 배향된다.

$$b = b_x i + b_{xy} j + b_z k \tag{2-64}$$

Burgers 벡터는 3D 공간에서 x, y, z 축에 평행한 성분을 갖는다. 또한 x, y, z 축에 평행한 응력 성분을 설명할 필요가 있다.
만일 인 경우에

$$g_x = b_x \sigma_{xx} + b_y \tau_{xy} + b_z \tau_{xz}$$
$$g_y = b_x \tau_{yx} + b_y \sigma_{yy} + b_z \tau_{yz}$$
$$g_x = b_x \tau_{zx} + b_y \tau_{yz} + b_z \sigma_{zz}$$

$$F_L = g \times \xi = \begin{vmatrix} i & j & k \\ g_x & g_y & g_z \\ \xi_x & \xi_y & \xi_z \end{vmatrix} \tag{2-65}$$

여기서 F_L은 전위 단위 길이당 힘이다. 이것은 본질적으로 직선 전위에 대한 F/L이며 여기서 L은 전위 선의 길이를 의미한다. Peach-Koehler식의 일반적인 형태는 전위들 사이의 힘과 전위들 상에 작용하는 힘의 크기를 계산하는 데 사용된다.

직선의 나선 전위 상에 가해지는 힘을 계산해 보자.

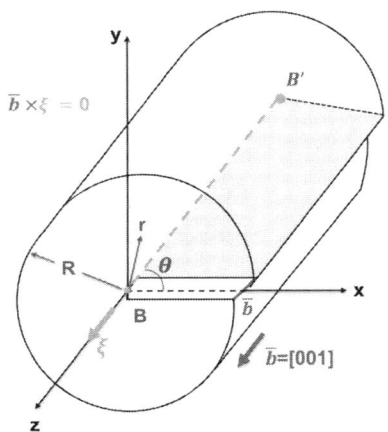

그림 2-106. 실린더 내부에 있는 직선의 나선전위

그림 2-106에 보여주고 있는 실린더 내부에 있는 나선 전위 주변의 탄성 응력은 아래와 같이 표현이 가능하다.

$$\tau_{xz} = \tau_{zx} = -\frac{Gb}{2\pi}\frac{y}{(x^2+y^2)} = -\frac{Gb}{2\pi}\frac{\sin\theta}{r}$$

$$\tau_{yz} = \tau_{zy} = \frac{Gb}{2\pi}\frac{x}{(x^2+y^2)} = \frac{Gb}{2\pi}\frac{\cos\theta}{r}$$

$$\sigma_{xx} = \sigma_{yy} = \sigma_{zz} = \tau_{xy} = \tau_{yx} = 0$$

(2-66)

모두 전위선에 평행하게 작용하는 전단 성분에 해당함을 알 수 있다. 즉 다음과 같이 행렬의 형태로 표현이 가능하다.

$$\sigma_{screw} = \begin{vmatrix} 0 & 0 & \tau_{xz} \\ 0 & 0 & \tau_{yz} \\ \tau_{zx} & \tau_{zy} & 0 \end{vmatrix} = \begin{vmatrix} 0 & 0 & \tau_{xz} \\ 0 & 0 & \tau_{yz} \\ \tau_{xz} & \tau_{yz} & 0 \end{vmatrix} \quad and \quad \begin{aligned} g_x &= \tau_{xz}b \\ g_y &= \tau_{yz}b \\ g_z &= 0 \end{aligned}$$

(2-67)

아래 그림 2-107과 같이 직선의 나선 전위를 고려하자.

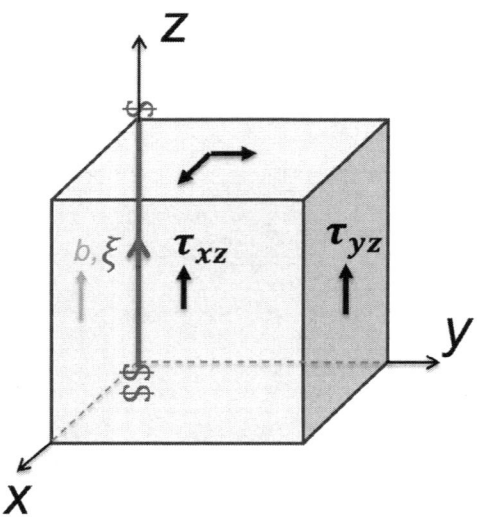

그림 2-107. 직선의 나선 전위

b = [001] 및 ξ= [001]에 해당하는 나선 전위의 경우를 고려하자. 결과적으로

$$(\sigma \cdot b) = b \begin{vmatrix} \sigma_{xx} & \tau_{xy} & \tau_{xz} \\ \tau_{yx} & \sigma_{yy} & \tau_{yz} \\ \tau_{zx} & \tau_{zy} & \sigma_{zz} \end{vmatrix} \begin{vmatrix} 0 \\ 0 \\ 1 \end{vmatrix}$$
$$= b \begin{vmatrix} \tau_{xz} & \tau_{yz} & \sigma_{zz} \end{vmatrix}$$
(2-68)

(b)와 선부호 (ξ)의 외적을 취하면 다음과 같이 된다.

$$F_L = (\sigma \cdot b) \times \xi = \begin{vmatrix} i & j & k \\ b\tau_{xz} & b\tau_{yz} & b\tau_{zz} \\ 0 & 0 & 1 \end{vmatrix} = b\,\tau_{yz}i - b\,\tau_{xz}j = F_x + F_y \quad (2\text{-}69)$$

이것은 τ_{xz}와 τ_{yz}만이 이 전위 상에 힘을 가할 수 있고, 힘이 그 길이를 따라 전 위선에 수직으로 작용한다는 것을 알려준다.

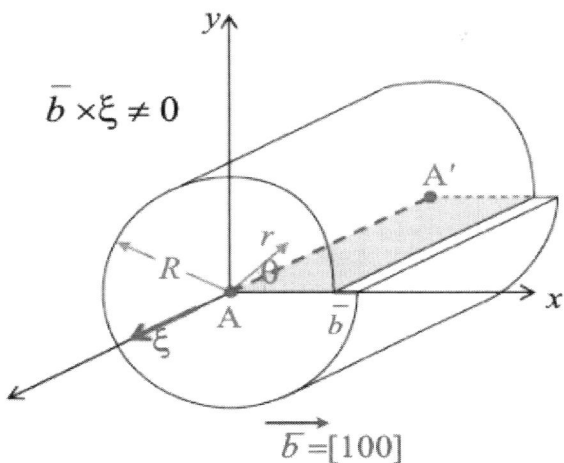

그림 2-108. 실린더 내부에 있는 직선의 칼날 전위

그림 2-108에 실린더 내부에 있는 칼날 전위 주변의 탄성 응력은 아래와 같이 표현이 가능하다.

$$\sigma_{xx} = -\frac{Gb}{2\pi(1-\nu)}\frac{y(3x^2+y^2)}{(x^2+y^2)^2}$$

$$\sigma_{yy} = \frac{Gb}{2\pi(1-\nu)}\frac{y(x^2-y^2)}{(x^2+y^2)^2}$$

$$\tau_{xy} = \tau_{yx} = \frac{Gb}{2\pi(1-\nu)}\frac{x(x^2-y^2)}{(x^2+y^2)^2}$$

$$\sigma_{zz} = \nu(\sigma_{xx}+\sigma_{yy}) = -\frac{Gb\nu}{\pi(1-\nu)}\frac{y}{x^2+y^2}$$

$$\tau_{xz} = \tau_{zx} = \tau_{yz} = \tau_{zy} = 0 \tag{2-70}$$

즉 다음과 같이 행렬의 형태로 표현이 가능하다.

$$\sigma_{edge} = \begin{vmatrix} \sigma_{xx} & \tau_{xy} & 0 \\ \tau_{yx} & \sigma_{yy} & 0 \\ 0 & 0 & \sigma_{zz} \end{vmatrix} = \begin{vmatrix} \sigma_{xx} & \tau_{xy} & 0 \\ \tau_{xy} & \sigma_{yy} & 0 \\ 0 & 0 & \sigma_{zz} \end{vmatrix} \; and \; \begin{matrix} g_x = \sigma_{xx}b \\ g_y = \tau_{yz}b \\ g_z = 0 \end{matrix} \tag{2-71}$$

아래 그림 2-109와 같이 직선의 칼날 전위를 고려하자.

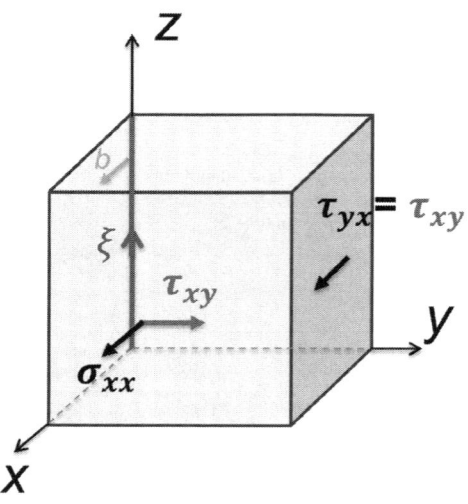

그림 2-109. 직선의 칼날 전위

b = [001] 및 ξ= [001]에 해당하는 칼날 전위의 경우를 고려하자. 결과적으로

$$(\sigma \cdot b) = b \begin{vmatrix} \sigma_{xx} & \tau_{xy} & \tau_{xz} \\ \tau_{yx} & \sigma_{yy} & \tau_{yz} \\ \tau_{zx} & \tau_{zy} & \sigma_{zz} \end{vmatrix} \begin{vmatrix} 1 \\ 0 \\ 0 \end{vmatrix}$$
$$= b \begin{vmatrix} \sigma_{xx} & \tau_{yx} & \tau_{zx} \end{vmatrix} = b \begin{vmatrix} \sigma_{xx} & \tau_{xy} & \tau_{xz} \end{vmatrix} \tag{2-72}$$

(b)와 선부호 (ξ)의 외적을 취하면 다음과 같이 된다.

$$F_L = (\sigma \cdot b) \times \xi = \begin{vmatrix} i & j & k \\ b\sigma_{xx} & b\tau_{xy} & b\sigma_{xz} \\ 0 & 0 & 1 \end{vmatrix} = b\,\tau_{xy} i - b\,\sigma_{xx} j = F_x + F_y \tag{2-73}$$

이것은 단지 τ_{xy}와 σ_{xx}만이 전위상에 힘을 가할 수 있고 힘이 그 길이를 따라 전위선에 수직으로 작용한다는 것을 알려준다. F_y는 상승력(-y 방향)인데 반해 F_x는 활주힘(+ y 방향)에 해당한다.

2-10. 일반 결정 구조에서 전위

    이 장의 목표는 FCC, HCP 및 BCC 결정 구조에서 관찰된 일부 전위를 설명하는 것이다. 이 장은 중요한 부분만 간략하게 다루기 때문에 더 많은 세부사항은 참고문헌을 참조하길 바란다. 여기서는 세라믹이나 금속간 화합물에 대해서는 자세히 다루지 않을 것이다. 이러한 종류의 재료들에서 변위 구조에 대해 일반화할 것이며, 이것들에 대해서는 별도로 자세히 다뤄질 예정이다. 일반적인 소성 유동(plastic flow)을 위한 슬립은 활주(glide)를 통해 발생한다. 일반적으로 슬립은 조밀면에서 조밀방향으로 발생한다. 슬립계는 슬립면과 슬립방향을 포함해서 표현한다. FCC 결정에서의 슬립을 생각해 보자. 조밀면인 {111}에서의 조밀방향인 <110>방향으로 슬립이 발생한다. 전위는 보통 조밀면에서 의 Burgers 벡터를 가지고 활주한다. 각 단위 셀에는 4개의 {111} 면이 포함되어 있고, 각 {111} 면에는 3개의 <110> 방향이 존재한다. 따라서 FCC 단위 셀에는 12개의 슬립계가 존재한다. 다음은 불완전 전위의 분리에 대해서 생각해 보자. 탄성 에너지를 고려하게 되면 일부 전위들이 더 짧은 세그먼트로 분리되는 것이 가능하다. 이런 거동 특정 결정들(예를 들어, FCC)에서 유리하다고 알려져 있다. 그럼 반응 $b_1 \rightarrow b_2 + b_3$는 언제 일어날 수 있을 것인지에 대해 고민해 보자. $b_1^2 > (b_2^2 + b_3^2)$ 경우에는 가능하나 $b_1^2 < (b_2^2 + b_3^2)$ 경우에는 불가능하다. 이런 거동은 평형 위치는 단위 셀의 모서리가 아닌 FCC와 HCP와 같은 조밀 충진 결정(closed-packed crystals)에서 가능하다[1,4,9]. FCC 결정에서의 Shockley 부분 전위에 대해서 알아보자. 아래 식에 나타낸 예에서는 부분 전위로 분리하는 것이 에너지적으로 유리한 것을 알 수 있다.

$$\frac{a_o}{2}[10\bar{1}] \rightarrow \frac{a_o}{6}[2\bar{1}\bar{1}] + \frac{a_o}{6}[11\bar{2}]$$
$$\frac{a_o^2}{2} > \frac{a_o^2}{6} + \frac{a_o^2}{6}$$
(2-74)

    이런 부분 전위로의 분리는 변형 에너지의 감소를 초래하게 된다. 그림 2-110은 FCC 결정에서 부분 전위로 분리되는 거동을 원자 모델에서 나타낸 것이다.

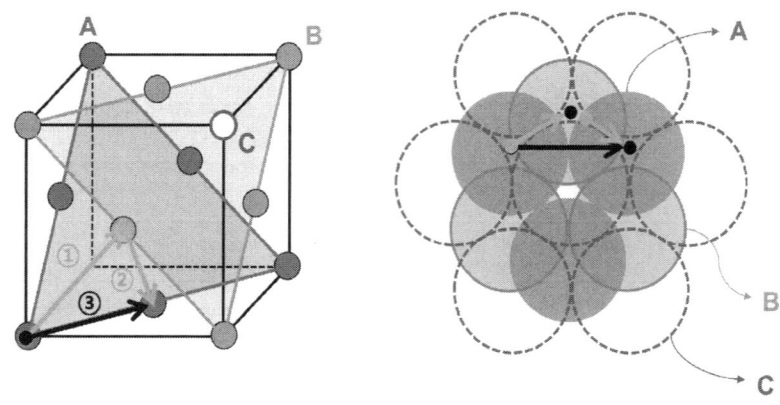

① $b = \frac{a_0\sqrt{6}}{6} = \frac{a_0}{6}[2\bar{1}\bar{1}]$, ② $b = \frac{a_0\sqrt{6}}{6} = \frac{a_0}{6}[11\bar{2}]$, ③ $b = \frac{a_0\sqrt{2}}{6} = \frac{a_0}{2}[10\bar{1}]$

그림 2-110. FCC 결정에서 부분 전위들의 분리 거동

FCC 결정에서 부분 전위들 사이에는 적층 결함이 생성된다. 적층 결함된 영역에서는 적층의 순서가 HCP 결정구조의 특성을 갖는다. 그림 2-111는 FCC 결정에서 적층 결함이 발생하는 경우를 도식적으로 설명해 주고 있다.

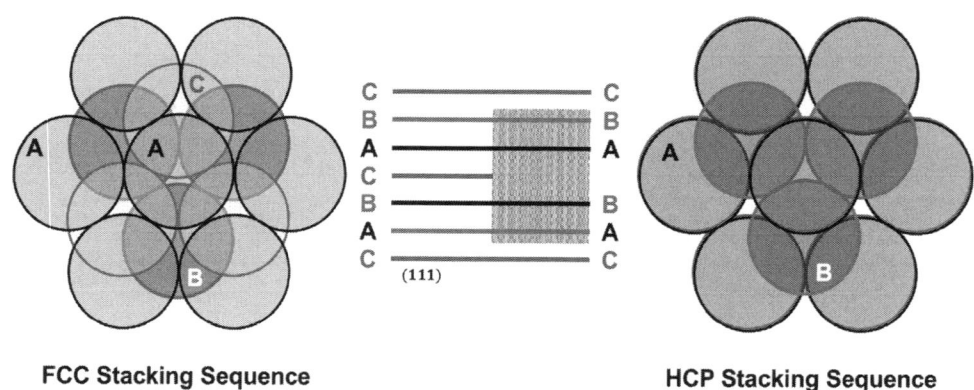

그림 2-111. FCC 결정에서 적층 결함

FCC 결정에서 부분 전위들이 적층결함을 가지고 활주하는 거동을 좀 더 구체적으로 다뤄보자. 그림 2-112는 완전 전위가 일부 세그먼트에서 부분 전위로 분리되어 적층 결함을 가지고 슬립면에서 활주하는 거동을 보여준다. 세그먼트 AB는 일반적인 (확장되지 않은) 전위를 나타내고, 세그먼트 BC와 BD는 부분 전위를 나타낸다. 세그먼트 BC와 BD 사이의 영역은 적층 결함을 나타낸다. 이 영역에서의 결정은 "중간(intermediate)" 슬립을 겪게된다. BC + 적층 결함 + BD는 확장된 전위를 나타낸다. 확장된 전위들(특히 나선 전위들)은 특정한 슬립 면을 정의한다. 그러므로, 확장된 나선 전위들은 부분 전위들이 재결합할 때만 교차 슬립(cross-slip)이 가능하게 된다.

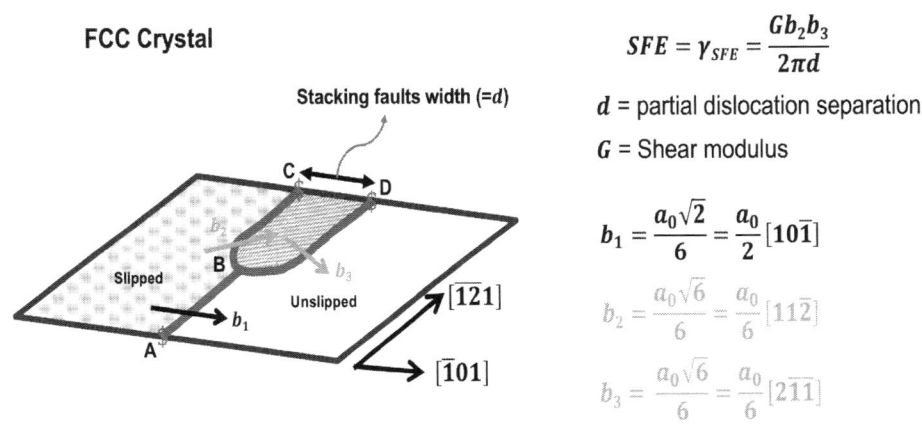

그림 2-112. FCC 결정에서 부분 전위와 적층 결함

확장 나선 전위는 교차 슬립을 하기 전에 수축되어야만 한다. 그림 2-113는 완전 전위가 일부 세그먼트에서 FCC 결정에서 발생하는 교차 슬립 거동을 단계별로 도식적으로 설명해 주고 있다.

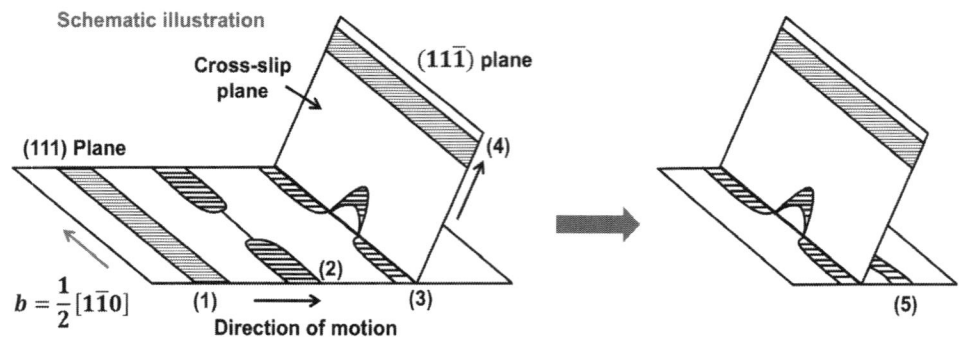

그림 2-113. FCC 결정에서 교차 슬립 거동

단계 (1)에는 확장된 전위들을 보여주고 있으며, 단계 (2)에서는 수축된 세그먼트의 형성을 보여주고 있다. 단계 (3)에서는 수축된 세그먼트의 교차 슬립 및 확장된 전위으로의 분리를 보여준다. 단계 (4)에서는 교차 슬립면에서의 확장된 전위의 슬립을 보여준다. 실제로, 확장 전위의 교차 전위는 단계 (5)에서 보여지는 것과 같을 것이다. 넓은 적층 결함(즉, 큰 d를 가진 것들)을 재결합하는 것은 더 어렵다. 적층 결함 에너지(SFE)가 낮은 재료에서 교차 슬립이 더 어려운 이유이기도 하다. 그 결과 높은 SFE 재료는 더 빠르게 가공 경화될 가능성이 높게 된다. 표 2-6은 대표적인 구조재료의 적층 결함 에너지와 가공 경화 속도에 대해 비교해서 나타낸 것이다. 추후 가공 경화에 대해 논의할 때 이것에 대해 좀 더 자세히 다루기로 하자.

표 2-6. 대표적인 구조재료의 적층 결함 에너지와 가공 경화 속도

Material	SFE(mJ/m²)	Fault width	Strain hardening rate	Reasons
Stainless Steel	<10	~0.45	High	Cross slip more difficult
Copper	~90	~0.3	Med	
Aluminum	~250	~0.15	Low	Cross slip is easier

FCC 결정에서 생성되는 Frank 부분 전위들에 대해서 알아보자. 그림 2-114와 같이 조밀 충진면 {111} 층을 삽입하거나 제거함으로써 형성될 수 있다. 이것은 내재적(intrinsic)이거나 외재적(extrinsic) 적층 결함을 초래하게

된다. 결함의 {111}면에 수직인 칼날 전위를 생성하게 된다. 이 전위는 sessile 상태이며 {111} 면 안에 포함되어 있지 않기 때문에 오직 상승(climb)을 통해서만 움직일 수 있다.

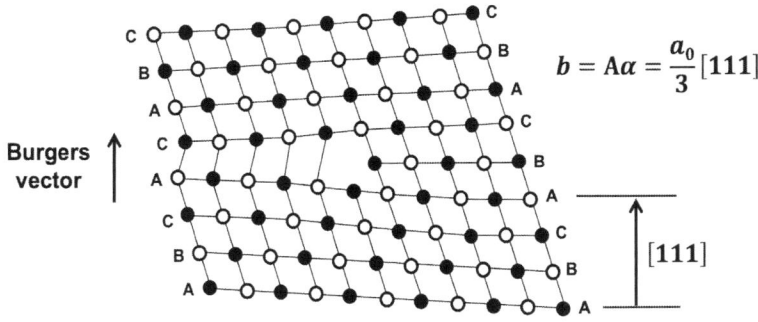

그림 2-114. Frank 부분 전위 생성 거동

교차하는 슬립 면에서의 전위들의 상호 작용에 대해 생각해 보자. FCC 격자에서 (111) 슬립면의 교차를 고려해 보자. {111} 면에 활주하고 있는 <110> 전위는 Shockley 부분 전위로 분리될 수 있다. Lomer-Cottrell lock은 교차하는 {111} 면에서 Shockley 부분 전위의 교차에 의해 형성된다. 이렇게 생성된 Lomer-Cottrell lock은 stair-rod라고도 불린다. 그림 2-115는 Lomer-Cottrell lock 형성 과정을 설명해 주고 있다.

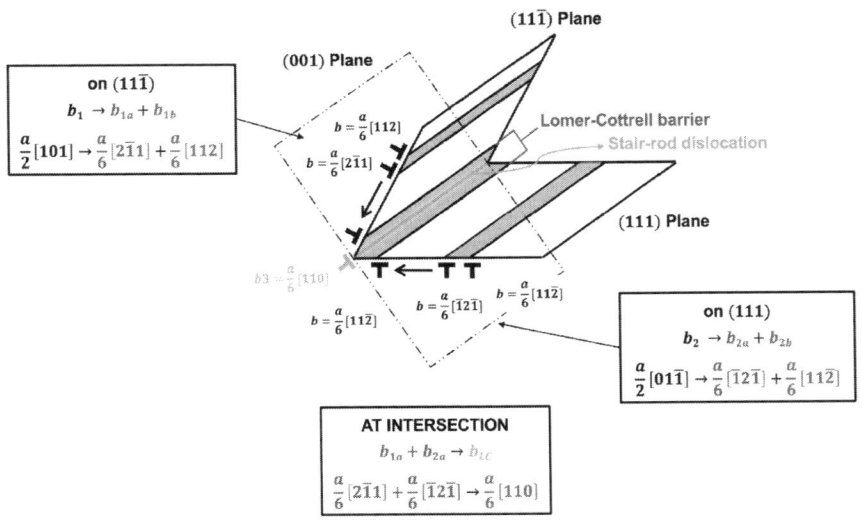

그림 12-115. Lomer-Cottrell lock 형성 과정

HCP 결정에서 전위를 알아보자. HCP 결정에서의 전위는 FCC 결정에서의 전위와 유사하다. 조밀면은 (0001)이고 조밀 방향은 $<11\bar{2}0>$에 해당한다. 전위는 일반적으로 조밀한 기저면(basal plane)에서 $b = \frac{a_o}{3}<11\bar{2}0>$를 가지고 활주한다. 비기저면(non-basal plane)에서도 활주가 가능하다. 응력이 높거나 온도가 높은 경우 비기저면의 작용이 용이하는 것이 일반적인 거동이다. HCP 구조에서는 기저면 및 prismatic 면에서의 슬립을 일으키는 칼날 및 나선 전위들은 $b = \frac{1}{3}<11\bar{2}0>$를 가진다. 그림 2-116은 HCP에 존재하는 슬립면과 슬립방향을 보여 준다.

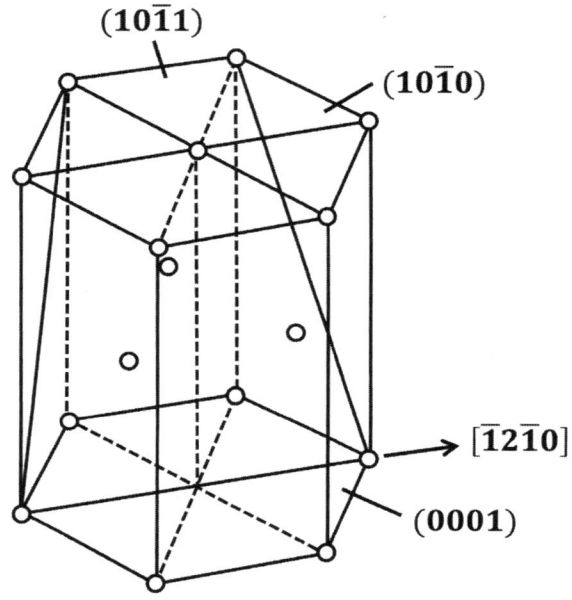

그림 2-116. HCP에 존재하는 슬립면과 슬립방향

BCC 결정에서의 슬립을 고려해 보자. BCC 결정에서 가장 조밀한 면은 {110}이고 {110}면에서 가장 조밀한 방향은 <111>에 해당한다. 전위는 보통 슬립면에서 $b = \frac{a_o}{2}<111>$를 가지고 활주한다. 각각의 단위 셀에는 6개의 {110} 면이 포함되어 있으며, 각 {110} 면에는 2개의 <111> 방향이 존재한다. 따라서, BCC 단위 셀에는 12개의 {110}<111> 슬립계가 존재한다. BCC에서 슬립은 {112} 및 {123} 면에서도 <110> 방향으로 일어날 수 있다. 각 단위 셀에는 12개의 {112} 면이 포함되어 있고, 각 {112} 면에는 1개의 <111> 방향이 존재한다. 따라서, 12개의 {112}<111> 슬립계가 존재한다. 또한 각 단위 셀에는 24개의 {123} 면을 포함하고, 각 {123} 면에는 1개의 <111> 방향이 존재한다. 따라서, 24개의 {123}<111> 슬립계가 존재한다. 따라서 BCC 결정에서 가능한 슬립계는 총 48개가 된다. {110} 면에서의 슬립이 가장 빈번하게 발생하나, 슬립은 {112} 면, {123} 면에서도 발생할 수 있다. 세 개의 {110} 면이 <111> 방향과 교차한다. 단위 나선 전위는 한 {110} 면에서 다른 {123} 면이나 {211} 면으로 쉽게 이동할 수 있어, wavy 슬립 선들을 만들게 된다. 이런 활주 거동을 연필 활주(pencil glide)라고 한다. 확장된 전위는 드물게 관찰된다. 그림 2-117은 BCC 결정에서 관찰되는 연필 활주를 도식적으로 나타낸 것이다.

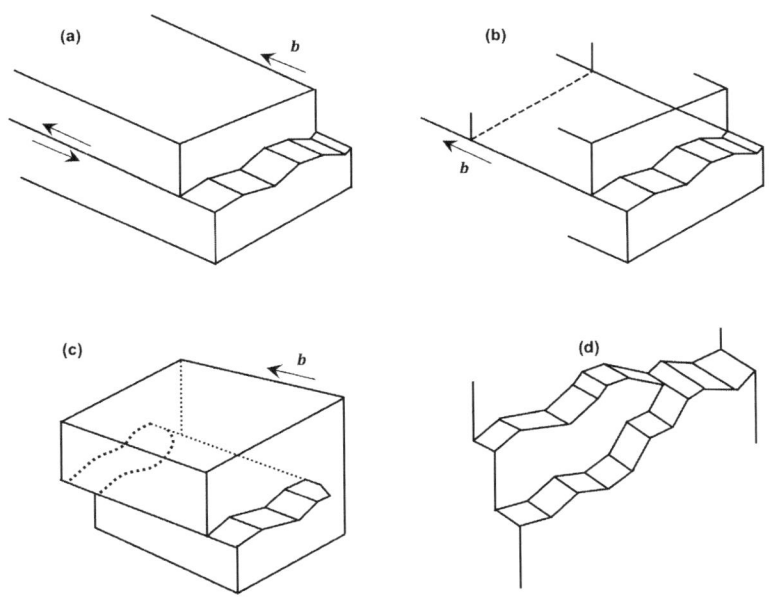

그림 2-117. BCC 결정에서 관찰되는 연필 활주

연습문제

(2-2절)

1. 격자 결함의 종류(0차원, 1차원, 2차원, 3차원)를 설명하고, 각 결함의 구체적인 예를 두 가지씩 서술하시오.
2. 점결함 중 공공(vacancy)이 재료의 확산과 강도에 미치는 영향을 설명하시오.
3. 결정립계(grain boundary)와 쌍정계(twin boundary)의 차이를 설명하고, 각각의 기계적 역할을 서술하시오.
4. 칼날전위(edge dislocation)와 나선전위(screw dislocation)의 구조적 차이를 설명하시오.
5. 적층 결함(stacking fault)이 FCC 구조에서 가공 경화에 미치는 영향을 설명하시오.
6. 체적결함 중 기공(porosity)이 재료의 기계적 성질에 미치는 영향을 설명하고, 이를 최소화하기 위한 제조 공정을 제안하시오.
7. 특정 합금에서 점결함의 농도가 증가할 경우, 확산 계수와 열적 안정성에 미치는 영향을 설명하시오.
8. 전위 밀도가 재료의 강도와 연성에 미치는 영향을 설명하시오.
9. 격자 결함의 조절을 통해 강화된 금속 재료의 사례를 제시하고, 그 원리를 설명하시오.
10. 특정 금속 재료에서 0차원, 1차원, 2차원 결함을 동시에 조절하여 강화 효과를 극대화하기 위한 설계 방안을 제안하시오.

(2-3절)

1. 슬립(slip)이란 무엇이며, 금속 재료에서 슬립이 발생하는 주요 조건을 설명하시오.
2. FCC, BCC, HCP 격자에서의 슬립계 활성화 차이를 설명하고, 이를 비교하시오.
3. Schmid 법칙(Schmid's Law)을 설명하고, 관련된 공식을 제시하시오.
4. FCC 구조 금속의 슬립계 중 가장 활성화되기 쉬운 슬립계를 설명하시오.
5. Peierls-Nabarro 응력이 슬립에 미치는 영향을 설명하고, 이를 감소시키기 위한 재료 설계 방안을 제시하시오.

6. 슬립과 쌍정(twinning)의 차이를 설명하고, 각 변형 메커니즘이 주로 발생하는 조건을 서술하시오.
7. 전위가 슬립면을 따라 이동할 때 발생할 수 있는 장애물을 두 가지 예를 들어 설명하시오.
8. 슬립이 발생하기 어려운 조건에서 금속이 변형하는 대체 메커니즘을 제시하고, 그 원리를 설명하시오.
9. Schmid 계수(Schmid Factor)가 변형 시작에 미치는 영향을 설명하고, Schmid 계수가 가장 큰 슬립계를 찾는 방법을 제시하시오.
10. 실험적으로 슬립계와 Schmid 계수를 확인하는 방법을 제안하시오.

(2-4절)
1. 조그(Jog)와 킹크(Kink)의 정의와 구조적 차이를 설명하시오.
2. 조그가 전위 이동에 미치는 영향을 설명하시오.
3. 킹크가 전위 이동을 촉진하는 원리를 설명하시오.
4. 조그와 킹크의 형성에 영향을 미치는 주요 요인을 두 가지 이상 제시하시오.
5. 조그와 킹크가 전위 교차 과정에서 어떤 역할을 하는지 설명하시오.
6. 조그의 형성과 전위 상승(climb) 메커니즘의 관계를 설명하시오.
7. 킹크 형성과 전위 활주(glide) 사이의 관계를 설명하고, 이를 실험적으로 확인할 수 있는 방법을 제안하시오.
8. 조그와 킹크가 전위 밀도 및 재료 강도에 미치는 영향을 비교하시오.
9. 조그와 킹크의 상호작용을 설명하고, 이 상호작용이 재료의 소성 변형에 미치는 영향을 기술하시오.
10. 특정 온도 조건에서 조그와 킹크의 형성을 제어하기 위한 재료 설계 방안을 제안하시오.

(2-5절)
1. 전위의 이동이 소성 변형에 미치는 영향을 설명하고, 이를 정량적으로 나타내는 식을 제시하시오.
2. Frank-Read 소스가 전위 증식을 유발하는 과정을 단계별로 설명하시오.
3. 전위 증식이 재료의 가공 경화에 미치는 영향을 설명하시오.
4. 전위 밀도가 소성 변형률과 어떻게 관련이 있는지 설명하고, 이를 실험적으로 측정할 수 있는 방법을 제안하시오.
5. 전위 간 상호작용의 유형(정렬, 교차, 얽힘)을 설명하고, 각각이 소성 변형에 미치는 영향을 서술하시오.
6. BCC와 FCC 구조에서 전위 이동과 증식의 차이를 설명하시오.

7. 전위 이동과 적층 결함(stacking fault) 간의 관계를 설명하고, 적층 결함이 전위 증식에 미치는 영향을 기술하시오.
8. 소성 변형 초기 단계와 후속 단계에서 전위 밀도의 변화 양상을 설명하시오.
9. 특정 조건에서 전위 증식을 억제하여 재료의 연성을 향상시키는 방법을 제안하시오.
10. 전위 이동과 증식이 균열 발생 및 성장에 미치는 영향을 설명하시오.

(2-6절)
1. 단결정과 다결정 금속의 응력-변형 곡선 차이를 설명하고, 그 이유를 서술하시오.
2. 결정방위가 소성 변형에 미치는 영향을 설명하기 위해 Schmid 법칙을 적용하여 분석하시오.
3. 결정립계(grain boundary)가 재료의 기계적 성질에 미치는 주요 영향을 설명하시오.
4. Hall-Petch 관계를 정의하고, 결정립 크기 감소가 항복 강도에 미치는 영향을 설명하시오.
5. 결정학적 집합조직이 다결정 금속의 기계적 성질에 미치는 영향을 설명하시오.
6. 결정방위와 계면 거동이 복합재료의 강도와 연성에 미치는 영향을 서술하시오.
7. 결정립계에서 전위의 "쌓임(pile-up)"이 발생할 경우, 응력 집중이 재료의 파괴 거동에 미치는 영향을 설명하시오.
8. 특정 합금에서 결정방위가 소성 변형과 균열 전파에 미치는 영향을 실험적으로 분석하는 방법을 제안하시오.

(2-7절)
1. 슬립 이외의 변형 모드 세 가지를 설명하고, 각 변형 모드가 발생하는 재료 조건을 서술하시오.
2. 변형 쌍정이 슬립과 비교하여 소성 변형에서 차지하는 역할을 설명하시오.
3. 변형 쌍정이 HCP 금속에서 중요한 이유를 설명하시오.
4. TRIP 강에서 마르텐사이트 변태가 소성 변형 중 강도와 연성에 미치는 영향을 설명하시오.
5. 크리프 변형의 1차, 2차, 3차 단계의 변형률 속도 변화 양상을 설명하고, 이를 그래프로 나타내시오.
6. 변형 쌍정과 마르텐사이트 변태가 동시에 발생할 수 있는 재료의 예를 들고, 두 메커니즘이 상호작용하여 강도를 증가시키는 원리를 설명하시오.

7. 슬립, 변형 쌍정, 마르텐사이트 변태의 활성화 조건이 다른 이유를 결정구조 관점에서 설명하시오.
8. 크리프 변형이 중요한 응용 분야를 세 가지 제시하고, 각각에서 크리프 저항성을 향상시키는 방법을 설명하시오.
9. 변형 쌍정의 에너지가 낮은 금속과 높은 금속의 예를 들고, 각각의 소성 변형 메커니즘 차이를 설명하시오.
10. 변형 쌍정과 슬립이 동시에 발생하는 FCC 금속의 예를 제시하고, 이 두 메커니즘이 재료의 변형 능력에 미치는 영향을 설명하시오.

(2-8절)
1. 전위의 분리(dislocation splitting)가 발생하는 원인과 FCC 구조에서 분리되는 전위의 종류를 설명하시오.
2. 전위 분리의 크기와 적층 결함 에너지(stacking fault energy, SFE) 간의 관계를 설명하시오.
3. FCC 구조에서 전위 분리가 슬립과 변형 쌍정에 미치는 영향을 설명하시오.
4. 전위 분리와 조밀충진면에서 전위 이동이 용이한 이유를 탄성 에너지 관점에서 설명하시오.
5. FCC 구조에서 Shockley 부분 전위가 전위 분리에 기여하는 방식과 그 결과를 서술하시오.
6. 적층 결함 에너지가 낮은 금속(예: 구리)과 높은 금속(예: 알루미늄)에서 전위 분리 폭의 차이를 설명하시오.
7. 전위 분리의 크기를 실험적으로 측정할 수 있는 방법을 제안하시오.
8. 전위 분리가 발생하지 않는 BCC 구조에서 슬립 메커니즘이 FCC 구조와 다른 이유를 설명하시오.
9. 전위 분리와 전위 얽힘(dislocation entanglement)이 재료의 가공 경화에 미치는 영향을 비교하시오.
10. 특정 금속 합금에서 전위 분리 폭을 줄이기 위한 설계 방법을 제안하시오.

(2-9절)
1. Peach-Koehler 식의 정의와 물리적 의미를 설명하시오.
2. Peach-Koehler 식에서 Burgers 벡터 b의 방향이 전위 이동 방향과 수직일 때, 전위가 받는 힘이 어떻게 변하는지 설명하시오.
3. 외부 응력 σ가 전위선에 작용할 때, 전위의 운동과 관련된 Peach-Koehler 힘 F의 방향을 결정하는 방법을 설명하시오.
4. Peach-Koehler 식에서 전위가 선형 전위를 가질 때, 힘의 크기를 간단히 표현하는 공식을 제시하시오.

5. FCC 금속에서 조밀충진면에서의 Peach-Koehler 힘이 전위 이동에 미치는 영향을 설명하시오.
6. BCC와 FCC 구조에서 Peach-Koehler 힘이 전위 이동에 미치는 영향의 차이를 설명하시오.
7. Peach-Koehler 식을 이용하여 전위가 고정된 장애물을 우회하려면 외부 응력이 어떤 조건을 만족해야 하는지 설명하시오.

(2-10절)
1. FCC, BCC, HCP 구조에서 전위의 특성을 비교하고, 각 구조에서 주요 전위 메커니즘을 설명하시오.
2. BCC 구조에서 전위 이동이 FCC 구조보다 어려운 이유를 결정구조적 관점에서 설명하시오.
3. 일반 결정 구조에서 전위의 Burgers 벡터와 슬립계의 관계를 설명하시오.
4. HCP 구조에서 변형 쌍정이 전위 이동을 보완하는 메커니즘을 설명하시오.
5. FCC 구조의 조밀충진 슬립계 {111}<110>와 BCC 구조의 슬립계 {110}<111>을 비교하고, 각 슬립계의 특성을 설명하시오.
6. FCC와 BCC 구조에서 Peierls 응력이 전위 이동에 미치는 영향을 설명하시오.
7. 일반 결정 구조에서 전위와 관련된 응력-변형 곡선의 특징을 설명하고, 구조에 따른 차이를 기술하시오.

참고문헌

1. G.E. Dieter, Mechanical Metallurgy, 2nd ed., McGraw-Hill Book Co. (1976).
2. M.A. Meyers and K.K. Chawla, Mechanical Behavior of Materials, Cambridge University Press (1984).
3. A.S. Argon, Strengthening Mechanisms in Crystal Plasticity, Oxford University Press, Oxford (2008).
4. D. Hull and D.J. Bacon, Introduction to Dislocations, 4th ed., Butterworth-Heinemann, Oxford (2001).
5. R.E. Reed-Hill and R. Abbaschian, Physical Metallurgy Principles, 3rd ed., PWS-Kent, Boston, MA (1992).
6. R.W. Hertzberg, Deformation and Fracture Mechanics of Engineering Materials, 4th ed., John Wiley & Sons, New York (1996).
7. T.H. Courtney, Mechnical Behavior of Materials, 2nd ed., Waveland Press, Inc. (1990).
8. J. Rosler, H. Harders, M. Baker, Mechanical Behavior of Engineering Materials, Springer, New York (2008).
9. J.P. Hirth and J. Lothe, Theory of Dislocations, McGraw-Hill Book Co., New York (1968).

3장.
강화기구

3-1. 서론

3-2. 장애물 기반 강화 : 결정 재료의 강화기구 소개

3-3. 가공 경화

3-4. 결정립 크기 경화

3-5. 고용체 강화

3-6. 상부 항복점과 변형 시효

3-7. 석출 경화

3-8. 변형 구배 강화

3-1. 서 론

이 장에서는 재료의 강도를 향상시키기 위한 다양한 강화기구에 대해 다룬다. 먼저, 재료 내부에서 전위의 이동을 방해하거나 제한하는 여러 메커니즘의 기본 원리를 소개하며, 이를 통해 재료의 강도를 높이는 다양한 접근 방식을 설명한다. 이러한 강화기구들은 전위의 움직임과 관련된 장애물 및 상호작용을 기반으로 하며, 결합 유형, 전위-전위 간 상호작용, 결정립 경계, 용질 원자, 석출물, 그리고 상 변화 등의 주요 요인들에 의해 좌우된다. 특히, 결정립 강화(Hall-Petch 효과), 가공 경화(work hardening), 고용체 강화(solid solution hardening), 석출 경화(precipitation hardening), 변태 경화(transformation hardening)와 같은 메커니즘들이 전위의 이동성을 어떻게 제한하는지 구체적으로 살펴본다. 이와 함께, 전위 운동에 영향을 미치는 다양한 장애물의 특성과 이를 통해 유도되는 강도 증가 효과를 이론적 모델을 통해 분석한다. 아울러, 이 장에서는 다결정 재료에서 결정립 간의 상호작용이 전위의 움직임에 미치는 영향, 고용체 및 석출물과 전위 간의 탄성 및 화학적 상호작용, 변형 구배에 의한 GNDs(기하학적으로 필요한 전위) 생성 등이 재료의 기계적 특성에 어떻게 기여하는지 구체적으로 다룬다. 이러한 내용을 통해 재료의 설계 및 강도 향상을 위한 새로운 방향성을 제시한다.

3-2. 장애물 기반 강화 : 결정 재료의 강화기구 소개

전위에서의 힘과 전위 사이의 힘에 대해 복습해 보자[1,2]. 그림 3-1(a)에서 보여주듯이 결정은 마찰과 유사한(friction-like) 단위 길이당 저항력(resistance), f (fL1) 만큼 전위 운동을 저항한다. 이를 Peierls 응력이라고 한다고 설명하였다. 그림 3-1(b)에서와 같이 전위가 이동하기 위해서는 작용된 응력이 Peierls 응력을 초과해야 한다[3].

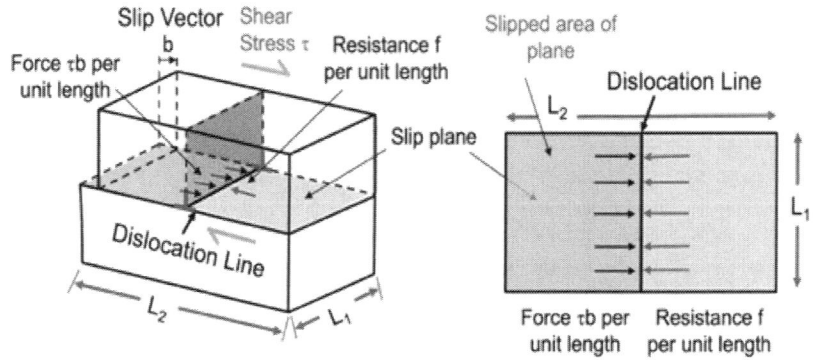

그림 3-1. (a) 전위 운동을 저항하는 마찰과 유사한 단위 길이당 저항력 (b) 전위를 이동시키기 위해 필요한 응력

전위에 작용하는 힘에 대해 공부한 것을 상기시켜 보자. 전위가 결정 내부에서 슬립계에 활주하여 전단을 일으키고 있는 상황을 생각하자. 그림 3-1에서 보여주는 것과 같이 슬립면의 면적이 L_1L_2 인 경우 전단에 필요한 힘은 아래와 같다.

$$F_s = \tau \cdot L_1 \cdot L_2 \tag{3-1}$$

b만큼 블록을 전단시키는 데에 F_s가 한 일은 아래와 같이 정의할 수 있다.

$$W = \tau \cdot L_1 \cdot L_2 \cdot b \tag{3-2}$$

단위 길이 L_1당 저항력 f에 대항하여 이동거리 L_2를 이동하는 데에 한 일은 다음과 같이 표현이 가능하다.

$$W = f \cdot L_1 \cdot L_2 \tag{3-3}$$

결론적으로 아래와 같은 식이 유도된다.

$$\tau b = f \tag{3-4}$$

이는 $\tau > f/b$ 일 때 전위가 움직일 것임을 의미한다.

전위 코어 근처의 원자들은 평형 위치에서 벗어나 있는 것을 설명한 바 있다. 그들은 더 높은 위치 에너지를 가지고 있기 때문에, 가능한 한 위치 에너지를 낮게 유지하기 위해, 전위는 그 길이를 줄이려고 할 것이다. 따라서 전위들은 마치 아래 식에서 표현하고 있는 선장력(line tension), Γ를 가진 것처럼 행동한다.

$$\Gamma = \alpha G b_2 \tag{3-5}$$

이는 전위가 장애물과의 어떻게 상호작용할지를 내포하고 있다.
재료가 최고 강도(highest strength)에 달성하는 방법을 생각해 보자. 우선 재료 내부에 모든 결함을 제거하면 그것이 가능할 것이다. 이때 σ, τ은 σ_{max}, τ_{max}에 도달할 것이다. 이런 거동은 매우 작은 휘스커(whiskers)에서 구현이 가능하다. 휘스커는 결함이 없는 수 마이크론 크기의 단면을 가진 재료들이다. 그것들은 인류가 만들어낸 가장 강한 재료들 중 일부이다. 강한 고체의 몇 가지 대표적인 예는 아래와 같다.

(1) 철 휘스커: $\sigma_{exp} \approx 12.6$ GPa
(2) Patented 강 와이어: $\sigma_{exp} \approx 3\text{-}4$ GPa
(3) 가장 강한 벌크 강: $\sigma_{exp} \approx 2$ GPa (Maraging 강)

대부분의 강들은 MPa 범위의 강도를 가지는 것을 감안하면 상당히 강한 금속임을 알 수 있다. 그림 3-2에서 인장 강도(tensile strength)를 기준으로 강한 재료를 비교하여 나타내었다.

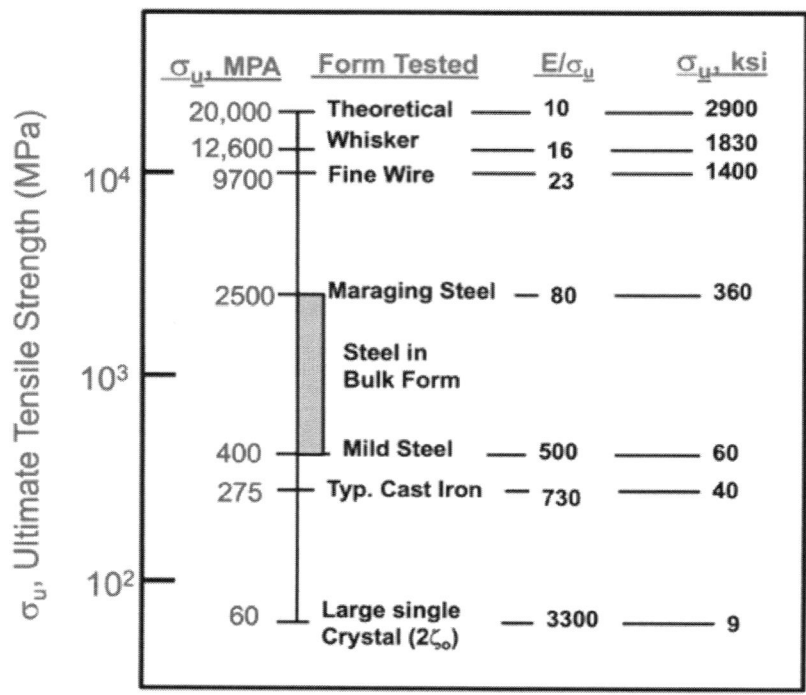

그림 3-2. 재료의 인장 강도의 비교

재료가 최고 강도를 달성할 수 있는 다른 방법은 결함들을 많이 만들어 서로 간섭하게 하는 것이다. 결함들의 상호 간섭을 이용한 주요 강화 기구의 원리에는 냉간 가공에 의한 경화, 석출 경화, 고용체 경화 및 변태 경화 등과 같이 전위의 이동을 방해하는 것에 있다. 재료를 강하게 하는 일반적인 규칙으로서 결정에서의 강화는 이동성을 가진 전위의 움직임을 제한하는 것에 결과라고 볼 수 있다. 즉, 일반적으로 우리는 다음과 같은 방법으로 전위의 움직임을 제한할 수 있다.

(1) 결합 유형(bond type): 재료의 선택으로 가능하다.
(2) 전위-전위 상호작용(dislocation-dislocation interactions): 가공 경화(work hardening)가 이것의 결과로 나타난 현상이다.
(3) 결정립 경계(grain boundaries): Hall-Petch 관계가 이것과 전위와의 상호작용으로 나타난 결과이다.

(4) 용질 원자(solute atoms): 고용체 경화(solid solution hardening)가 이것과 전위의 상호작용으로 나타난 결과이다.

(5) 석출물(precipitates) 또는 분산된 입자(dispersed particles): 석출 경화(precipitation hardening) 또는 분산 경화(dispersion hardening)이 이것들과 전위와의 상호작용의 결과이다.

(6) 상 변화(phase changes): 변태 경화(transformation hardening) 또는 인성화(toughening)가 이것에 해당한다.

표 3-1은 재료의 결합이 강도에 어떻게 영향을 주는지 잘 설명해 주고 있다.

표 3-1. 재료의 결합이 강도에 미치는 영향

How Does Bonding Influence Strength?

Weaker ← Strength/Hardness → Stronger

Close-packed metals	Other Metals	Ionic Solids	Intermetallics	Covalent Solids
Bonds are essentially non-directional	Bonds are somewhat directional	Bonds are non-directional but slip due to electrostatic attraction between unlike ions	Bonds are directional	Bonds are very directional
Dislocation motion is easy	Dislocation motion is relatively easy, but strongly dependent on temperature	Dislocation motion is difficult	Dislocation motion is difficult	Dislocation motion is difficult
FCC Metals i.e., Al, Ni, Ag, etc	BCC metals i.e., Mo, Nb, W, Fe, etc..	NaCl, CsCl, etc	NiAl, TiAl, Ni$_3$Al, etc	Diamond, Al$_2$O$_3$, SiC, Si$_3$N$_4$, etc.

Stronger bonds lead to higher resistance to dislocation motions

우리는 재료의 강도를 증가시키기 위해 무엇을 해야 할지 고민해 보자. 일반적인 방법으로는 앞서 언급했듯이 결정에 대해 할 수 있는 한 가지 간단한 방법은 전위들의 이동 경로에 장애물을 배치하여 응력이 전위들을 이동시키기에 충분해질 때까지 전위들의 움직임을 느리게 하거나 완전히 이동하지 못하게 하는 것이다.

비결정(non-crystalline) 재료에서는 다른 방법을 사용해야 한다. 좀 더 구체적으로 설명해 보겠다. 전위들은 결정 격자를 왜곡시킨다. 여러 가지 장애물도 결정 격자를 왜곡시킬 수 있다. 두 가지 모두에서 발생하는 응력(즉, 왜곡(distortion))장은 서로 상호 작용하여 v(전위 속도)를 줄인다. 이는 실제로 재료가 "유동(flow)"(즉, 유동응력의 증가)을 일으키기 위해 필요한 응력을 증가시키며, 이는 결과적으로 재료의 "강도(strength)"를 증가시킨다.

강화를 위한 일반 모델을 고려해 보자. 그림 3-3에서와 같이 무작위로 배열된 장애물이 있는 슬립면을 고려해 보자. 이 시점에서 장애물이 무엇인지는 중요하지 않다.

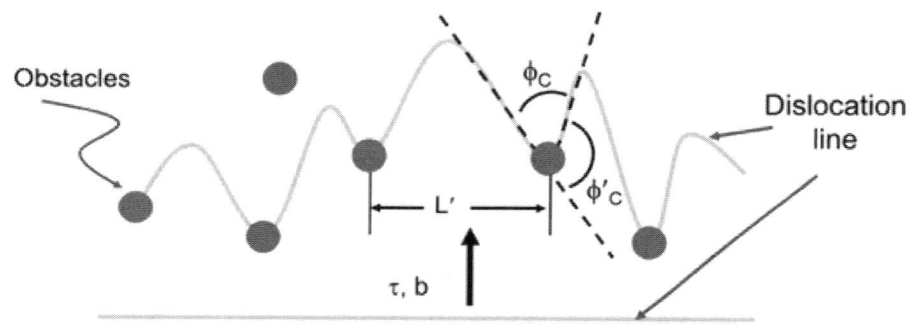

그림 3-3. 전위 선과 장애물 간에 상호작용

여기서 L' = 유효 장애물 간격(effective obstacle spacing), ϕ_c = 전위가 장애물에서 벗어나기 전에 구부러지는 임계 각도(critical angle), $\phi'_c = \pi - \phi_c$에 해당한다. 장애물 배열을 통해 전위를 이동시키기 위해 추가 "일(work)"이 필요하다. 이것은 "유동(flow)"을 일으키기 위한 더 높은 응력의 결과를 만들어 낸다. 증가시키면 선장력이 증가하여 휨(bowing)이 증가하고 휨 각도(ϕ)가 감소한다.

충분히 높은 수준에 도달하면, ϕ가 ϕ_c로 접근하고 장애물로부터 "탈출(break free)"할 수 있다. 위의 기하학적인 구조에 힘의 균형을 적용하면, 임계 탈출 응력(critical breakaway stress) τ는 다음과 같이 유도된다.

$$\tau = \frac{Gb}{L'} cos\left(\frac{\phi_c}{2}\right), \quad L' \geq L \tag{3-6}$$

우리는 전위의 이동을 방해하는 장애물의 강도에 따라 τ를 정의할 수 있다. 즉, "강한(strong)" 장애물은 전위 이동을 저항하는 반면에, "약한(weak)" 장애물은 전위 이동에 거의 저항을 제공하지 않는다. 강한 장애물에 경우에는 ϕ_c가 0°에 접근하고 L' = L = 평균 장애물 거리(mean obstacle spacing)의 관계를 보인다. 그러나, 약한 장애물의 경우에는 ϕ_c가 180°에 접근하고 L' ≫ L의 관계를 보인다. 이런 거동을 그림 3-4에 비교하여 나타내었다.

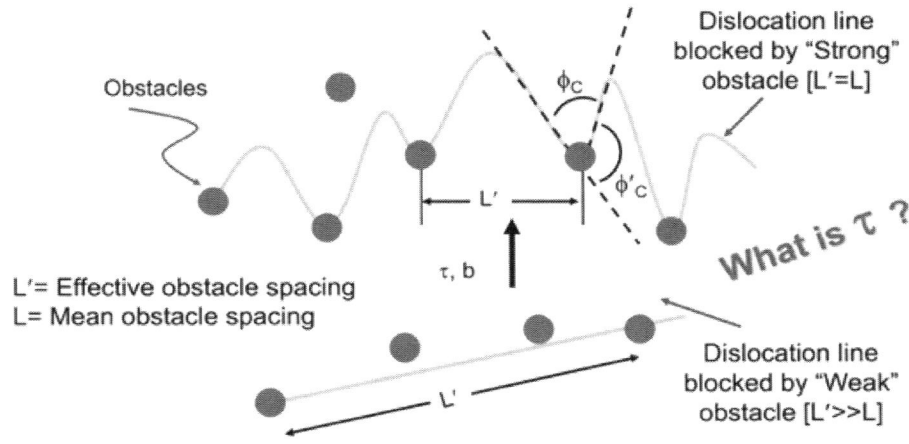

그림 3-4. 전위 선과 장애물 간에 상호작용에 미치는 장애물 강도의 영향

최대 강화(maximum strengthening)은 아래의 조건을 만족하는 경우에 발행할 수 있다.

$$\phi_c = 0 \ and \ L' = L \ \rightarrow \ \tau_{max} = \frac{Gb}{L} \tag{3-7}$$

장애물이 적당히 강할 때에는 아래의 식을 따르는 경향이 있다.

$$\phi_c > 0 \quad \tau = \frac{Gb}{L} cos\left(\frac{\phi}{2}\right) \tag{3-8}$$

장애물이 약할 경우에는 아래와 같이 Friedel 관계로 알려진 식을 따르는 경향이 있다.

$$\phi_c \rightarrow 180^o \quad and \quad L' = \frac{L}{\sqrt{cos(\phi/2)}}, \quad \tau = \frac{Gb}{L}\left[cos\left(\frac{\phi}{2}\right)\right]^{3/2} \tag{3-9}$$

전위 이동에 미치는 장애물들의 종류에 대해서 알아보자. 강한 장애물의 예로 다른 전위들(other dislocations), 결정립 경계들(grain boundaries), 상 경계들(phase boundaries), 비변형 입자들(non-deforming particles) 등이 있다. 또한, 약한 장애물의 예로는 고용체 원소들(solid-solution elements), 기공들(voids), 변형 가능한 입자들(deformable particles) 등이 있다.

3-3. 가공강화

소성 변형 중에는 전위 밀도가 증가한다는 것에 대해서 이전에 논의한 바 있다. 이런 전위 밀도의 증가는 결국 가공경화(work hardening)를 초래한다. 전위들은 서로 상호 작용하며 다른 전위의 이동을 제한하는 배열을 가질 수도 있다. 전위 밀도가 증가함에 따라 그 상황은 더욱 심각해져서 유동 응력을 증가시킨다[4,5,6]. 전위들은 이동하는 전위들 사이에서 발생하는 상호 작용의 유형에 따라 "강한" 또는 "약한" 장애물일 수 있다. 그림 3-5는 전위의 이동을 방해하는 전위들의 배열들을 보여주고 있다.

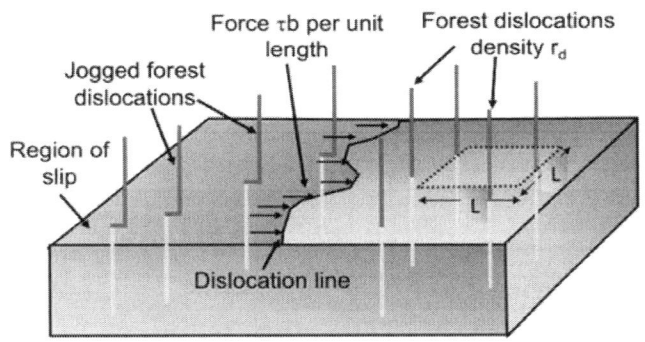

그림 3-5. 전위 이동을 방해하는 전위들의 가능한 배열

가공 경화에 대해 제대로 논의하기 위해서 먼저 그림 3-6에 보여진 단결정의 소성 변형을 고려해 보자. 소성 변형은 임계 응력인 임계 분해 전단 응력(CRSS)에서 시작된다. Taylor-Orowan식의 유도를 상기하면, 이 응력은 특정 슬립계에서 전위가 움직이기 시작할 때와 동일한 응력이라는 것을 기억하자. 그리고 그 식은 아래와 같이 표현이 가능하다.

$$\tau_{CRSS} = \sigma_{yx} \cos\phi \cos\lambda \tag{3-10}$$

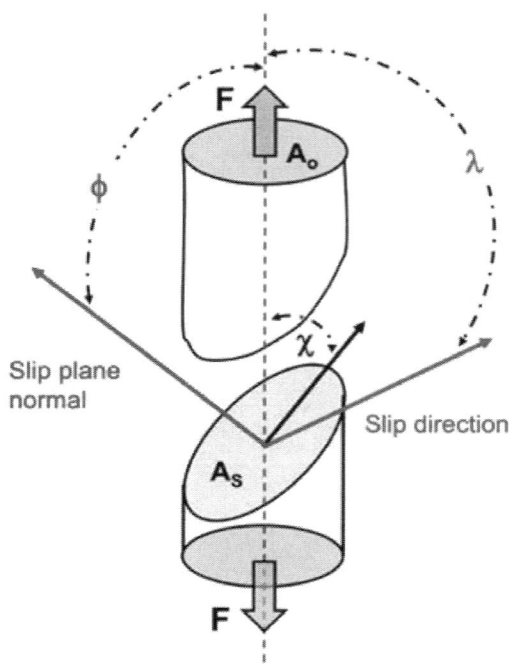

그림 3-6. 단결정의 소성변형 거동을 설명하기 위한 모델

이제부터 단결정의 변형에 대해서 생각해 보자. 아래 그림 3-7에는 한 개의 슬립 계(즉, 단일 슬립)에서 슬립이 일어나도록 배향된 단결정에 대한 특징적인 대곡선을 나타내었다. 이 그림을 통해 단결정의 변형 거동을 가공경화 거동에 근거하여 세 단계로 세분화할 수 있음을 확인할 수 있다.

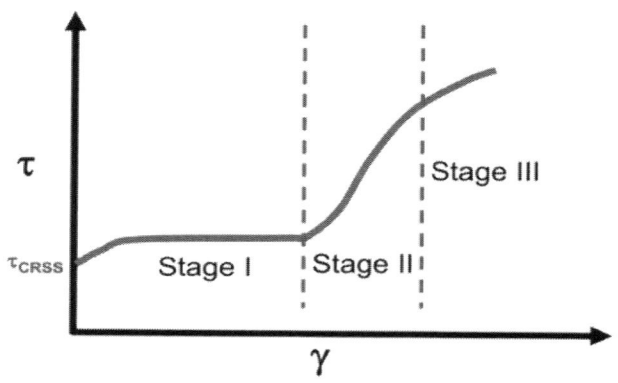

그림 3-7. 단결정의 가공 경화 특성

우선 용이 활주(easy glide)로 알려진 제1단계(stage I)에서는 항복 후에 소성 변형을 위한 전단 응력이 거의 일정한 것을 알 수 있다. 거의 또는 전혀 가공 경화가 발생하지 않는다. 이 단계에서는 단일 슬립계가 작동할 때의 특징을 보이고 있다고 말할 수 있다. 매우 적은 전위들의 상호작용으로 용이 활주가 가능한 것이다. 다뤄져야 할 것은 전위들의 응력장들 간의 상호작용뿐인 것이다. 이전에 언급했던 것과 같이 활성 슬립계(active slip system)는 최대 Schmid 계수를 가진 것으로 예상할 수 있다. 단계 I에서 발생하는 용이 활주에 대해 개념적인 설명은 다음과 같다. 평행한 슬립면에서 움직이고 있는 전위 배열을 생각해 보자. 개념적 목적으로 우리는 칼날 전위를 사용할 것이다. 칼날 전위들은 슬립면 위에서 압축 응력장을 가지고 아래에서는 인장 응력장을 가진다. 이런 응력장들은 변형의 초기 단계에서 상호 작용하여 "약한" 항력(drag) 효과를 일으킨다. 이를 활주를 방해하는 마찰력으로 생각하자. 이 마찰 효과는 전위 밀도가 증가함에 따라 증가할 것이다. 이런 거동을 그림 3-8에 도식적으로 표현하였다.

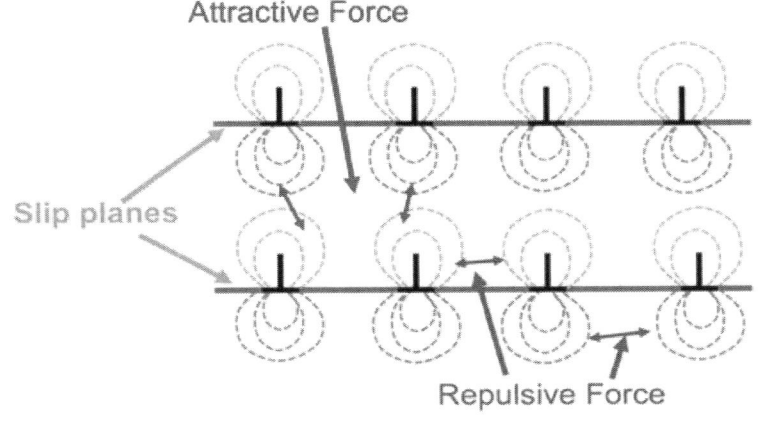

그림 3-8. 전위들 사이의 상호 작용

이것이 우리가 이전에 논의한 전위 배열 및 슬립을 위한 Peierls-Nabarro 모델과 어떻게 관련이 있는지 생각해 보아야 할 필요가 있다. 단계 I에서 전위들은 "약한"" 장애물임을 명심하자. 다음은 그림 3-7에서 보여주고 있는 제2단계(stage II)에서 소성 변형 거동을 생각해 보자. 단계 II에서는 선형 경화(linear hardening)이 발생한다. 소성 변형을 계속하기 위해 필요한 τ가 증가하기 시작한다. 이 증가는 대략 선형적이기 때문에 "선형 경화"로 언급된다. 이 단계는 다중(multiple) 슬립계에서 슬립이 발생할 때 시작된다. 교차하는 면(intersecting planes) 상에서 움직이는 전위들 사이의 상호 작용으로 인해 가공경화 속도가 증가한다. 이것은 조그들(jogs)과 Lomer-Cottrell Locks 등과 같은 다른 고착된 전위들(sessile dislocations)의 배열을 발생하게 한다. 그림 3-7에서 보여주고 있듯이 단계 III에서는 포물선형 경화(parabolic hardening)이 특징이다. 교차 슬립(cross slip) 정도의 증가로 인해 가공경화 속도가 감소하는 것을 확인할 수 있다. 그 결과 "포물선형 경화"가 발생하고 그 결과 가공경화 곡선은 포물선 모양을 보이게 된다. 참고로 다결정의 소재는 항복이 발생한 후 대부분이 단계 III로 바로 진입하게 되는데 그 이유에 대해 각자 고민해 보자.

단계 II에서는 전위의 엉킴(tangles)("숲 전위(forest dislocations)")이 전위의 이동에 강한 장애물을 만든다. 전위의 이동이 정지된(immobile) 전위 세그먼트의 형성으로 이어질 때 엉킴이 형성된다. 이 세그먼트들은 다른 전위들이 자유롭게 움직이는 것을 방해한다. 가공경화는 아래 식으로 표현되는 전위 밀도에 크게 의존한다.

$$\rho_\perp \propto \frac{\perp \ line \ length}{unit \ volume} = \frac{L}{L^3} = \frac{1}{L^2} \tag{3-11}$$

전위들 간 평균 분리 거리는 다음과 같이 표현 가능하다.

$$\bar{L} = \frac{constant}{\sqrt{\rho_\perp}} \tag{3-12}$$

상호 작용은 정지된 전위 배열을 만들어 낼 수 있다. 예를 들어, 조그와 정지된(sessile) 전위 잠금(locks)(예: Lomer 또는 Lomer-Cottrell locks)이 있다. 일반 강화 법칙을 상기해 보면 아래 식을 유도할 수 있다.

$$\tau_{max} = \frac{Gb}{L} \tag{3-13}$$

위 식에 L을 대입하면 전단 유동 응력을 다음과 같이 표현할 수 있다.

$$\tau = \tau_o + \alpha Gb\sqrt{\rho_\perp} \tag{3-14}$$

여기서 τ_0 = 전위가 없는 재료의 고유 유동 강도, α = 상수 (FCC의 경우 0.2, BCC의 경우 0.4)에 해당한다. 이제 가공 경화로부터 유도된 강화 증분은 다음과 같이 근사할 수 있다[1].

$$\Delta \tau_\perp = \alpha G b \sqrt{\rho_\perp} \ \ or \ \Delta \sigma_\perp = M\alpha G b \sqrt{\rho_\perp} = k_\perp \sqrt{\rho_\perp} \tag{3-15}$$

이 식에서 M은 Taylor factor이며, G는 E로 변환해야만 한다.

전위 미세구조는 ε_p와 전위 밀도의 함수로서 표현이 가능하다. 낮은 변형률에서는 전위 조직은 다소 무작위한 반면에, 높은 변형률에서는 조밀한 엉킴과 "셀(cellular)" 구조가 형성된다. 단결정의 가공경화 2단계 끝부근에서 형성되는 것이 여기에 속한다고 할 수 있다. 셀의 경계에는 높은 전위 밀도를 가지고 셀 내부에는 낮은 전위 밀도를 갖는다. 이런 이유로 셀들은 아결정립 (subgrains)이라고 불리기도 한다. 그렇다면 왜 그것들은 이렇게 형성되는가에 의문을 가져보는 것도 좋을 것 같다[7]. 그렇다면 강도는 여전히 전위 밀도에 비례한다고 주장할 수 있을까에 대해서도 고민해 볼 필요가 있다. 그림 3-9에 변형률의 함수로 전위 구조의 변화를 나타내었다.

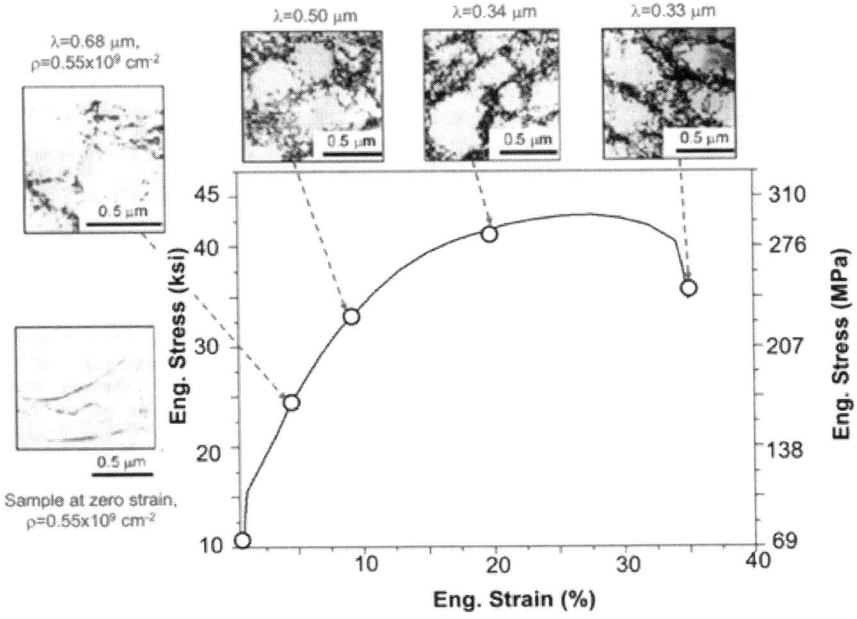

그림 3-9. 변형률이 증가함에 따라 전위 구조의 변화 양상

3-4. 결정립 크기 경화소개

다결정 소재에서 결정립 사이의 불일치 각이 존재한다. 이런 결정립 간 불일치 각은 변형중에 슬립면이 두 결정립에서 서로 일치하지 않아 전위의 이동에 방해를 주게 된다[4,6,8,9,10]. 그림 3-10은 결정립들간의 결정학적 방위의 차이를 보여주는 그림이다.

결정립계는 재료 내에서 전위의 운동을 방해함으로써 재료의 기계적 강도를 향상시키는 중요한 역할을 한다[11]. 이는 결정립계가 전위의 이동 경로를 차단하고, 이로 인해 재료가 더 큰 외부 하중에 저항할 수 있게 만들기 때문이다. 결정립계에 의해 관찰되는 강화의 정도는 결정립계 자체의 구조적 특성과 인접한 결정립들 사이의 방향성 불일치 정도, 즉 미소방향성에 의해 크게 영향을 받는다. 결정립계 강화 현상을 설명하기 위해 다양한 이론적 모델들이 제안되었으며, 이 중 대부분은 재료의 강화 메커니즘을 수학적으로 설명하는 Hall-Petch 관계식으로 귀결된다[12,13]. 이 관계식은 결정립의 크기가 작아질수록 재료의 강도가 증가한다는 경험적 법칙을 정량적으로 표현한 것으로, 재료 공학에서 널리 인정받는 중요한 원리이다.

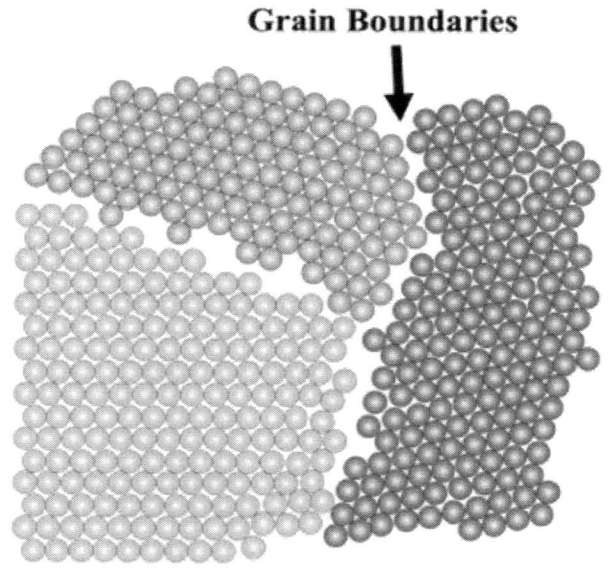

그림 3-10. 결정립들간의 결정학적 방위의 차이

원천(sources)에서 발생하는 전위들이 슬립면에 위치한 장애물에 접근할 때, 종종 쌓이는(pile up) 경향이 있다. 이러한 장애물로는 결정립계, 제이상(second phase), 고착 전위(sessile dislocation) 등의 미세조직학적 요소들이 포함된다. 결정립계는 두 개의 결정립 사이에 존재하는 경계를 의미하며, 제이상은 두 번째 상을 나타낸다. 고착 전위는 움직이지 않고 고정된 상태에서 존재하는 이동배열을 의미한다. 이러한 장애물에 쌓이는 전위들 중에서 맨 앞선 전위인 리드 이동배열은 적용된 전단 응력과 다른 전위로부터의 상호작용 힘인 백스트레스(back stress)에 영향을 받는다. 그림 3-11은 결정립 중심에 전위의 원천이 존재한다고 가정하고 전위들이 결정립계에서 쌓이는 상황을 묘사한 것이다. 따라서 전체 쌓인 전위들의 수는 아래의 식으로 표현된다.

$$n = \frac{k\pi\tau L}{Gb} \quad or \quad n = \frac{k\pi\tau D}{4Gb} \tag{3-16}$$

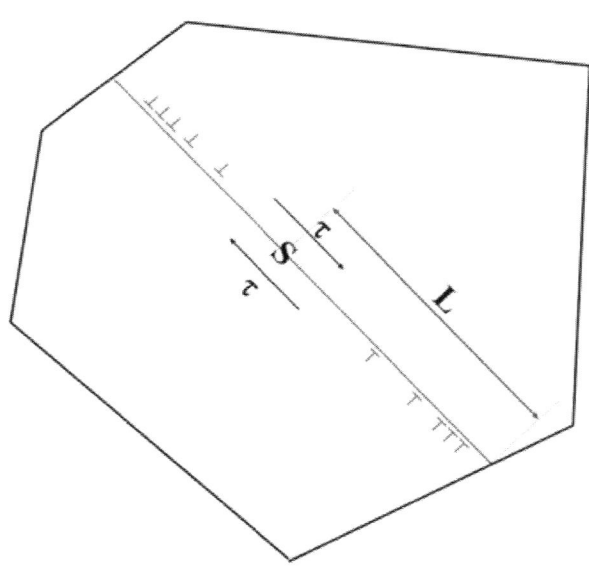

그림 3-11. 결정립계에서 전위들의 쌓임

여기서 나선 전위의 경우 k=1의 값을 가지고, 칼날 전위의 경우 (1-v)의 값을 가진다. 결정립계에 쌓인 전위에 작용하는 전단응력은 간단하게 아래와 같이 표현이 가능하다.

$$\tau \ (lead \ dislocation) \cong n\tau \tag{3-17}$$

그림 3-12과 같이 중심에 한 개의 이동배열 원천 (S)을 포함하는 결정립을 고려해 보겠다. 개별 결정립 내에서 발생한 점 원천 (예: Frank-Read 원천)에서 방출된 이동배열들은 슬립면을 따라 결정립 경계로 향하는 동안 격자 마찰 응력 τ_0 (즉, Peierls 응력)을 경험하게 된다. 이러한 마찰 응력은 이동배열들이 결정립 경계를 향해 진행하는 동안 그들의 움직임을 제한하는 중요한 역할을 한다.

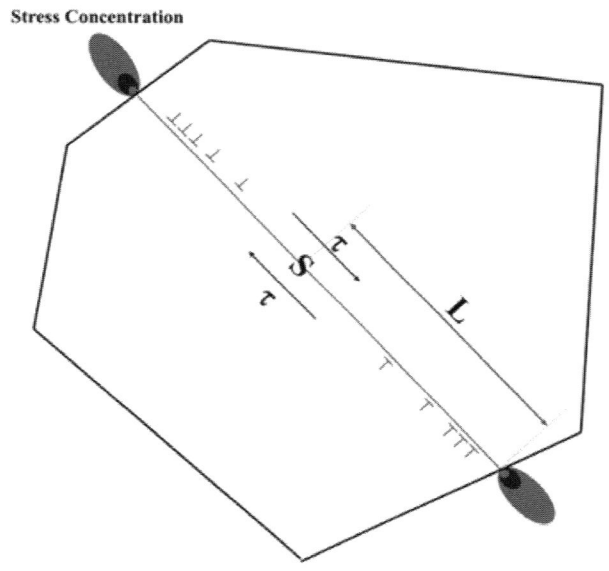

그림 3-12. 결정립내부 존재하는 점 원천에서 생성된 전위들의 이동

격자 마찰 응력은 적용된 전단 응력 $\tau_{appiled}$에 반대로 작용한다. 소성 변형에 기여하는 유효 전단 응력 τ_{eff} (즉, 전위위의 이동을 유발하는 응력)은 다음과 같이 주어진다.

$$\tau_{eff} = \tau_{applied} - \tau_o \tag{3-18}$$

결정립계로 인해 전위의 이동이 제한되므로, 전위들은 결 응력이 충분히 커져서 경정립계를 통과할 때까지 결정립계에서 쌓이게 된다. 이 모델에서 결정립계에서 작용되는 전단 응력은 아래와 같이 표현할 수 있다.

$$\tau_{gb} = \tau_{eff}\sqrt{\frac{D}{4r}} = (\tau_{applied} - \tau_o)\sqrt{\frac{D}{4r}} \tag{3-19}$$

여기서 D는 결정립 크기를 의미하며, r은 전위의 원천으로부터의 거리를 의미한다. 또한 $\sqrt{\frac{D}{4r}}$ 값은 선단에 놓인 전위에 미치는 응력 집중(stress concentration)을 나타낸다. 거시적인 항복 ($\tau_{applied} = \tau_{ys}$)이 τ_{gb}의 임계값에서 발생한다고 가정하면 작용된 전단 응력의 항으로 앞에 식을 아래와 같이 변경할 수 있다.

$$\tau_{applied} = \tau_o + \tau_{gb}\sqrt{\frac{4r}{D}} \tag{3-20}$$

τ_{gb}와 r은 본질적으로 상수이기 때문에 아래 식으로 단순화시킬 수 있다.

$$\tau_{ys} = \tau_o + k'_y D^{-1/2} \quad or \quad \sigma_{ys} = \sigma_o + k_y D^{-1/2} \tag{3-21}$$

아결정립(subgrains)은 작은 결정립과 유사하지만, 전통적인 결정립과는 다른 특성을 가지고 있다. 이로 인해 약간의 "결정립계 효과"가 나타난다. 이것은 다음으로 논의할 Hall-Petch 효과와 유사한 현상이다. 셀 경계(cell boundaries)를 횡단하는 것이 일반적인 결정립 경계를 횡단하는 것보다 더 쉬운 이유는 서로 다른 셀 간의 불일치 정도가 일반적인 결정립 간의 불일치 정도와 비교하여 매우 작기 때문이다. 아래 식은 아결정립에 의한 강도 증가를 나타낸 식이다.

$$\Delta\sigma'_{\perp} = \frac{k'_{\perp}}{\sqrt{s}} \tag{3-22}$$

여기서 k´은 셀 구조에 대한 전위 강화 계수(dislocation strengthening coefficient)를 의미한다. 이 계수는 H-P 상수보다 작은 값을 가진다. 여기서 s

는 평균 셀 지름을 나타낸다. 이와 마찬가지로 층상 구조(lamellar structure)에 대해서도 아래와 같이 유사한 식을 유도할 수 있다.

$$\Delta\sigma_\lambda \propto \frac{const.}{\sqrt{\lambda}} \tag{3-23}$$

여기서 λ는 층간 간격을 의미한다.

단일 상의 다결정 합금에서 전위 밀도가 인 경우, 가공경화 및 결정립 크기 경화로 인한 강도 증가량은 우리가 지금까지 유도한 몇 가지 항목을 대략적으로 합산하여 근사적으로 아래의 식과 같이 추정할 수 있다.

$$\Delta\sigma = \Delta\sigma_\perp + \Delta\sigma_{gb} + \Delta\sigma'_\perp = k_\perp\sqrt{\rho_\perp} + \frac{k_y}{\sqrt{D}} + \frac{k'_\perp}{\sqrt{s}} \tag{3-24}$$

물론 이 식은 다른 강화 기구의 가능성과 그들 사이의 잠재적 상호작용을 고려하지 않았다. 우리가 염두에 두어야 할 점은 다른 형태의 강화 기구가 발생 가능하며 이로 인해 강화에 대한 일반적으로 적용 가능한 식을 유도하는 데 상당한 어려움이 있다는 사실이다.

3-5. 고용체 강화

고용체(solid solution)란 두 개 이상의 원소가 결합되어서 하나의 상태를 유지하는 미세 구조를 가리킨다. 이때, 비슷한 크기의 용질 원자들(즉, 용매 원자의 반지름에서 ±15% 내외)이 용매 원자들의 결정 격자 내에서 치환형 용질(substitutional solute)로서 점을 차지할 수 있는데, 이러한 형태를 치환형 고용체(substitutional solid solution)라고 한다. 반면에 용질 원자들이 용매 원자들보다 상당히 작은 경우(즉, 용매 원자의 반지름의 최대 57%까지), 이들은 용매 격자 내에서 침입형 용질(intetitial solute)로서 침입형 자리(intersitital sites)를 차지하게 되며, 이러한 유형의 고용체를 침입형 고용체(interstitial solid solution)라고 명명한다. 이 두 가지 고용체를 그림 3-13에 나타내었다 [11].

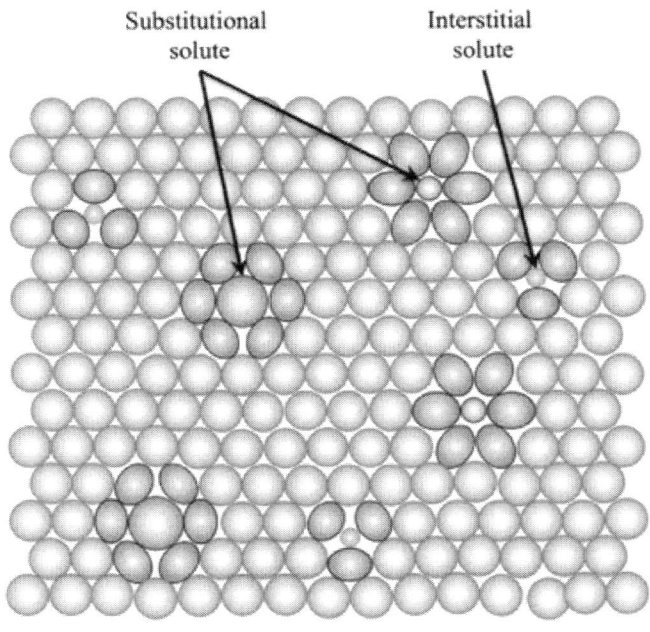

그림 3-13. 결정립들간의 결정학적 방위의 차이

용질 원자들의 응력장과 격자 내에 존재하는 전위들간에는 일련에 탄성,

전기 및 화학적 상호작용이 발생한다. 이러한 상호작용은 궁극적으로 순수한 금속보다 강한 합금을 만드는데 도움이 된다. 이러한 현상의 원리는 다음과 같다. 결정 격자 내의 불균일성(inhomogeneities)은 격자 내에서 응력장을 형성시킨다. 전위들은 이러한 응력장과 상호작용하며 이 상호작용의 유형은 강화 또는 약화의 정도를 결정한다. 일반적으로 용질 원자는 결정의 강도를 높이는 데 기여하지만, 특정 조건에서는 강도를 감소시킬 수도 있다. 이런 강화 현상은 주로 다음과 같은 이유로 발생한다. 먼저, 단범위 전위(short range dislocation)와 용질 간의 상호작용이 있으며, 또한 장범위 전위(long range dislocation)와 용질 간의 상호작용도 관여한다. 또한, 전위들은 슬립면 상, 슬립면 위와 슬립면 아래에 위치한 용질들과 상호작용한다. 가장 강한 상호작용은 슬립면 근처, 즉 전위 코어 근처에서 발생한다.

용질과 전위 간의 상호작용은 여러 가지 형태로 발생한다. 첫째, 탄성 상호작용(elastic interaction), 일반적으로 "크기 효과(size effect)"로 알려져 있으며 두 요소 간의 탄성 응력 및 변형률 차이에 기인한다. 둘째, 탄성 계수 상호작용(modulus interaction)은 두 요소의 탄성 계수간의 상호작용을 나타낸다. 이것은 두 요소가 결합하여 합금을 형성할 때 발생한다. 셋째, 적층 결함 상호작용(stacking fault interaction)은 격자 내의 결함들간의 상호작용을 설명하며, 격자 내에 적층된 결함들의 상호작용을 나타낸다. 넷째, 전기(electrical)(원자가(valence)) 상호작용(interaction)은 두 요소 간의 전기적인 상호작용을 의미하며, 이것은 전자 구조와 원자가에 영향을 받는다. 다섯째, 단범위 상호작용(short-range order interaction) 및 여섯째, 장범위 상호작용(long-range order interaction)은 결정 구조 내에서의 원자 순서나 배열에 따른 상호작용을 나타낸다. 고용체 강화는 주로 유형1과 유형2의 상호작용에 의해 지배된다. 이러한 유형1, 2 및 6의 상호작용은 "장범위" 상호작용으로, 온도 변화에 비교적 민감하지 않으며, 약 0.6~$0.7T_{mp}$까지 강한 영향을 미친다. 반면, 유형3, 4 및 5 상호작용은 "단범위" 상호작용으로, 낮은 온도에서 유동 응력에 강하게 기여하지만 높은 온도에서는 상대적으로 쉽게 극복된다. 이러한 상호작용은 고체 내의 결함과 결정 구조에 영향을 미치며, 합금의 강도와 기계적 특성을 조절하는 데 중요한 역할을 한다[4,6,8,14]. 그림 3-14에 용질원자의 크기에 따라 발생하는 크기 효과를 보여주고 있다.

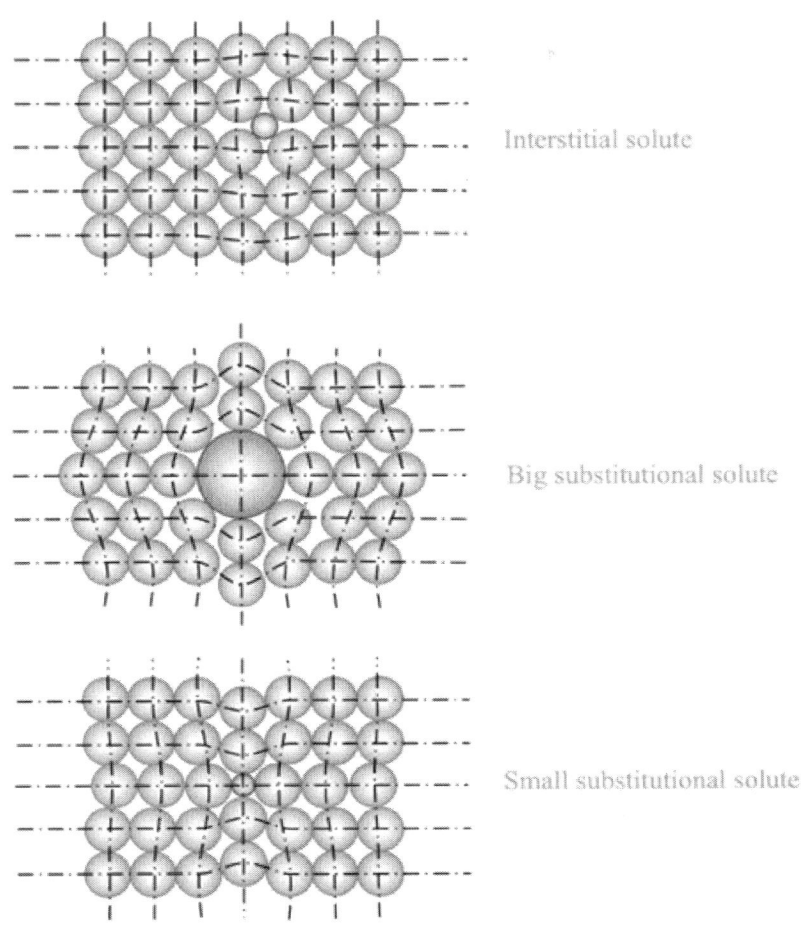

그림 3-14. 고용 강화에 크기 효과를 보여주는 예

용질 원자는 격자를 "늘리는(stretch)" 혹은 확장(dilate)하여 다양한 종류의 응력장을 형성한다. 응력장(stress field) 모양이 고체의 강도에 큰 영향을 미치는데, 결함 및 전위 주변에서 발생하는 응력장의 형태는 특히 중요하다. 치환형 용질은 일반적으로 격자를 균일하게 늘려서 용질 주변에 정수압(hydrostatic) (또는 "구형(spherical)") 응력장을 형성한다. 이러한 정수압 응력장은 전단 응력장에 비해 전위의 움직임에 대한 상대적으로 "약한" 장애물로 작용한다. 용질 원자 주변의 응력장은 전위 주변의 응력장과 상호작용한다.

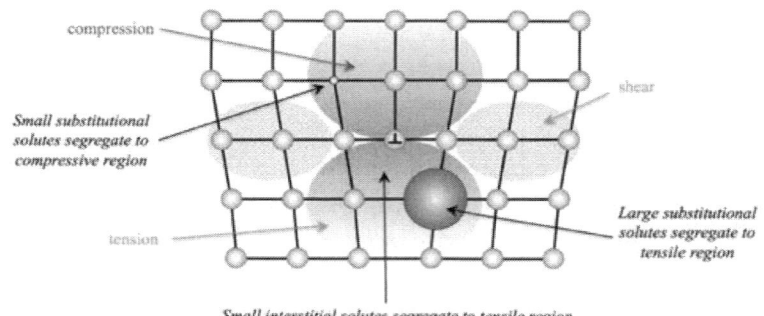

그림 3-15. 칼날 전위 주변에 응력장 및 용질원자와의 상호 작용

그림 3-15에서 보여주듯이 칼날 전위의 경우, 칼날 전위 상단 영역은 압축 상태에 있으며 전위 코어 아래 영역은 인장 상태에 있다. 팽창 응력장을 가진 용질 원자는 이러한 영역과 상호작용하여 변형을 상쇄시키고 계의 탄성 변형 에너지를 감소시킨다. 용질과 전위 간의 상호작용에는 인력과 반발력은 전위의 이동을 방해하여 강도를 증가시킨다. 용질은 결정의 변형 에너지를 감소시키기 위해 전위에 끌린다. 이로써 용질과 전위 간에 결합 에너지가 발생한다. 전위는 용질에서 "해방(break free)"되기 위해 충분한 에너지를 가지지 못하거나 가질 때까지 그림 3-16에서와 같이 용질을 끌어야(drag) 한다. 정수압 (즉, 팽창) 응력장은 다른 정수압 응력장과 상호작용한다(즉, 압축 및 팽창 영역이 다른 압축 및 팽창 영역과 상호작용함). 전단 응력장은 다른 전단 응력장과 상호작용한다. 이것은 전위와의 상호작용과 관련하여 어떤 의미를 가질지 각자 고민해 보자.

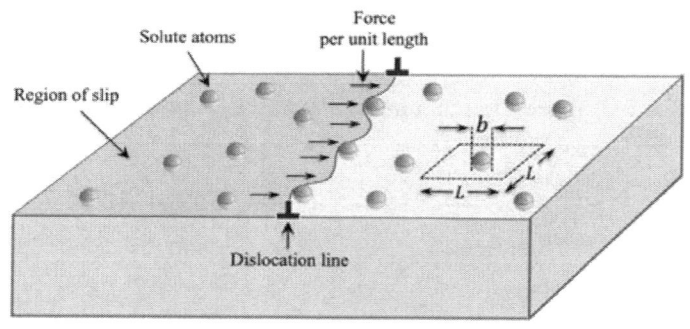

그림 3-16. 이동하는 전위와 용질원자와의 상호 작용

전위 주변에 변형장을 전위 타입에 따라 확인해 보자. 그림 3-17(a)에 나타낸 칼날 전위의 경우에는 전단 변형은 Burgers 벡터와 평행하고, 정수압 변형은 b×ξ 와 평행하다. 그림 3-17(b)에 나타낸 나선 전위의 경우에는 전단 변형은 Burgers 벡터와 평행하고, 정수압 변형은 존재하지 않는다.

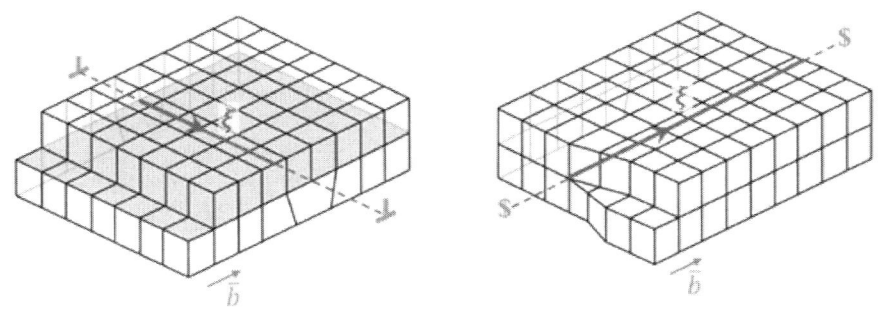

그림 3-17. (a) 칼날 전위 (b) 나선 전위

용질 원자의 주변에는 어떤 유형의 응력장이 발생하는지 알아보자. FCC 격자에서는 치환형 용질의 경우에는 팽창(정수압) 변형률이 발생하며, 침입형 용질의 경우에도 팽창(정수압) 변형률이 발생한다. BCC 격자에서는 치환형 용질의 경우에는 팽창(정수압) 변형률이 발생하나, 침입형의 용질의 경우에는 찌그러짐(distortional) 변형률이 발생한다. 이 성분은 비대칭적인 것이 특징이다. 서로 다른 격자 내부에서 용질과 전위 간에 예상되는 상호 작용은 무엇인지에 대해 고민해 보자. 칼날 전위의 응력 상태는 아래 행렬로 표현할 수 있다.

$$\begin{bmatrix} \sigma_{xx} & \tau_{xy} & 0 \\ \tau_{yx} & \sigma_{yy} & 0 \\ 0 & 0 & \sigma_{zz} \end{bmatrix} \tag{3-25}$$

나선 전위의 응력 상태는 아래 행렬로 표현할 수 있다.

$$\begin{bmatrix} 0 & 0 & \tau_{xz} \\ 0 & 0 & \tau_{yz} \\ \tau_{zx} & \tau_{zy} & 0 \end{bmatrix} \tag{3-26}$$

위에 전위의 응력 상태로부터 FCC 격자에서는 나선 전위는 용질 원자들과는 미미하거나 상호 작용을 하지 않는다. 그러나 칼날 전위의 경우에는 두 유형의 용질 원자들과 강한 상호 작용을 한다는 것을 알 수 있다. BCC 격자에서는 칼날 전위는 두 유형의 용질 원자들과 강한 상호 작용을 한다. 나선 전위의 경우에는 침입형 원자들과는 강한 상호 작용을 하는 것이 가능하자 치환형 용질과는 상호 작용을 하지 않는다. HCP 격자에서는 어떤 용질들이 가장 잠재적으로 강도에 미치는 것일지 고민해 보자.

외부 원자들은 일반적으로 기지 원자와 다른 전단 탄성 계수(shear moduli)를 가지므로 주변의 기지 격자에 추가 응력장을 가한다. 탄성 계수 상호작용(modulus interactions)은 용질 원자의 존재가 결정의 국부적인 탄성 계수를 변경하는 경우 발생한다. 용질 원자의 전단 탄성 계수가 용매보다 작은 경우 (즉, $G_{solute} < G_{solvent}$), 전위 주변의 응력장의 에너지가 감소하게 되며 (즉, 탄성 변형 에너지가 감소함), 이로 인해 용질과 전위 간에 인력이 발생하게 된다. 이러한 상호작용은 칼날 및 나선 전위에 모두 적용된다. 크기와 탄성 계수 효과는 Fleischer의 몇몇 고전 논문에서 자세히 설명되어 있다[1,2,3]. 결국에는 고용체 강화의 효과는 외부 원자와 기지 원자 간의 크기 불일치와 탄성 계수 불일치에 의존한다. 격자 불일치 변형률(lattice misfit strain)은 용질 단위 농도 당 격자 매개변수의 국부적인 변화에 비례하며 다음과 같이 표현할 수 있다.

$$\varepsilon_{lattice} = \frac{1}{a}\frac{da}{dc} \tag{3-27}$$

여기서 a는 용질의 격자 매개변수이고 c는 용질의 농도에 해당한다.

탄성 계수 상호작용을 설명하는 식도 유사하며 다음과 같이 표현할 수 있다.

$$\varepsilon_{modulus} = \frac{1}{G}\frac{dG}{dc} \tag{3-28}$$

탄성 계수 상호작용 에너지는 $\varepsilon_{modulus}$의 부호에 따라 양수 또는 음수가 될 수 있다. 격자 및 탄성 계수 불일치에 의한 총 변형률 (ε_s)은 Fleischer에 의해 다음과 같이 표현하였다.

$$\varepsilon_{modulus} = \frac{1}{G}\frac{dG}{dc} \tag{3-28}$$

$$\varepsilon_s = |\varepsilon'_{modulus} - \beta\varepsilon_{lattice}| \tag{3-29}$$

여기서 $\varepsilon'_{modulus}$은 아래와 같이 표현할 수 있다.

$$\varepsilon'_{modulus} = \frac{\varepsilon_{modulus}}{\left(1 + \frac{1}{2}|\varepsilon_{modulus}|\right)} \tag{3-30}$$

이 방정식에서 $\varepsilon_{modulus}$ 및 β는 항상 양수이다. $\varepsilon'_{modulus}$는 "soft" 원자(크기 및 탄성 계수 효과가 강화되는 경우)의 경우 음수이며 "hard" 원자의 경우 양수이다. 는 소성 유동 중에 나선 및 칼날 전위의 중요성과 관련된 경험적 매개변수에 해당한다. 일반적인 강화를 위한 식에 고용체 강화를 관련시킬 수 있다. L을 유효 장애물 간격(effective obstacle spacing)과 같다고 정의하면 용질 원자의 유동 강도 증가는 다음과 같이 표현할 수 있다.

$$\tau = \frac{F_{max}}{bL'} \tag{3-31}$$

이 방정식에서 F_{max}는 Gb^2에 비례한다. "강한" 장애물 (즉, tetragonal 격자 왜곡을 유발하는 것들)의 경우에는 아래와 같이 근사할 수 있다.

$$F_{max} \cong \frac{Gb^2}{5} \text{ to } \frac{Gb^2}{10} \tag{3-32}$$

"약한" 장애물 (즉, 구형 격자 왜곡을 유발하는 것들)의 경우에는 아래와 같이 근사할 수 있다.

$$F_{max} \cong \frac{Gb^2}{130} \tag{3-33}$$

Tetragonal 결함의 경우에는 고용체 강화는 아래와 같이 표현할 수 있다.

$$\tau_{TET} \cong \gamma Gb\left(\frac{\sqrt{c}}{b}\right) = \gamma G\sqrt{c} \qquad (3\text{-}34)$$

$$\tau_y = \frac{G\varepsilon_s^{3/2}\sqrt{c}}{700} \qquad (3\text{-}35)$$

이는 $c^{1/2}$ 종속성을 보이는 재료의 예가 이전에 제공되었다. 대부분의 고용체 물질에서 크기와 탄성 계수 효과가 강화를 지배한다.

어떤 재료에서는 화학 및 전기적 요인도 중요하게 작용한다. 이온성 고체에서는 용매와 다른 원자가를 가진 용질 원자를 추가하면 전자 전하 분포(electronic charge distribution)와 에너지가 변경되어 전위와의 상호작용을 유발시킨다. 단원이온 결정(monovalent crystal)에 이원이온(divalent ion)을 첨가하면 tetragonal 격자 왜곡이 발생하고 불순물과 전위를 구성하는 이온과의 중요한 전기적 상호작용(electrical interactions)을 유발시킬 수 있다. Tetragonal 격자 왜곡은 일반적으로 강화의 가장 큰 성분을 제공한다[1,15]. 그림 3-18은 tetragonal 격자 왜곡의 예를 보여주고 있다. 왼쪽에 있는 그림은 BCC 격자 내부에 존재하는 침입형 원자를 보여주고 있다. 침입형 원자는 결정 구조의 왜곡이 발생하지 않고 격자 내부에 존재하기 어렵다. 그 결과 z축으로 용매 원자들의 변위를 발생시키고 결과적으로 tetragonal 왜곡을 유발시킨다. 오른쪽에 있는 그림은 monovalent 이온 고체 내부에 divalent 이온과 positive 이온 공공을 보여준다. Divalent 이온과 그것과 관련된 공공은 서로 접근하여 이완(relax)한다. 이것 또한 tetragonal 왜곡을 발생시킨다. 여기서 화살표는 원자와 이온들의 왜곡에 대응하여 움직이는 방향을 나타낸다. Tetragonal 결함들은 전위 활주에 강한 장벽의 역할을 한다. 치환형 원자들은 구형 또는 균일한 격자 변형을 유도하기 때문에 약한 장애물이 된다.

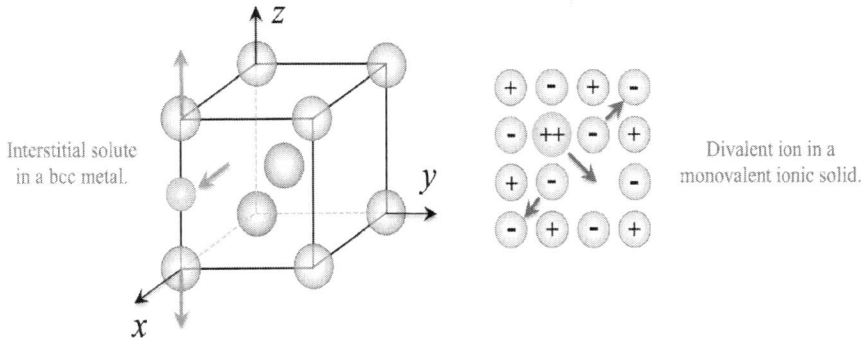

그림 3-18. Tetragonal 격자 왜곡의 예

Tetragonal 왜곡의 예를 더 알아보자. BCC 격자에 8면체(octahedral) 침입형 자리를 고려하자. 그림 3-19에서 보여주듯이 이 자리의 크기는 <100> 방향으로 충분하지 않다 (예를 들어 Fe에서 <110> = 1.56 Å 인 반면 <100> = 0.38 Å 임). 탄소 원자는 직경이 1.54 Å 이기 때문에 탄소에 의해 유도되는 변형률은 대칭이지 않을 수 있다. 이런 격자의 왜곡의 결과 BCC 철에 존재하는 탄소 원자들은 심지어 순수한 나선 전위들에게도 인력이 발생하게 된다. 이런 경향은 상당한 효과를 만들어 낸다.

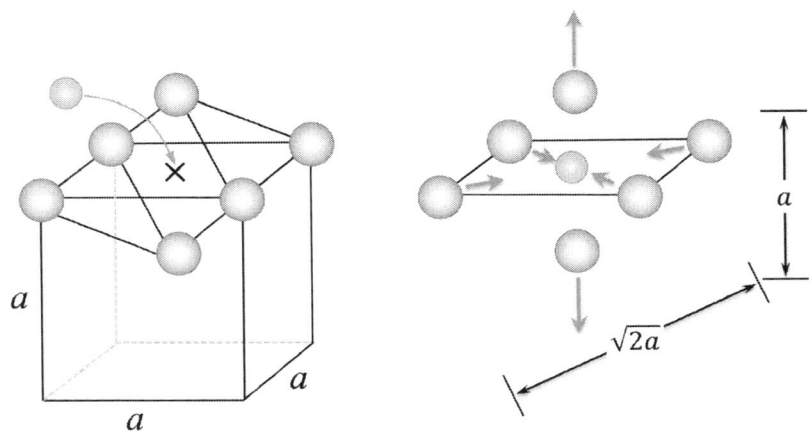

그림 3-19. Tetragonal 격자 왜곡의 예

3-6. 상부 항복점과 변형 시효

용질에 의한 상부 항복점 형성에 관해 공부해 봅시다. 항복점(yield point) 형성을 위한 Cottrell-Bilby 모델에 대해 알아보자(즉, 용질 확산). 용질 원자는 일반적으로 전위 근처의 왜곡된 영역에 우선적으로 편석되어 전체 탄성 변형을 최소화할 수 있도록 한다(즉, 용질은 그들의 존재로 인한 격자의 왜곡을 최소화하는 위치로 이동함). 이러한 용질의 편석으로 인해 용질 원자는 일반적으로 전위의 응력장에서 축적되어 그림 3-20에서와 같이 용질 원자 분위기를 형성하게 된다[4,6,8,16].

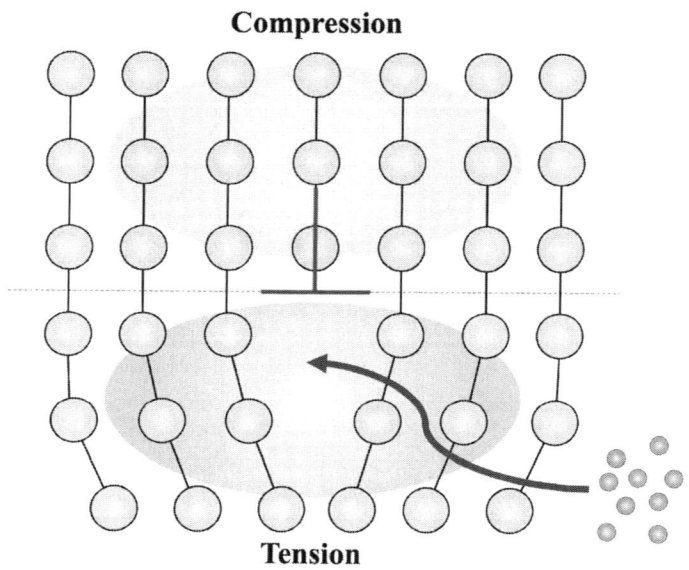

그림 3-20. 전위 주위에 용질 원자의 분위기 형성

고온에서 확산 과정이 더 중요해지게 되면 용질 원자의 이동성이 증가하게 된다. 이런 조건에서 용질 원자들의 분위기는 최소 에너지 상태를 유지하기 위해 전위선과 함께 이동할 수 있다. 그림 3-21은 전위 선에 편석된 용질 원자를 보여주고 있다. 특정 온도-변형률 속도 범위 내에서 용질의 확산은 전위 움직임을 제한하며, 전위는 용질 분위기를 끌어야(drag) 하므로 전위 움직임이 제한된다. 이렇게 끌어당기는 응력(drag stress)은 전위 속도와 직접적으로 관련되며, 용질 분위기는 전위에 비해 뒤처지는(lag behind the dislocations) 경향이 있어 전위 움직임을 늦춘다. 전위 움직임은 작용된 응력이 용질 분위기로부터 전위를 해방시키기에 충분히 커질 때까지 제한될 것이다.

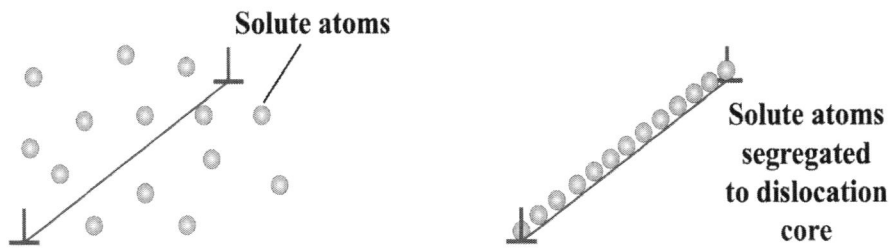

그림 3-21. 전위 주위에 편석된 용질 원들

용질 분위기로부터 전위들의 해방(breakaway)은 사실상 가동 전위(mobile dislocations) 밀도 (ρ_m)의 급격한 증가와 유사하다. 가동 전위들은 전위 밀도가 일반적인 가공경화가 발생하기에 충분히 높아질 때까지 상당한 응력의 증가 없이 자유롭게 이동할 수 있다. ε이 증가하면서 응력은 일정한 범위에서 상대적으로 일정한 상태로 유지하게 된다. 이 범위에서 뤼더스 밴드(Lüders bands)를 종종 관찰할 수 있다. 뤼더스 밴드는 국부적인 슬립이 발생하는 불균일 변형 영역에 해당한다. 일단 한번 형성되면 이것들은 시편 전체를 통과하여 전파한다. 그림 3-22(a)에서 인장 시편에서 뤼더스 밴드의 형성을 보여준다. 그림 3-22(b)는 인장 변형 후 mild 강의 판재에서 실제 관찰된 뤼더스 밴드를 보여준다.

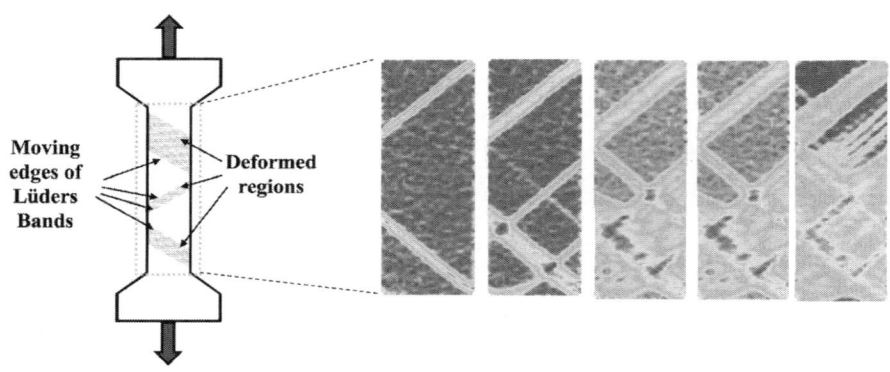

그림 3-22. 인장 시편에 뤼더스 밴드의 형성

뤼더스 밴드는 재료의 표면 마무리를 망치며 표면 거칠기(surface roughness)와 멋지지 않은 표면(unsightly surfaces)을 초래하게 한다. 이런 현상은 특히 금속 가공 작업(metalworking)에서 바람직하지 않은 것이다. 날카로운 상부 항복점(upper yield point)과 뤼더스 밴드의 형성을 특징으로 하는 불연속 항복(discontinuous yielding)은 주로 강에서 특징적이지만 일부 다른 재료에서도 관찰된다(특히 BCC 재료). 표면 거칠기는 국부적인 소성 변형의 결과이기 때문에, 공학적인 차원에서도 원치 않는 현상이기도 하다. 이런 현상은 즉각적인 성형을 수행하기 이전에 Lüders 변형 영역 이상으로 변형을 부가하여 극복할 수 있다. 이런 작업은 실제로 상부 항복점과 그것과 관련된 문제를 제거한다. 추가적인 가공을 수행하기 전에 대기 시간을 두면 용질 원자들이 전위로 다시 확산하여 전위들을 다시 고정시키므로 항복점이 다시 발생하게 된다. 그림 3-23에 일축 인장 시 항복점 현상을 잘 보여주고 있다. 또한 일축 인장으로 일정한 변형을 가한 후 시간의 지체없이 다시 하중을 가하면 연속적인 유동 곡선이 얻어지나 상온에서 일정시간 지난 후 다시 인장을 가하게 되면 다시 항복점 현상이 발생하게 된다. 이런 거동을 정적 변형 시효(static strain aging) 현상이라고 명명한다.

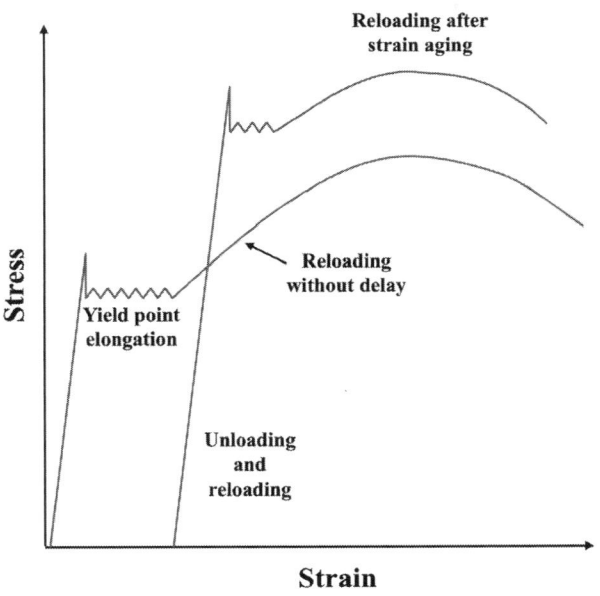

그림 3-23. 인장 시험시 발생하는 항복점 현상

일부의 재료의 경우에서 그림 3-24에서와 인장 시험 동안 톱니바퀴 모양의 응력-변형 곡선이 관찰되기도 한다. 이런 톱니바퀴 모양의 항복은 Portevin-LeChatelier(PLC) 효과로도 알려져 있다. PLC는 항복점 형성에 영향을 주는 용질 원자들이 변형 중에 계속 전위로 확산하여 고정시키는 경우에 발생한다. 각각의 톱니는 전위가 용질 분위기에서 고정되고 해방되는 것을 반복하는 것을 나타낸다. 톱니바퀴 모양의 항복은 대부분의 강 ("청색 취성(blue brittleness)"), 티타늄 합금, 니켈 기반 초합금 및 상용 알루미늄 합금을 포함한 여러 상용 합금계에서 보고되고 있다. 이런 현상은 일부 세라믹 및 이온 결정에서도 관찰된다는 보고도 있다. PLC 효과는 일반적으로 중간 온도(intermediate temperature)에서 발생하며 재료의 연성을 감소시키고 그것이 발생하는 범위에서의 가공경화 속도를 증가시키는 것으로 보고되고 있다. PLC 효과의 다른 표현에는 변형 속도 민감도의 음의 값과 항복(또는 유동) 응력의 온도 의존성에서 plateau 또는 peak를 포함한다.

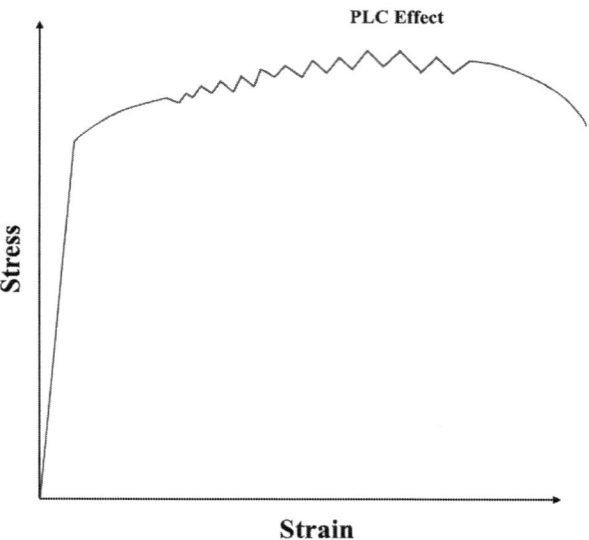

그림 3-24. 인장 시험시 발생하는 PLC 효과

3-7. 석출 경화

 분산된 입자(dispersed particles)가 강도에 어떻게 영향을 미치는가에 대해서 공부하도록 하자. 분산된 입자는 전위의 움직임을 방해함으로써 고체의 강도를 증가시킬 수 있다. 이러한 입자들은 석출물(precipitates)일 수 있으며, 이는 자연적이다. 또한 분산된 산화물(oxide) 또는 탄화물 입자(carbide particles)와 같이 자연적이지 않은 것일 수도 있다. 입자 강화(particle hardening)는 일반적으로 고용체 강화보다 재료를 더 강화하는 강력한 방법이다. 석출물과 분산물은 일반적으로 단일 용질 원자보다 전위 침투에 더 효과적인 장벽에 해당한다. 참고로 대부분의 구조 재료는 높은 강도를 달성하기 위해서 다른 강화 기구들과 결합하여 입자 경화 방법을 활용한다. 입장 강화에서 강화 정도는 야금학적 인자들 중에 어떤 것 들이 크게 영향을 주는지 알아보자[4,6,8,17]. 이와 관련된 야금학적 인자들 중에는 (1) 입자 크기(size), (2) 입자 부피 분율(volume fraction), (3) 입자 모양(shape), (4) 입자와 기지 간의 계면 특성(nature of interface), (5) 입자의 구조(structure)가 있다. 여기서 (1)과 (2)가 평균 입자 거리, L을 정의한다. 입자들이 기지 내부에 존재하는 경우 재료에서 변형이 진행되려면 전위선이 반드시 겪어야 할 것들이 있다. 변형을 진행하기 위해서는 전위가 입자들을 "전단(shearing)" 또는 "절단(cutting)"하면서 입자를 통과하는 방식이다. 그림 3-25은 전위선이 슬립면에서 활주중에 입자들을 전단 또흔 절단하면서 입자들을 빠져나가는 과정을 잘 설명해 주고 있다.

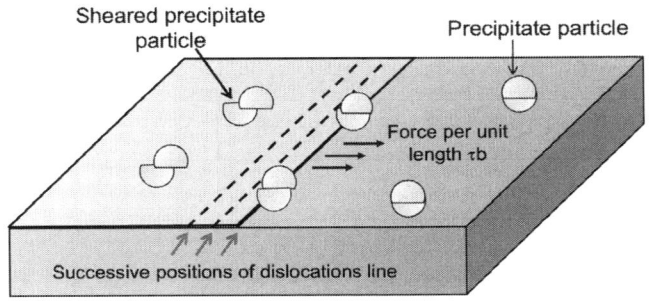

그림 3-25. 전위선에 의한 입자들의 전단 및 절단

또 다른 가능성은 전위선이 입자들 사이에서 휘어서 ""활(bowing)" 또는 "Orowan looping"을 만들면서 입자를 통과하는 방식이다. 그림 3-26는 전위선이 슬립면에서 활주중에 입자들 사이로 활처럼 휘어서 빠져나가는 과정을 잘 설명해 주고 있다[11].

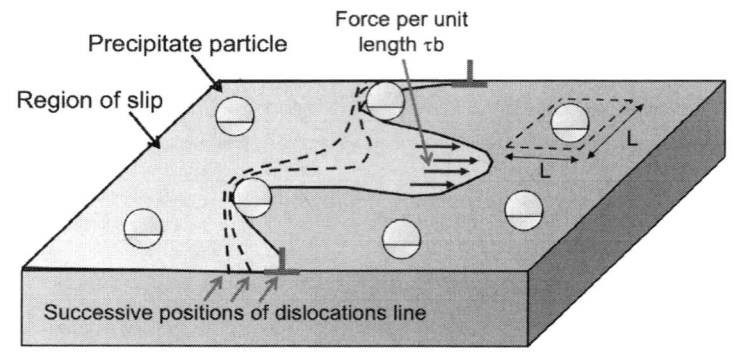

그림 3-26. 전위선이 입자들 사이에 휘어서 빠져나가는 과정

전위선이 입자들 사이로 빠져나가기 위해서는 전위선에 작용하는 장력을 극복해야 한다. 그림 3-27은 이런 상황을 잘 설명해 주고 있다.

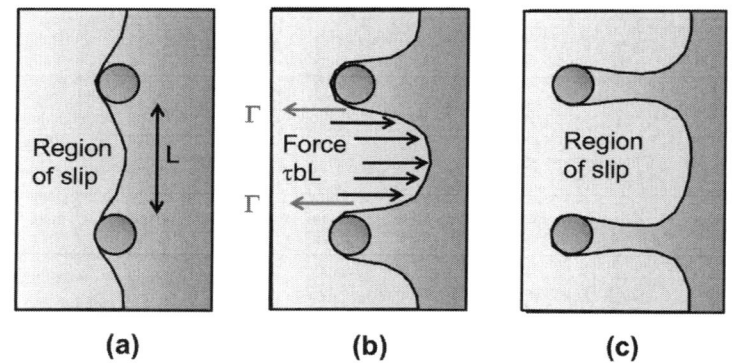

그림 3-27. 전위선이 입자들 사이에 휘어서 빠져나가는 과정

힘의 균형을 고려하면 아래와 같은 식을 유도할 수 있다.

$$2\Gamma = \tau_o bL \tag{3-36}$$

위에 식을 이용하면 석출물에 작용하는 응력은 아래와 같이 유도가 가능하다.

$$\tau_{ppt} = \frac{2\Gamma}{bL} \approx \frac{\alpha G b}{L} \tag{3-37}$$

전위선이 입자를 통과하는 방식은 다음 3가지에 의해 주로 결정된다고 할 수 있다. 즉, (1) 상호 작용 유형(type of interaction), (2) 입자의 성질(properties of particles), (3) 및 입자 분포(particle distribution)가 전위선과 입자들의 상호 작용 시 거동을 결정한다고 할 수 있다. 우선 입자들의 강도가 낮을 경우 전위선에 의해 절단되기 쉽고 상대적으로 강도가 높을 경우 Orowan loop를 형성하기 쉬울 것이다. 이런 거동을 그림 3-28에 잘 설명해 주고 있다[18].

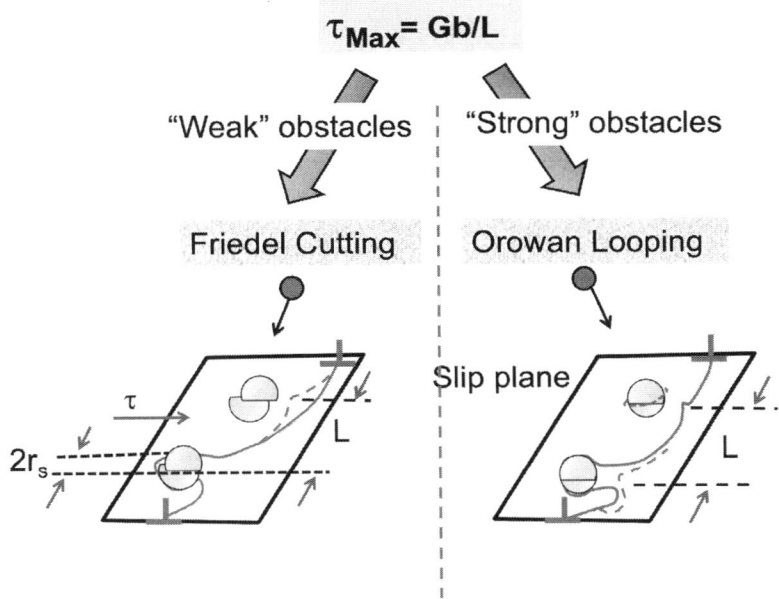

그림 3-28. 전위선과 입자들 상호 작용에 미치는 입자들 강도의 영향

다음으로 입자들의 크기가 작을 경우 정합(coheret) 계면을 가지기 때문에 임계 반지름(r_c)의 크기 보다 작은 경우에는 강도가 증가하다가 임계 크기보단 큰 경우에는 과시효(overaged)되거나 부정합(incoherent) 계면을 가지게 되어 강도가 낮아진다. 입자들의 크기에 따른 강도의 변화를 그림 3-29에 잘 설명해 주고 있다.

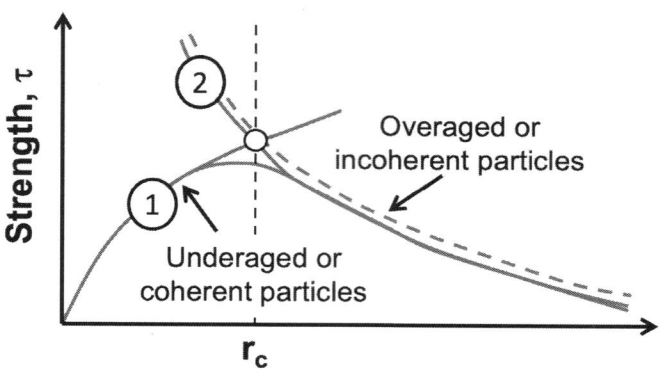

그림 3-29. 입자들의 크기에 따른 강도의 변화

    재료의 상변태에서 공부한 바와 같이 석출물들은 일반적으로 석출 초기 단계에서는 매우 크기가 작다. 그것들은 시간이 지남에 따라 조대해진다. 작은(small) 입자들은 일반적으로 기지와 정합(coherent) 계면을 형성한다. 중간(intermediate) 크기의 입자들은 종종 기지와 반정합(semi-coherent) 계면을 형성한다. 조대한(large) 입자들은 일반적으로 기지와 부정합(incoherent) 계면을 형성한다. 기지와 입자들 사이 계면 특성이 미치는 영향에 대해서 생각해 보자. 석출물 주위에 그것들과 관련된 응력장이 있을 수 있다. 입자들 주위의 응력장이 있을 때, 더 큰 유효 입자 부피(effective particle volue)가 만들어낸다. 전위선은 정합 계면의 입자 주위의 응력장과 상호작용하며 이것은 용질 원자 주위의 응력장과 동일한 방식이라고 보면 된다(즉, 고용체 강화와 마찬가지로). 정합 변형률(coherent strains)은 전위 속도를 감소시키고(Taylor-Orowan 방정식) 강도를 증가시킨다. 이와 관련된 분해 전단 응력의 증가는 다음과 같이 유도할 수 있다.

$$\tau_{coh} \cong 7|\varepsilon_{coh}|^{3/2} G \sqrt{\frac{rf}{b}} \tag{3-38}$$

여기서 $\varepsilon_{coh} = \frac{a_{ppt} - a_{matrix}}{a_{matrix}}$ 이다.

이 식에서 rf/b 항은 용질 농도에 비례하는데, 여기서 f는 석출물 부피 분율 (즉, "석출물 농도")에 해당한다. 그림 3-30에 정합 변형률을 시각화하여 설명하였다. 홀 내부의 격자 점 수가 보존됨을 주목할 필요가 있다.

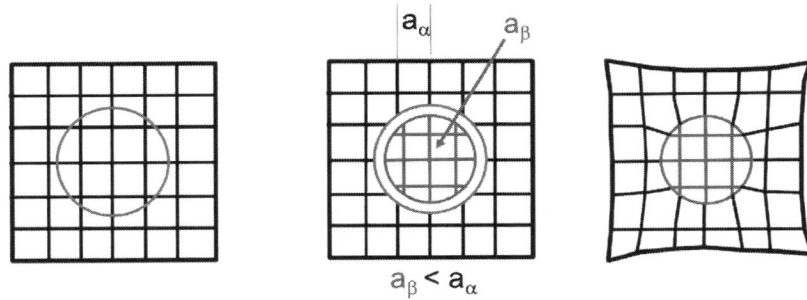

그림 3-30. 정합 변형률의 시각화

입자가 정합성을 가질 때 고려해야 할 다른 인자들에 대해서 생각해 보자. 우선 모듈러스(modulus) 강화이다. 석출물이 기지와 다른 전단 모듈러스를 가질 때, 석출물로 집입하려는 전위선 상에 선 장력이 변경되게 된다. 이는 고용체 강화와 유사하다고 할 수 있다. 모듈러스 변화는 전위선의 탄성 변형에너지에 국부적인 변화를 유도한다. 결과적인 방생하는 강화는 Courtney에 의해 다음과 같이 표현할 수 있다.

$$\tau_{Gppt} = 0.01\, G \varepsilon_{Gppt}^{3/2} \sqrt{\frac{fr}{b}} \tag{3-39}$$

이 식은 단지 석출 초기 단계에서 근사적인 추정치만 제공해 준다. 전위선이 입자를 절단시 선 장력의 변화는 아래와 같이 표현이 가능하다.

$$\frac{(G_{ppt} - G_{matrix})b^2}{2}(2r) \tag{3-40}$$

이런 상황을 그림 3-31에 나타내었다.

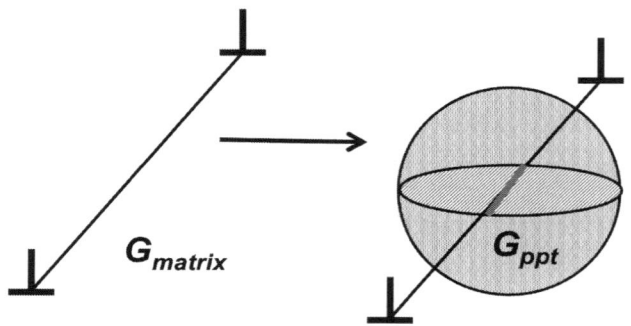

그림 3-31. 전위 선이 입자를 절단 시 선 장력의 변화

다음은 화학적 강화(chemical strengthening)에 대해서 생각해 보자. 그림 3-32에 보여주듯이 전위선이 입자를 통과하면 입자-기지 계면에 새로운 영역이 생성된다. 이 새로운 계면과 관련된 표면 에너지(surface energy)가 존재한다. 이를 생성하기 위해서는 일을 수행해야 한다. 이와 관련된 강화를 화학적 강화라고 할 수 있다.

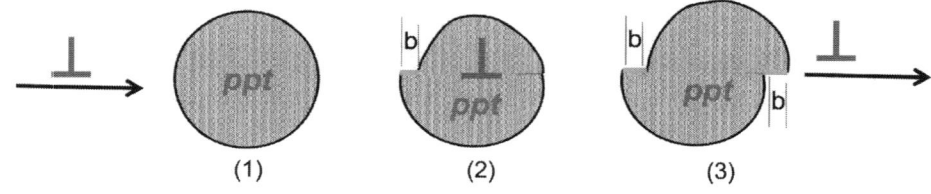

그림 3-32. 전위 선이 입자를 절단 시 새로운 표면 생성

화학적 강화는 다른 기구만큼은 석출 강화에 큰 역할을 하지 않는다고 알려져 있다. 이 기구와 관련된 강화 정도는 아래 식으로 표현할 수 있다.

$$\tau_{chem} = 2G\left(\frac{\gamma_s}{Gr}\right)^{3/2}\sqrt{\frac{fr}{b}} = 2G\varepsilon_{chem}^{3/2}\sqrt{\frac{fr}{b}} \tag{3-41}$$

이런 상황을 그림 3-33에 좀 더 구체적으로 나타내었다[18].

다음은 규칙(order) 강화와 적층 결함(stacking fault) 강화에 대해서 생각해 보자. 입자와 기지의 적층 결함 에너지가 다를 때, 부분 전위들의 평형 분리가 기지와 입자에서 서로 다르기 때문에 전위선의 이동이 방해받을 수 있다. 그림 3-34에서 설명해 주듯이 입자가 규칙이 있는 구조(ordered structure)를 가지면 단일 전위선이 석출물을 통과할 때 결합 (즉, A-A, B-B 등)이 형성된다. 이것을 반상 경계 (anti-phase boundaries, APB)라고 한다. 이것은 희망하는 A-B 형태의 결합보다 높은 에너지 상태를 나타낸다. 에너지 증가분은 APB 에너지에 해당한다. 그 에너지는 아래와 같이 이 기구에 의해 증가된 강도를 표현하는데 사용된다.

$$\tau_{order} = \frac{\pi \gamma_{APB} f}{2b} \tag{3-42}$$

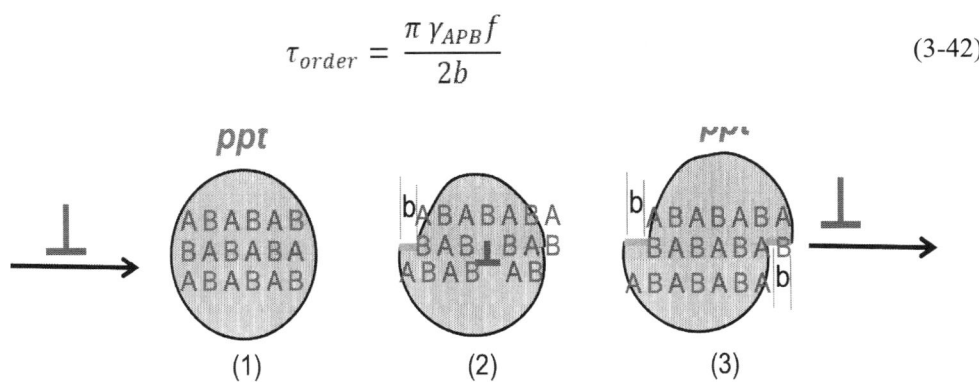

그림 3-34. 전위 선이 입자를 절단 시 APB 생성

격자를 원하는 적층 순서로 되돌리려면 두 번째 전위선이 석출물을 통과해야 한다. 그림 3-35에서 설명해 주듯이 두 번째 전위선은 첫 번째 전위선의 통과로 생성된 APB를 "제거"하기 때문에 입자로 끌어 당겨진다. APB를 둘러싼 전위선 사이의 간격은 상당히 복잡하다. 각각의 개별 전위선이 적층 결함 및 APB로 분리된 부분 전위들로 분해될 수 있음을 염두에 두어야 한다.

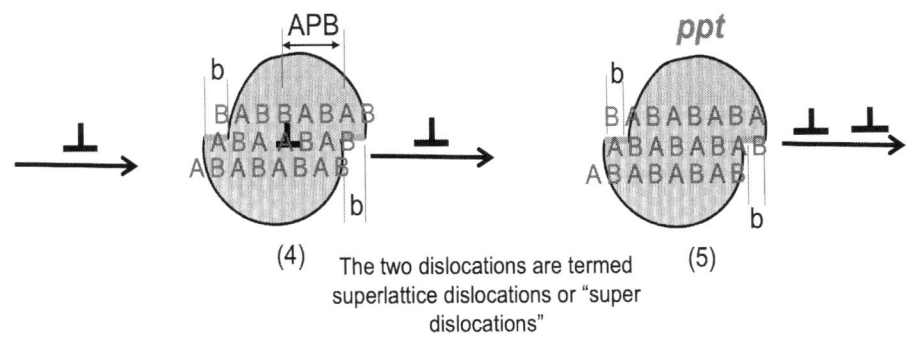

그림 3-35. 전위 선이 입자를 절단 시 APB 제거

석출 초기 단계에서 낮은 APB 에너지 (넓은 전위선 분리)의 경우에는 아래 식이 적합하다.

$$\tau_{ord} \cong 0.7G\varepsilon_{ord}^{3/2}\sqrt{\frac{fr}{b}} \tag{3-43}$$

여기서 $\varepsilon_{ord} = \frac{\gamma_{APB}}{Gb}$ 이다.

석출 초기 단계에서 높은 APB 에너지 (더 작은 전위선 분리)의 경우에는 아래 식이 적합하다.

$$\tau_{ord} \cong 0.7G\left[\varepsilon_{ord}^{3/2}\sqrt{\frac{fr}{b}} - 0.7\varepsilon_{ord}f\right] \tag{3-44}$$

석출 후기 단계에서 낮은 APB 에너지 (넓은 전위선 분리)의 경우에는 다음 식이 적합하다.

$$\tau_{ord} \cong 0.44G\,\varepsilon_{ord}\sqrt{f} \tag{3-45}$$

석출 후기 단계에서 높은 APB 에너지 (더 작은 전위선 분리)의 경우에는 다음 식이 적합하다.

$$\tau_{ord} \cong 0.44G\,\varepsilon_{ord}[\sqrt{f} - 0.92f] \tag{3-46}$$

다음은 기지와 입자들 계면의 정합성의 상실에 대해서 공부해 보자. 석출물 입자가 커질 때 정합성이 상실될 수 있다. 입자와 기지 간의 변형된 계면의 에너지가 부정합 계면의 에너지 보다 커지게 된다. 이는 입자 크기가 임계치를 초과할 때 발생한다. 정합성을 잃게 되면 정합 변형률과 관련된 강화도 잃게 된다. 이와 같은 현상은 성장이나 정합성이 없는 분산 강화 재료에서 동일하게 발생한다. 그럼에도 불구하고 강도는 어떤 지점까지는 여전히 증가한다! 왜 그럴지 각자 고민해 보자.

3-8. 변형 구배 강화

지금까지 우리는 전위 움직임(dislocation motion)과 변형 및 가공 중에 형성된 전위 구조(dislocation structure)의 역할에 대한 논의에 제한을 두었다. 이러한 전위들은 일반적으로 전위 원천(source)에서 핵 생성되거나 우리가 이미 논의한 교차 슬립이나 다른 과정의 직접적인 결과에 해당한다. 이러한 전위들은 통계적으로 저장된 전위(statistically stored dislocations, SSDs)라고 불린다. SSDs는 큰 응력 구배(stress gradient)가 없는 상태에서 전위들이 소성 변형에 기여하는 것을 설명해 준다. 높은 응력 구배가 발생할 때는 또 다른 그룹의 전위들을 고려해야 한다. 이들은 기하학적으로 필요한 전위(geometrically necessary dislocations, GNDs)라고 불린다. GNDs가 발생할 수 있는 장소는 결정립 경계, 필름 두께가 결정립 크기와 비슷한 얇은 필름 등으로 알려져 있다[1,4].

GNDs는 소성 변형 중 중첩(overlap)이나 기공(void) 형성을 방지하기 위해 높은 응력 구배 영역에서 발생한다. 이제 그림 3-36에 보여주고 막대의 굽힘을 생각해 보자. 굽힘 모멘트가 가해지면 곡률 반경 r을 가진 곡선형 막대가 된다. 막대의 외부 표면은 길이가 증가하고 내부 표면은 길이가 감소한다. 이로 인해 외부 가장자리에는 인장 응력이, 내부 가장자리에는 압축 응력이 발생한다. 따라서 외부와 내부 표면 사이에는 응력 구배가 존재한다.

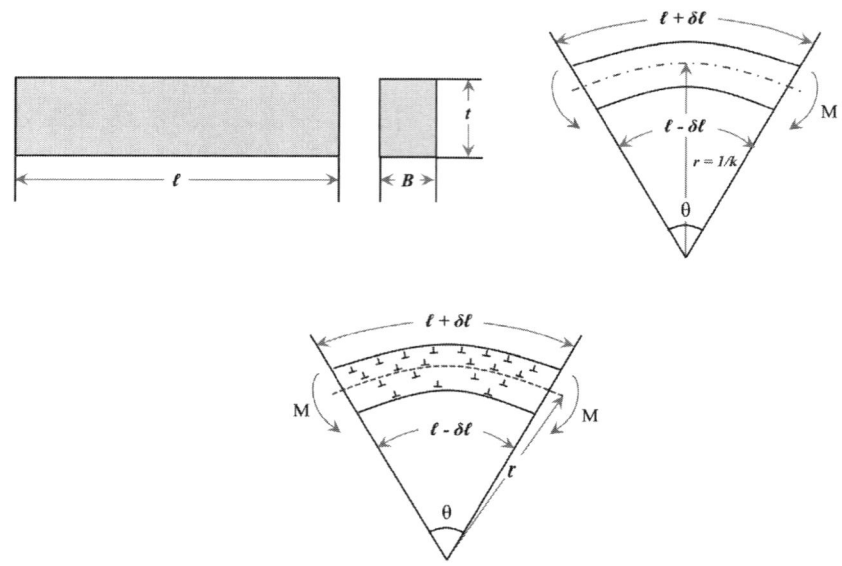

그림 3-36. 막대의 소성 굽힘에서 GNDs의 필요성을 강조하는 도식: (a) 변형 전; (b) 굽힘 후 곡률; (c) GNDs.

응력 구배의 직접적인 결과로 변형 구배(strain gradient)가 존재한다. 변형은 응력의 결과임을 기억할 필요가 있다. 기본 기하학에서 변형 구배는 다음과 같이 표현할 수 있다.

$$\nabla \varepsilon = \frac{d\varepsilon}{dt} = \frac{2}{t}\frac{\delta l}{l} = \frac{2}{t}\left(\frac{t\theta}{2l}\right) = \frac{\theta}{l} = \frac{1}{r} \tag{3-47}$$

시편의 원래 길이는 원래 시편상에 있는 원자들의 행 수와 원자 간 간격 b와의 곱에 해당한다. 결정이 굽힐 때, 외부 표면의 원자 행 수는 다음과 같이 표현할 수 있다.

$$\frac{(l + \delta l)}{b} \tag{3-48}$$

외부와 내부 표면의 총 평면 수의 차이는 GNDs 배열의 도입으로 수용될 수 있다. 그림 3-36(c)에서는 이것이 동일한 부호의 칼날 전위들의 배열로 설명되었다. 이런 전위들은 GNDs에 해당되며, GNDs은 응력 구배가 존재하는 상태에서 격자 내 적합성(compatibility)을 유지시켜 준다. 결과적으로 GNDs의 밀도는 다음과 같이 표현할 수 있다.

$$\rho_{GND} = \frac{2\Delta l}{b(lt)} = \frac{l}{rb} = \frac{\nabla \varepsilon}{b} \tag{3-49}$$

전위의 총 밀도는 다음과 같이 표현한다.

$$\rho_{\perp,total} = \rho_{SSD} + \rho_{GND} \tag{3-50}$$

이 전위 밀도의 증가가 의미하는 바는 변형 구배가 있는 상태에서 재료가 더 많이 가공 경화된다는 것이다.

그림 3-37은 GNDs를 볼 수 있는 대표적인 예시를 보여준다. 이 그림은 Ashby의 다결정 변형 모델을 바탕으로, 외부 하중에 의해 다결정이 변형되는 과정에서 기하학적으로 필수적인 전위(GNDs)가 형성되는 메커니즘을 단계적으로 보여준다.

먼저, 그림 3-37(a)는 초기 다결정의 상태를 나타내며, 결정립들은 서로 균일하게 배열되어 있다. 이 상태에서 다결정은 외부 하중에 의해 변형되기 시작한다. 변형이 진행되면 그림 3-37(b)와 같이 결정립 간의 변형 불균형으로 인해 경계 부근에 공극이나 중첩이 발생하게 된다. 이는 결정립들이 서로 다른 방향으로 변형되거나 크기 변화가 발생하면서 나타나는 현상으로, 다결정의 변형이 완전히 균일하지 않음을 보여준다. 이러한 공극과 중첩은 결정립 간의 변형 차이를 보정하기 위해 기하학적으로 필수적인 전위(GNDs)가 생성되는 원인이 된다. 그림 3-37(c)는 이 과정을 상세히 설명하며, 공극과 중첩이 GNDs의 형성으로 보정되는 과정을 시각적으로 보여준다. GNDs는 결정립 간의 변형 불일치를 해결하기 위해 필수적으로 도입되며, 미세구조 내의 결함을 보정함으로써 다결정의 변형을 보다 균일하게 만든다. 최종적으로 그림 3-37(d)는 GNDs가 포함된 다결정의 변형 후 구조를 나타낸다. 이 상태에서는 초기의 공극과 중첩이 GNDs에 의해 보정되었으며, 다결정은 변형이 완료된 후에도 안정적인 구조를 유지한다.

이 모델은 다결정의 변형에서 GNDs가 필수적인 역할을 수행함을 보여주며, 결정립 경계에서 발생하는 변형 차이가 어떻게 보정되는지에 대한 중요한 통찰을 제공한다. Ashby의 모델은 통계적 전위를 포함하지 않았지만, GNDs의 형성과 역할을 설명하는 데 초점을 맞추고 있다.

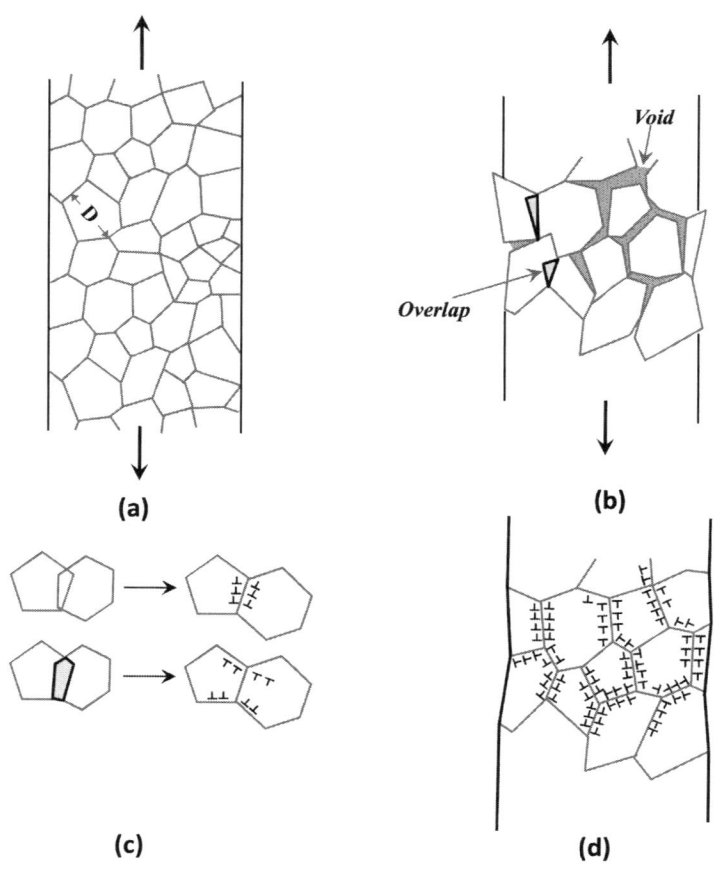

그림 3-37. Ashby 모델에 기반한 다결정의 변형과 기하학적으로 필수적인 전위(GNDs)의 형성 과정: (a) 다결정의 초기 상태, (b) 균일한 변형으로 인한 경계 부근 공극과 중첩의 생성, (c) GNDs를 통한 공극 및 중첩의 보정 메커니즘, (d) GNDs가 도입된 최종 다결정 구조. 해당 모델은 통계적 전위를 포함하지 않음.

그림 3-38은 박막 성장 과정에서 발생하는 미세구조적 변화와 전위(dislocation)의 형성을 설명한다. 첫 번째 단계에서는 박막이 성장할 기판(substrate)이 준비된다. 이 기판은 박막 형성의 기반이 되는 구조로, 박막의 초기 성장이 시작되는 표면을 제공한다. 두 번째 단계는 에피택시(epitaxy)의

시작으로, 기판 위에 새로운 박막이 형성되기 시작하는 과정을 나타낸다. 이 단계에서 박막은 기판의 결정 구조를 모방하며 층을 이루며 성장한다. 에피택시는 초기 박막의 구조적 결함을 최소화하며, 기판과의 정합도를 기반으로 성장하는 것이 특징이다. 세 번째 단계에서는 박막의 두께가 증가하면서 전위(dislocation)가 생성되는 과정을 보여준다. 박막이 두꺼워질수록 성장 과정에서의 응력 및 기판과의 격자 불일치로 인해 구조적 결함이 발생한다. 이러한 결함은 전위로 나타나며, 박막의 결정 구조에 영향을 미친다. 전위는 박막의 기계적, 물리적 성질에 중요한 영향을 미치므로, 이들의 발생과 제어가 박막 성장 연구의 핵심 과제 중 하나로 간주된다.

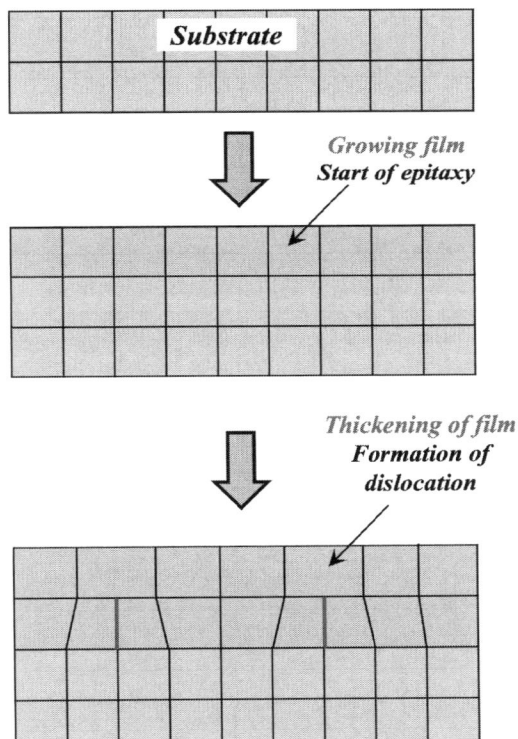

그림 3-38. 박막 성장 과정에서의 미세구조적 변화: 기판(substrate) 위에서 에피택시(epitaxy)가 시작됨에 따라 성장하는 박막이 형성되고, 필름 두께가 증가하면서 전위(dislocation)가 생성되는 과정.

GNDs의 밀도가 높은 경우 유동 응력(flow stress)은 다음과 같이 수정된 Taylor 표현식을 사용하여 표현이 가능하다.

$$\tau = \tau_o + \alpha G b \sqrt{\rho_{SSD} + \rho_{GND}} \tag{3-51}$$

변형 구배 소성(strain gradient plasticity) 이론은 경도 시험 중 관찰된 인덴테이션(indentation) 크기 효과를 설명하기 위해 사용되어 왔다. 변형 구배 소성은 마이크로 전자 기계 시스템(micro-electro-mechanical systems, MEMS)에서 매우 중요할 가능성이 크다. MEMS는 마이크로 스케일로 제조된 기계에 해당한다. 이 주제는 마이크로/나노 라미네이트(micro/nano-laminates) 및 얇은 필름에서도 중요하게 다뤄진다. 재료가 소성 변형 구배가 존재하도록 변형되면, 이러한 구배가 없는 경우보다 더 많이 가공 경화된다. 기하학적 전위가 변형 구배를 수용하기 때문에 강도가 증가한다. 이들은 전위 흐름(dislocation flow)을 방해하는데, 이는 "통계적(statistical)" 전위와 매우 유사한 특징이 있다. 그러나 ρ_{GND} 값이 흐름 응력을 상당히 증가시킬 만큼 충분히 높아지려면 변형 구배가 μm 이하의 거리에서 존재해야 한다.

그림 3-39는 미세 구리 와이어(직경 2a, 12~170 μm 범위)의 인장 및 비틀림 거동을 비교하여 설명하고 있다. 먼저, 그림 3-39(a)는 미세 구리 와이어의 인장 진응력-진변형 곡선을 보여준다. 와이어 직경이 12~170 μm 범위 내에서는 인장 거동에 거의 영향을 미치지 않는 것으로 나타나며, 특히 가장 큰 직경(170 μm)을 가진 와이어는 상대적으로 더 조대한 결정립 크기를 가질 가능성이 있다. 이는 인장 하중이 와이어의 직경보다는 결정립 크기나 다른 미세구조적 요소에 더 크게 영향을 받음을 암시한다. 그림 3-39(b)는 동일한 구리 와이어의 비틀림 응답을 보여준다. 여기서 "정규화된 토크"는 비틀림 모멘트(Q)를 와이어 직경의 세제곱(a^3)으로 나눈 값으로 정의되며, 단위 길이당 비틀림(θ')에 대해 플롯되었다. 이 경우, 비틀림 거동은 와이어 직경에 큰 영향을 받는 것으로 나타난다. 더 미세한 직경의 와이어는 비틀림에서 더 높은 유동 응력을 나타내는데, 이는 미세 와이어가 비틀림 테스트 동안 더 높은 전위 밀도를 가지기 때문으로 해석된다. 따라서, 이 결과는 인장과 비틀림 거동이 와이어의 직경에 대해 다르게 의존함을 보여준다. 인장에서는 직경의 영향이 미미한 반면, 비틀림에서는 직경이 주요 변수로 작용하며, 특히 미세 직경 와이어에서 전위 밀도의 증가로 인해 더 높은 유동 응력이 관

찰된다.

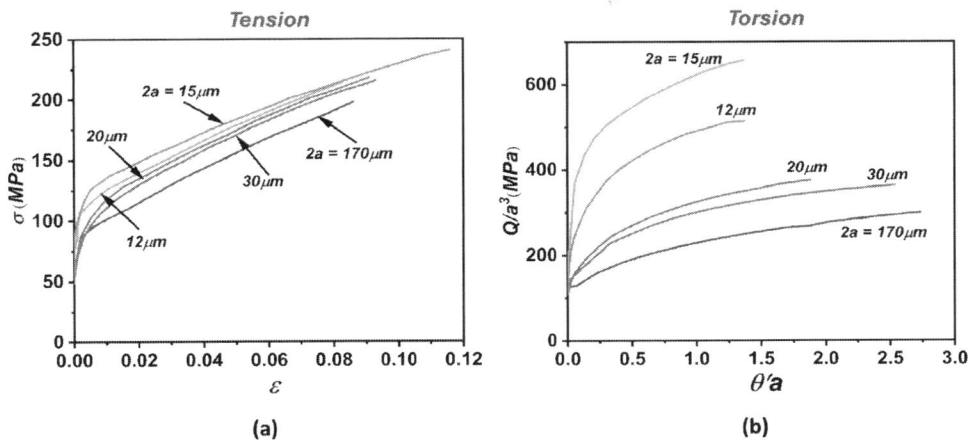

그림 3-39. (a) 미세 구리 와이어(직경 2a, 12~170 μm 범위)의 인장 진응력-진변형 곡선, (b) 동일한 와이어의 비틀림 응답을 단위 길이당 비틀림에 대한 그래프.

때때로 재료는 복잡한 다상(multi-phase) 미세구조를 가진다. 이들은 어떻게 구별할 수 있는지?, 이들은 어떻게 변형되는지?, 단일 상 재료와 비교하면 어떤 거동을 보이는지? 그리고 변형 구배 소성이 요인인지? 에 대해 많은 관심을 가질 필요가 있다. 다상의 집합체(aggregates)들의 변형은 석출 경화와 유사하지만, 집합체에서는 구성 상의 체적 비율이 상당이 높다. 석출에서는 체적 비율이 몇 퍼센트 정도에 해당함에 주목할 필요가 있다. 미세구조의 길이 척도도 석출보다 크다. 한편, 집합체는 미시적 규모에서 이질적일 수 있으며, 거시적 규모에서 균질할 수 있다. 그림 3-40은 다양한 다상(multi-phase) 미세구조의 형태적 특징을 보여준다. 합금은 단일상이 아닌 여러 상(phase)이 혼재된 복합 구조를 가질 수 있으며, 이러한 구조는 재료의 성질과 거동에 중요한 영향을 미친다. 이 그림은 대표적인 다상 미세구조의 예로 코팅(Coating), 라멜라(Lamellae), 섬유(Fibers), 분산(Dispersion), 듀플렉스(Duplex), 골격(Skeleton) 형태를 제시하고 있다.

1. **코팅(Coating):** 특정 물질이 외부 표면을 덮는 형태로, 표면 특성을 개선하거나 보호하는 데 사용된다.
2. **라멜라(Lamellae):** 얇은 층이 규칙적으로 배열된 구조로, 층상 구조는 강도와 균열 저항성을 향상시키는 데 기여한다.

3. **섬유(Fibers):** 재료 내부에 섬유 형태의 상이 포함된 구조로, 방향성 강화와 같은 기계적 성질 개선에 효과적이다.
4. **분산(Dispersion):** 균일하게 분포된 작은 입자가 포함된 구조로, 합금의 강도와 경도를 증가시키는 역할을 한다.
5. **듀플렉스(Duplex):** 두 가지 상이 연속적으로 공존하며, 일반적으로 조화로운 기계적 성질을 제공한다.
6. **골격(Skeleton):** 상이 서로 연결된 골격 형태로 이루어진 구조로, 복합재의 하중 전달과 같은 역할을 수행한다.

그림 3-40. 합금의 다양한 다상 미세구조(Coating, Lamellae, Fibers, Dispersion, Duplex, Skeleton)의 형태적 특징.

그림 3-41은 2상 미세구조의 두 가지 주요 유형인 집합형 구조(aggregated structure)와 분산형 구조(dispersed structure)를 설명하고 있다. 첫 번째로, 집합형 구조는 그림 3-41(a)에 나타나 있다. 이 구조에서는 두 번째 상이 기지(matrix)의 결정립 크기와 유사한 크기를 가지며, 두 상이 서로 가까운 형태로 배열되어 있다. 이러한 구조는 두 상이 독립적으로 작용하면서도 서로 영향을 주고받아 재료의 물리적, 기계적 특성에 기여하는 방식으로 이해할 수 있다. 일반적으로 집합형 구조는 재료의 강도, 연성 및 기타 기계적 성질을

조화롭게 향상시키는 데 유리한 특성을 제공한다. 두 번째로, 분산형 구조는 그림 3-41(b)에 나타나 있다. 이 구조에서는 두 번째 상이 기지 내부에 고르게 분산되어 있으면서, 단일 방향성을 가진 기지에 완전히 둘러싸여 있다. 두 번째 상은 기지에 비해 상대적으로 큰 크기를 가지며, 이러한 형태는 재료 내에서 독립적으로 존재하면서 기계적 안정성을 향상시키는 역할을 한다. 분산형 구조는 일반적으로 재료의 강도를 높이고 열적 안정성을 향상시키는 데 중요한 역할을 한다. 이 두 가지 2상 미세구조는 재료의 미세구조 설계와 성능 향상을 위해 중요하게 고려되며, 각각의 구조는 재료가 사용되는 환경과 목적에 따라 선택적으로 활용된다. 이를 통해 재료의 성질을 정밀하게 조절할 수 있다.

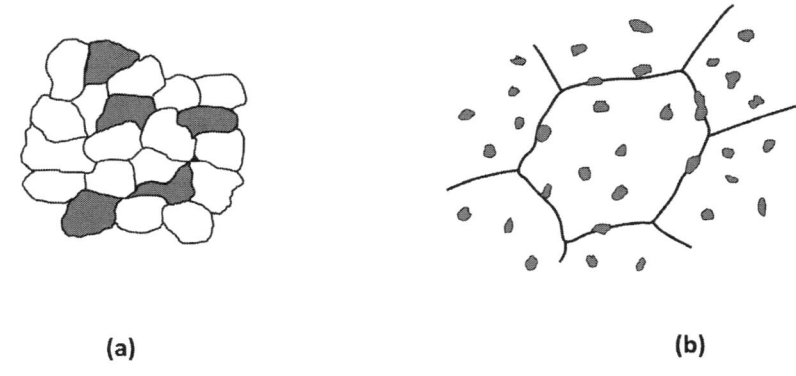

그림 3-41. 2상 미세구조의 유형: (a) 집합형 구조(Aggregated structure), (b) 분산형 구조(Dispersed structure).

다상 재료의 변형 과정에서 두 번째 상(phase)이 연속적인 기지(matrix) 내에 분산되면 국소적인 내부 응력이 발생하여 기지의 소성 변형 거동에 변화를 가져온다. 이러한 거동은 다양한 요소들에 의해 영향을 받는다. 첫째, 두 번째 상 입자의 크기, 모양, 수, 그리고 분포는 재료의 내부 응력 분포와 변형 특성을 결정짓는 중요한 요소이다. 둘째, 기지와 두 번째 상의 강도, 연성, 그리고 변형 경화(strain-hardening) 특성은 재료의 전반적인 기계적 성질을 좌우한다. 셋째, 두 상 사이의 격자 정합(lattice matching) 정도는 두 상이 얼마나 잘 연결되고 상호작용하는지를 보여주는 지표로 작용한다. 마지막으로, 두 상 사이의 계면(interface) 특성은 응력 전달과 변형 거동에 중요한 역할을 한다. 특히, 각 상의 기여가 서로 독립적이라면, 재료의 전체 특성은 개별 상의 특성을 가중 평균(weighted average)한 값으로 나타날 수 있다. 이는 다상 재료가 개별 상의 특성 조합을 통해 원하는 물리적 및 기계적 성질을 구현할 수 있음을 의미한다. 이러한 이해는 다상 재료 설계 및 특성 최적화에 있어 중요한 기초를 제공한다.

그림 3-42는 2상 합금의 유동 응력을 추정하기 위한 두 가지 조건, 즉 동일 변형(equal Strain) 조건과 동일 응력(equal Stress) 조건을 비교하여 설명하고 있다. 첫 번째 그래프는 두 상이 동일한 변형률을 경험하는 상황을 나타낸다. 이 조건에서는 각 상의 기여가 그들의 체적 분율(volume fraction) f_1과 f_2 및 개별 유동 응력 σ_1, σ_2에 따라 결정된다. 전체 합금의 평균 유동 응력(σ_{avg})은 두 상의 유동 응력에 체적 분율로 가중치를 적용한 값으로 계산된다. 이 그래프는 두 번째 상의 체적 분율(f_2)이 증가함에 따라 전체 유동 응력이 변화하는 모습을 보여준다. 두 번째 그래프는 두 상이 동일한 응력을 경험하는 조건을 나타낸다. 이 경우, 각 상의 변형률이 다를 수 있으며, 전체 합금의 평균 변형률($\epsilon_{avg}\ \epsilon$)은 두 상의 변형률 ϵ_1, ϵ_2와 체적 분율 f_1, f_2의 가중 평균으로 계산된다. 그래프는 두 번째 상의 체적 분율(f_2)이 증가함에 따라 합금의 평균 변형률이 어떻게 변화하는지를 보여주고 있다. 이 두 조건은 다상 합금의 거동을 모델링하는 데 중요한 기준으로 사용되며, 각 조건은 합금의 특성에 따라 적합하게 선택된다. 동일 변형 조건은 두 상이 일체화되어 작용할 때, 동일 응력 조건은 각 상이 독립적으로 작용할 때 주로 적용된다.

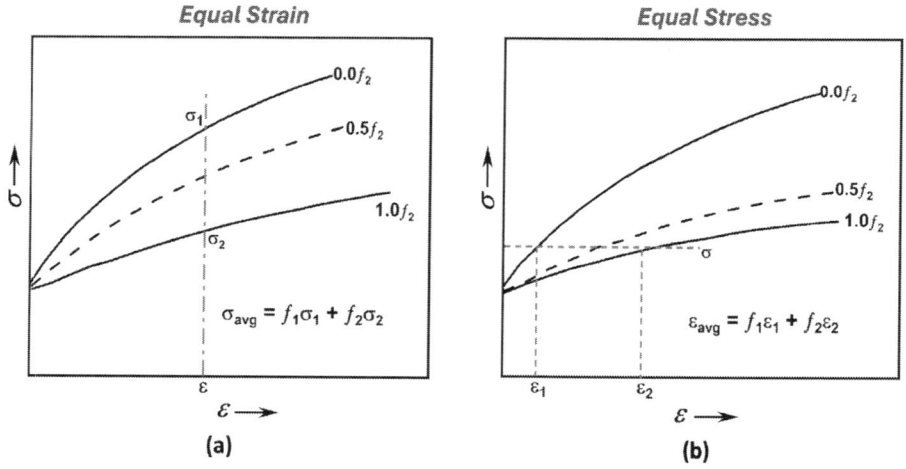

그림 3-42. 2상 합금의 유동 응력 추정: (a) 동일 변형(Equal Strain) 조건, (b) 동일 응력(Equal Stress) 조건

연습문제

(3-2절)
1. Peierls 응력의 정의와 이를 유도하는 공식을 설명하시오.
2. 전위 코어의 선장력(line tension)과 그 물리적 의미를 설명하시오.
3. 전위 이동 시 강한 장애물과 약한 장애물의 차이를 설명하고 예를 드시오.
4. 강한 고체(whiskers)가 높은 강도를 가지는 이유를 설명하시오.

(3-3절)
1. 가공경화의 원리와 전위 밀도 증가가 강도에 미치는 영향을 설명하시오.
2. 가공경화 중 전위의 "강한" 장애물과 "약한" 장애물의 예를 들고 그 차이를 설명하시오.
3. 단결정의 가공경화에서 나타나는 3단계(용이 활주, 선형 경화, 포물선형 경화)를 설명하시오.
4. 전위 밀도와 평균 전위 간격의 관계를 수식으로 표현하시오.
5. 다결정 소재에서 소성 변형 후 다수의 전위가 얽히는 "숲 전위(forest dislocations)"의 형성과 그 역할을 설명하시오.
6. 전위 밀도가 높은 재료의 강화 효과를 추정하는 식을 제시하고 설명하시오.

(3-4절)
1. Hall-Petch 관계를 정의하고, 결정립 크기 감소가 강도에 미치는 영향을 설명하시오.
2. 결정립 크기 경화에서 결정립계의 역할을 설명하시오.
3. Hall-Petch 관계의 한계를 설명하고, 지나치게 작은 결정립 크기가 재료의 강도에 미치는 영향을 기술하시오.
4. 결정립 크기 경화와 고용체 강화를 비교하고, 두 강화 메커니즘의 주요 차이점을 설명하시오.
5. 결정립계에서 전위의 "쌓임(pile-up)" 현상이 재료 강도에 미치는 영향을 설명하시오.

6. 결정립 크기 경화가 미세구조 제어를 통해 적용되는 실제 사례를 제시하시오.

(3-5절)
1. 고용체 강화의 기본 원리를 설명하고, 치환형 고용체와 침입형 고용체의 차이를 서술하시오.
2. 고용체 강화에서 탄성 상호작용(elastic interaction)과 크기 효과(size effect)의 역할을 설명하시오.
3. 고용체 강화에서 "강한" 장애물과 "약한" 장애물의 차이를 설명하고, 각각의 예를 드시오.
4. 고용체 강화의 효과를 나타내는 Fleischer 모델을 설명하고, 이를 표현하는 공식을 제시하시오.
5. FCC와 BCC 격자에서 고용체 강화의 차이를 설명하시오.
6. 용체 강화와 관련된 단기 및 장기 상호작용의 차이를 설명하시오.
7. 고용체 강화 효과를 극대화하기 위한 합금 설계 방안을 제시하시오.
8. Fleischer 모델에 따라 용질 농도 c가 각각 0.01과 0.02인 두 합금의 강화 정도를 비교하시오.(조건: $G=80\,GPa$, $\varepsilon=0.01$)

(3-6절)
1. 상부 항복점이 발생하는 주요 원인과 Cottrell-Bilby 모델의 기본 원리를 설명하시오.
2. 상부 항복점 이후 재료가 나타내는 Lüders 밴드의 형성 과정을 설명하시오.
3. Lüders 밴드가 재료 성질에 미치는 영향과 이를 제어하는 방법을 제안하시오.
4. 변형 시효(strain aging)의 정의와 정적 변형 시효(static strain aging)와 동적 변형 시효(dynamic strain aging)의 차이를 설명하시오.
5. Portevin-LeChatelier(PLC) 효과가 발생하는 조건과 이를 설명하는 응력-변형 곡선의 특징을 서술하시오.
6. Lüders 밴드와 PLC 효과의 차이점을 설명하시오.
7. 정적 변형 시효와 관련된 항복점 재발 현상을 실험적으로 확인하기 위한 방법을 제시하시오.

8. 변형 시효가 강의 기계적 성질에 미치는 긍정적, 부정적 영향을 설명하시오.
9. 상부 항복점을 제어하기 위해 사용되는 프리스트레칭의 원리를 설명하시오.
10. 특정 BCC 재료에서 상부 항복점 현상을 제어하기 위한 최적의 용질 원자 농도와 열처리 조건을 설계하시오.

(3-7절)
1. 석출 경화의 기본 메커니즘과 이를 설명하는 Orowan 메커니즘의 원리를 서술하시오.
2. 석출물 크기와 석출 경화 효과의 관계를 설명하고, 석출 경화가 최대가 되는 석출물 크기를 서술하시오.
3. 정합성(coherency)과 비정합성(incoherency)이 석출 경화에 미치는 영향을 설명하시오.
4. 석출 경화에서 석출물의 분포와 밀도가 강화 효과에 미치는 영향을 설명하시오.
5. 석출 경화의 강화 효과를 설명하기 위해 Ashby-Orowan 모델의 공식을 제시하고 설명하시오.
6. 두 합금 A와 B의 석출 경화 효과를 비교하시오.
   (조건) 합금 A: 석출물 반경 r=10 nm, 간격 λ=100 nm.
          합금 B: 석출물 반경 r=20 nm, 간격 λ=200 nm.
7. 석출물의 정합성 손실(coherency loss)이 발생하는 이유와 그 결과를 설명하시오.
8. 시효 처리(aging treatment)가 석출 경화에 미치는 영향을 설명하시오.
9. 석출 경화가 중요한 합금의 예를 들고, 강화 메커니즘을 설명하시오.
10. 석출 경화와 다른 강화 메커니즘(예: 고용체 강화, 결정립 크기 경화)을 비교하고, 그 차이를 설명하시오.

(3-8절)
1. 변형 구배 강화(Gradient Strengthening)의 주요 메커니즘을 설명하시오.
2. 변형 구배가 발생하는 주요 원인과 그 물리적 효과를 서술하시오.
3. 변형 구배 강화를 설명하는 수학적 모델을 제시하고, 변수들의 물리적 의미를 설명하시오.

4. GNDs(Geometrically Necessary Dislocations)와 SSDs(Statistically Stored Dislocations)의 차이를 설명하시오.
5. 변형 구배 강화가 높은 강도를 요구하는 응용 분야에서 유용한 이유를 설명하시오.
6. 변형 구배 강화와 Hall-Petch 관계를 비교하고, 두 메커니즘이 상호작용하는 사례를 제시하시오.
7. 국부적인 변형률 구배를 실험적으로 측정하고 GND 밀도를 추정하기 위한 방법을 제시하시오.
8. 변형 구배 강화를 최적화하기 위한 재료 설계 전략을 제시하시오.
9. 변형 구배 강화가 두드러지게 나타나는 나노결정립 소재에서의 예를 들어 설명하시오.
10. 변형 구배 강화와 석출 경화가 동시에 발생하는 재료의 사례를 제시하고, 두 메커니즘의 상호작용을 설명하시오.

참고문헌

1. T.H. Courtney, Mechanical Behavior of Materials, 2nd ed., Waveland Press, Long Grove, IL (2005).

2. D. Hull and D.J. Bacon, Introduction to Dislocations, 4th ed., Butterworth-Heinemann, Oxford (2001).

3. M.F. Ashby, H. Shercliff, D. Cebon, Materials: Engineering, Science, Processing and Design, Butterworth-Heinemann (2007).

4. G.E. Dieter, Mechanical Metallurgy, 2nd ed., McGraw-Hill Book Co. (1976).

5. D. Kuhlmann-Wilsdorf, Trans. AIME, v. 224 (1962): p. 1047-1061.

6. M.A. Meyers and K.K. Chawla, Mechanical Behavior of Materials, 2nd ed., Cambridge University Press (2008).

7. J.R. Foulds, A.M. Ermi, and J. Moteff, Materials Science and Engineering, 45 (1980) 137-141.

8. J. Rosler, H. Harders, M. Baker, Mechanical Behavior of Engineering Materials, Springer, New York (2008).

9. J.C.M. Li, Trans. AIME, v. 227 (1963) pp. 239-247.

10. H. Conrad, "Work-hardening model for the effect of grain size on the flow stress of metals," in Ultrafine-Grain Metals, edited by J.J. Burkeand V. Weiss, Syracuse University Press (1970) pp. 213-229.

11. M.F. Ashby, H. Shercliff, D. Cebon, Materials: Engineering, Science, Processing and Design, Butterworth-Heinemann (2007).

12. E.O. Hall, "The deformation and ageing of mild steel III. Discussion of results," Proceedings of the Physical Society B, 64 (1951) p. 747.

13. N.J. Petch, "The cleavage strength of polycrystals," J. Iron Steel Inst., 174 (1953), p. 25.

14. T. Mohri and T. Suzuki, Solid solution hardening by impurities, in Impurities Engineering Materials, 1st ed., edited by C. L. Briant, Marcel Dekker (1999).

15. C.J. McMahon, Jr., Structural Materials: A textbook with animations, Merion Books, Philadelphia, PA (2004).

16. R.E. Reed-Hill and R. Abbaschian, Physical Metallurgy Principles, 3rd ed., PWS-Kent, Boston, MA (1992).

17. A.J. Ardell, Intermetallics as Precipitates and Dispersoids in High-Strength Alloys, in Intermetallic Compounds Principles and Practice, vol. 2, edited by J.H. Westbrook and R.L. Fleischer, John Wiley & Sons, New York (1995).

18. Reppich, in Plastic Deformation and Fracture of Materials, VCH, (1992).

4장.

고체의 소성 변형

4-1. 서 론

4-2. 고체의 소성 변형 거동

4-1. 서 론

    고체 재료의 거동을 이해하기 위해서는 외부 하중에 따른 응력-변형률 관계를 구체적으로 분석해야 한다. 특히, 고체의 변형은 탄성 변형과 소성 변형으로 구분된다. 탄성 변형은 하중이 제거되었을 때 원래 상태로 복원되는 반면, 소성 변형은 영구적인 변형이 남게 된다. 본 장에서는 소성 변형의 기본 원리와 이를 설명하는 이론적 접근법을 다룬다. 소성 변형의 초기 단계는 선형 탄성 이론을 기반으로 하여 응력과 변형률의 선형 관계($\sigma = E\epsilon$)를 따르며, 이 구간은 하중 제거 후 재료가 완전히 복구될 수 있는 영역이다. 그러나 항복 응력(offset yield stress)을 초과하면 소성 변형이 발생하여 재료는 영구 변형 상태로 전환된다. 소성 변형 구간에서는 응력-변형률 곡선의 형태가 실험적 자료에 의존하며, 특히 연성 금속(ductile metals)의 거동을 중점적으로 다룰 예정이다. 소성 변형의 특성을 보다 잘 이해하기 위해, 유변학적 모델(rheological models)을 활용하여 재료의 거동을 이상적으로 모사할 수 있다. 선형 스프링, 점성 감쇠기, 마찰 슬라이더 등과 같은 단순한 기계적 모델을 조합하여 재료의 응력-변형률 관계를 설명한다. 이러한 모델은 소성 변형의 복잡한 거동을 정량적으로 분석하고, 실험적으로 관찰되는 가공경화(strain hardening) 및 비선형 거동을 수학적으로 표현하는 데 유용하다. 또한, 본 장에서는 소성 변형 중 발생하는 주요 현상인 목(necking) 형성 및 가공경화의 상호작용에 대해 자세히 논의한다. 이 과정은 항복 응력을 초과한 후 응력-변형률 곡선에서 나타나는 비선형적 가공경화의 기초를 이해하는 데 필수적이다. 특히, Considère의 기준(Considère's construction)을 통해 균일 소성 변형과 비균일 소성 변형으로의 전환점을 정의하고, 이로부터 목 형성의 시작 조건을 정량적으로 예측할 수 있다. 본 장에서 다루는 이론과 개념은 소성 변형의 복잡한 메커니즘을 이해하는 데 기초적인 정보를 제공하며, 이를 통해 다양한 재료의 소성 거동과 기계적 특성을 정량적으로 평가할 수 있다. 이러한 논의는 재료 공학 및 기계적 설계에서 매우 중요한 응용 가능성을 갖는다[1-5].

4-2. 고체의 소성 변형 거동

물질이 작은 변형을 겪고 하중이 제거되었을 때 원래의 상태로 되돌아가는 거동을 설명하기 위해 선형 탄성(linear elasticity)이 활용된다. 그러나 하중이 제거된 후에도 원래 상태로 돌아가지 않고 영구적으로 변형되는 물질의 거동을 설명하기 위해서는 소성 이론(plasticity theory)이 필요하다. 이 장에서는 이러한 소성 이론의 기본 개념을 간략히 소개하는 데 초점을 맞출 예정이다. 응력-변형 거동은 일반적으로 표준 인장 시험(standard tensile test)을 통해 평가된다. 일반적으로 인장 시험에서 얻어지는 응력-변형률 곡선(σ-ε곡선)의 형태는 실험에 사용된 재료의 특성에 따라 달라진다. 이러한 곡선은 금속, 고분자, 세라믹, 토양 등 다양한 재료를 대상으로 얻을 수 있지만, 이 장에서는 연성 금속(ductile metals)에 초점을 맞추어 다룰 예정이다.

재료가 외부 하중을 받을 때, 응력과 변형 간의 관계는 그림 4-1에서 보여주는 것과 같이 일반적으로 두 가지 영역으로 나뉜다. 먼저, 탄성 영역(elastic region)에서는 재료가 하중 제거 후 원래 상태로 되돌아갈 수 있으며, 이 구간에서 응력과 변형은 선형적인 관계($\sigma=E\varepsilon$)를 따른다. 하지만 일정 수준 이상의 하중이 가해지면 재료는 소성 영역(plastic region)으로 진입하게 된다. 이때부터는 영구 변형이 발생하며, 응력-변형 곡선의 형태는 실험적으로 얻어진 경험적 관계(empirical relations)에 의존하게 된다. 곡선에서 중요한 지점 중 하나는 0.2% 오프셋 항복 응력(offset yield stress)으로, 재료가 소성 변형을 시작하는 시점을 나타낸다. 또한, 응력-변형 곡선은 두 가지 방식으로 나타날 수 있다. 공학적 곡선(engineering curve)은 초기 단면적과 길이를 기준으로 하며, 진응력 곡선(true curve)은 변형에 따라 실제 단면적을 반영한다. 이 장에서는 이러한 곡선이 어떻게 형성되고, 소성 거동을 모델링할 수 있는지에 대해 탐구할 것이다.

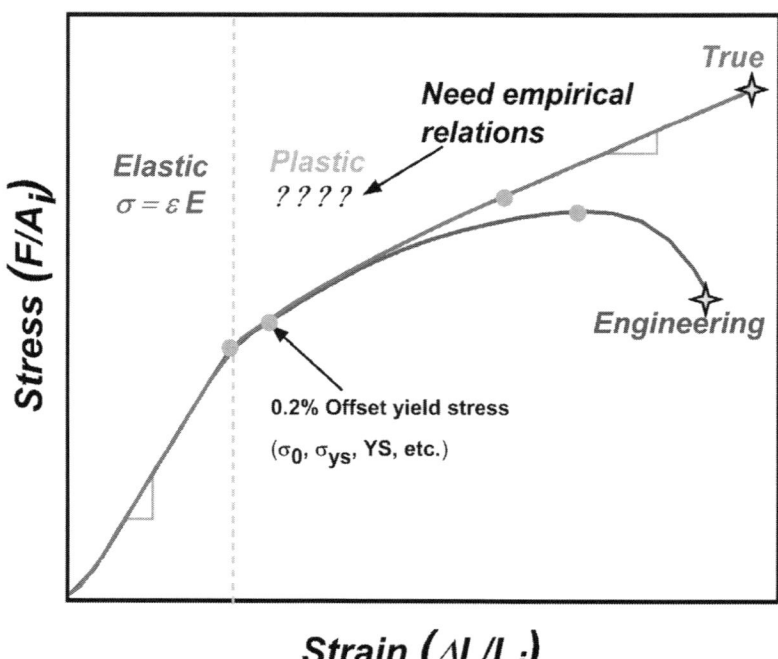

그림 4-1. 인장 시험 시 응력-변형률 곡선의 예

재료의 역학적 거동을 정성적으로 설명하기 위해 단순한 기계적 모델(simple mechanicalmModels)이 자주 사용된다. 이러한 모델은 몇 가지 이상적인 구성 요소로 이루어져 있으며, 다음과 같은 요소를 포함한다:

- 선형 스프링(linear springs): 탄성 거동을 표현.
- 점성 감쇠기(viscous dashpots): 점성 저항을 나타냄.
- 마찰 슬라이더(frictional sliders) 또는 마찰이 있는 무게(weight with friction): 마찰로 인한 저항을 표현함.
- 스프링 클립(spring clips): 추가적인 스프링 작용을 나타냄.

이 구성 요소들을 결합하면 실제 재료의 거동을 모사하는 유변학적 모델(rheological models)을 만들 수 있다. 이러한 모델은 실질적인 변형

메커니즘과는 직접적인 관련은 없지만, 응력-변형 관계의 본질을 더 잘 이해하는 데 유용하게 사용된다. 그림 4-2(a)에서 보여주고 있는 선형 스프링은 이상적인 탄성 거동을 나타내며, 훅의 법칙을 따른다. 스프링의 변위는 가해진 하중에 선형적으로 비례하며, 스프링 상수를 통해 그 관계가 결정된다. 이러한 관계는 $F=kx$ 또는 $\sigma=Ee$으로 표현된다. 하중이 제거되면 변위는 완전히 회복되고 스프링은 원래 상태로 돌아간다. 그림 4-2(b)에서 보여주고 있는 점성 감쇠기는 점성 거동을 나타내며, 재료가 하중에 저항하는 방식에 따라 선형 또는 비선형으로 구분된다. 이상적인 점성 모델은 뉴턴 점성을 따르며, 일정한 하중은 일정한 변위 속도를 생성한다. 이 관계는 $F=\eta(dx/dt)$ 또는 $\sigma=\eta e$로 표현되며, 시간이 지남에 따라 변위가 선형적으로 증가하는 등속 크리프와 유사한 거동을 보인다. 반면 비선형 점성 모델은 비뉴턴 점성을 따르며, 하중과 변위 속도 사이의 관계가 비선형적으로 나타난다. 일정한 하중 하에서도 변위 속도가 시간에 따라 변화하며, 이는 $\sigma=\eta(\dot{\epsilon})^{1/n}$로 표현된다. 이러한 모델은 점성이 시간에 따라 변하는 재료의 특성을 설명하는 데 사용된다. 그림 4-2(c)에서 보여주고 있는 마찰을 포함한 물체는 마찰 계수 μ와 중력에 의해 정해지는 임계 하중 F_0를 초과해야 움직일 수 있다. 이 하중은 $0=$ 로 나타내며, 응력의 절대값이 0보다 작으면 변형이 발생하지 않는다 ($\epsilon=0$ if $|\sigma|<\sigma_0$). 하중이 F_0를 초과하면 물체는 움직이기 시작하며, 이 움직임은 영구적이다. 이러한 거동은 가공경화가 없는 소성 변형과 유사하다. 그림 4-2(d)에서 보여주고 있는 마찰 슬라이더 또는 스프링 클립은 응력-변형 모델링에서 종종 무게를 대신하여 사용된다. 이 요소는 질량이 없으며, 임계 응력 σ_0에 도달하면 클립이 열리고, 이후 응력은 σ_0에서 일정하게 유지된다. 마찰을 포함한 물체와 마찰 슬라이더/스프링 클립은 동일한 물리적 거동을 모사하기 위해 사용된다.

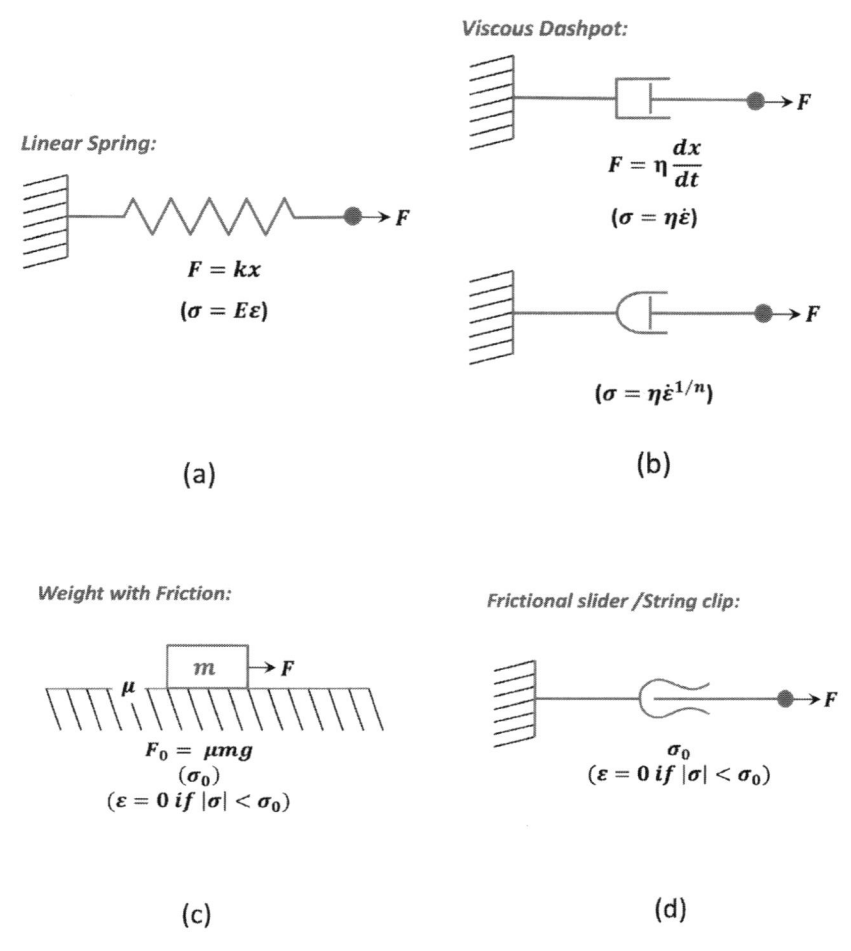

그림 4-2. 재료의 역학적 거동

스프링은 하중 F와 변위 x가 선형적으로 비례하며, 이는 $F=kx$ 또는 $\sigma=E\varepsilon$로 표현된다(그림 4-3(a)). 이러한 거동은 응력-변형률 곡선에서 기울기 E를 가지는 선형 탄성 영역으로 나타난다. 마찰을 포함한 물체는 마찰 계수 μ와 중력 g에 의해 결정되는 임계 하중 F_0를 초과해야 움직이기 시작한다(그림 4-3(b)). 이 상태는 $F_0=\mu mg$ 또는 σ_0로 나타나며, 응력이 σ_0보다 작을 때 변형이 발생하지 않는다. 움직임이 시작되면 영구 변형이 발생하며, 응력-변형률 곡선은 임계응력 σ_0에서 일정하게 유지된다. 이 거동은 이상적인 강체 완전 소성 모델(rigid perfectly plastic model)과 동일하게 나타난다.

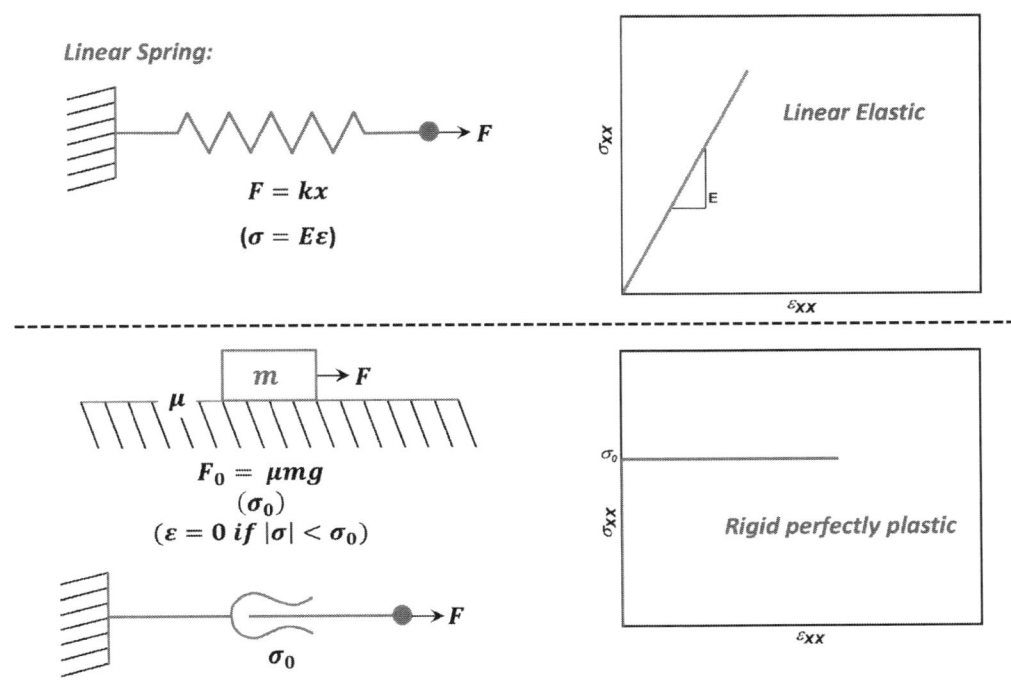

그림 4-3. 재료의 역학적 거동에 따른 응력-변형률 곡선

마찰을 포함한 시스템은 임계 하중 $F_0 = \mu mg$를 초과하면 움직이기 시작하며, 이후에는 선형적인 가공경화 거동을 보인다(그림 4-4(a)). 이와 같은 거동은 응력-변형률 곡선에서 초기 임계 응력 σ_0를 기준으로 선형적으로 증가하는 형태로 나타나며, 이때의 경화 계수는 E1로 나타난다. 이러한 모델은 선형 가공 경화를 포함하는 강체 소성 거동을 설명한다. St. Venant 바디는 선형 탄성과 소성을 결합한 모델로, 초기에는 선형 탄성 영역을 가지며 변형률이 증가함에 따라 임계 응력 σ_0에 도달하면 완전 소성 거동으로 전환된다(그림 4-4(b)). 이

시스템은 마찰이 있는 물체와 선형 스프링 또는 마찰 슬라이더와 선형 스프링으로 구성될 수 있다. 응력-변형 곡선은 초기 선형 탄성 영역에서 기울기 E_1를 가지며, 임계 응력 이후에는 일정한 소성 응력 상태를 유지한다. 이러한 거동은 선형 탄성과 완전 소성 거동을 설명하는 이상적인 모델로 사용된다.

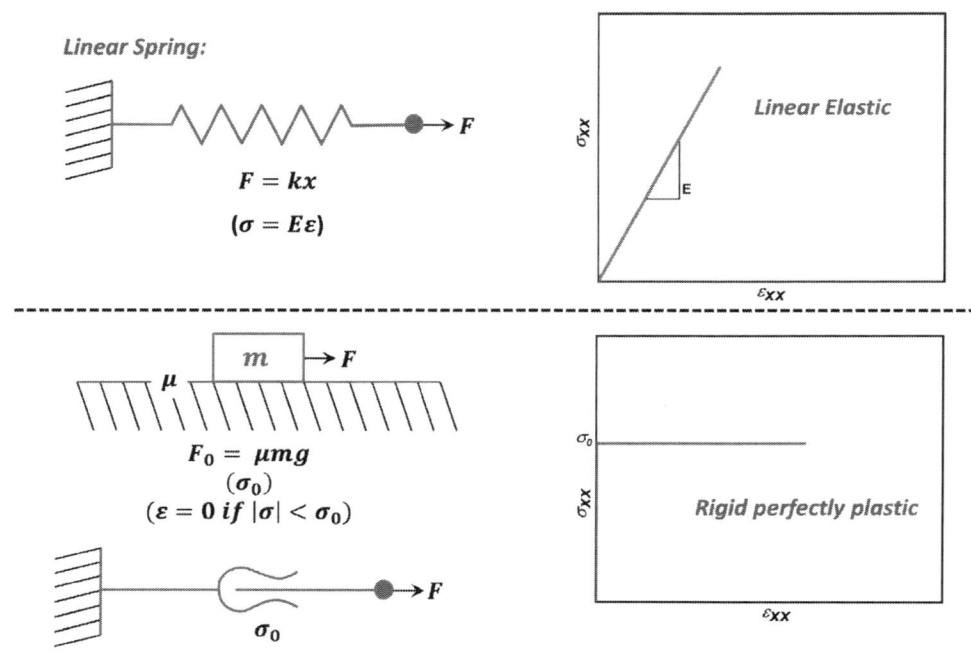

그림 4-4. 재료의 역학적 거동에 따른 응력-변형률 곡선

그림 4-5에서 보여주듯이 재료가 소성 변형을 시작하면서 가공경화가 발생하면 응력-변형률 곡선에서 두 가지 영역으로 나눌 수 있다. 초기에는 선형 탄성 거동이 나타나며, 이는 기울기 E_1로 나타낼 수 있습니다. 항복 응력 σ_0를 초과하면 재료는 소성 변형 상태에 진입하며, 가공경화로 인해 응력이 점진적으로 증가한다. 이러한 가공경화는 선형적으로 진행되며, 기울기 E_2로 표현된다. 이러한 거동은 단일 축의 탄소성 변형을 이상적으로 나타내는 유동 곡선으로 설명할 수 있다. 초기 탄성 변형 영역은 ε^E, 소성 변형 영역은 ε^P로

구분된다. 이를 모사하기 위해 레올로지 모델이 사용되며, 이는 마찰을 포함한 시스템과 두 개의 선형 스프링 E_1과 E_2로 구성된다. 이러한 모델은 재료의 탄성-소성 변형과 가공경화를 정량적으로 설명하는 데 사용된다.

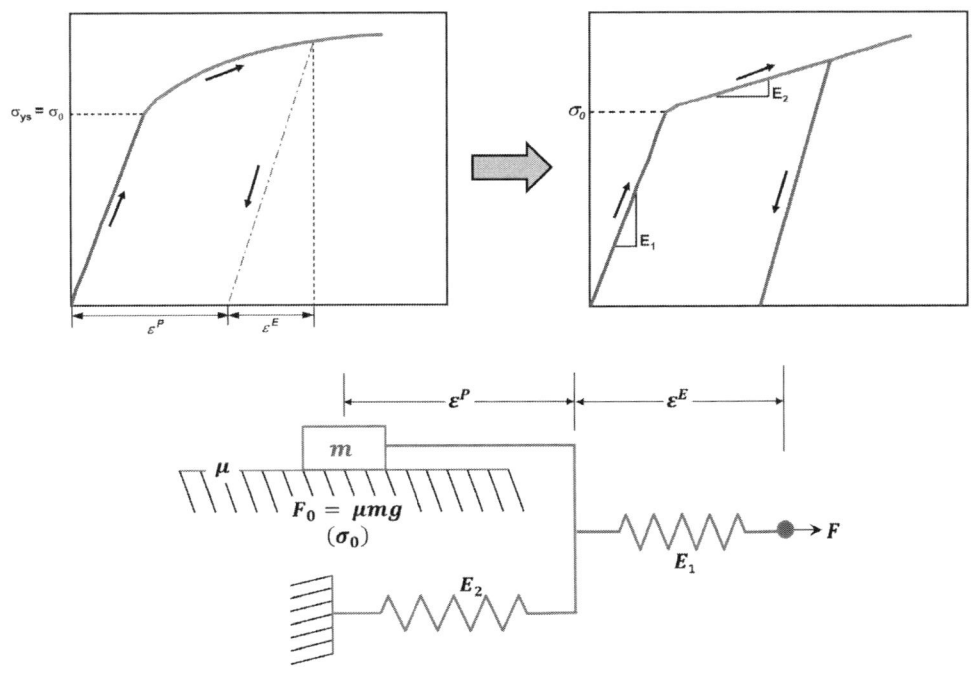

그림 4-5. 재료의 역학적 거동에 따른 응력-변형률 곡선

그림 4-5에서처럼 응력-변형률 곡선에서 비선형 가공경화는 다단계 모델로 표현될 수 있다. 곡선의 초기 부분에서는 기울기 E_1로 나타나는 탄성 거동이 관찰된다. 항복 응력 σ_{02}에 도달하면 첫 번째 소성 단계로 넘어가며, 가공경화가 발생하여 추가적인 하중에 따라 변형이 증가한다. 이 단계에서 각각의 경화 기울기는 δE_2, δE_3, δE_4, δE_5로 구분되며, 이는 응력-변형률 곡선의 점진적인 기울기 변화로 나타난다. 이러한 곡선을 설명하기 위해 레올로지 모델이 사용된다. 이 모델은 여러 개의 스프링과 슬라이더를 직렬로 결합한 형태로, 각각의 스프링은 개별적인 탄성 계수 E_1, E_2, E_3, E_4, E_5를 가지며, 슬라이더는 특정 항복 응력 σ_{02}, σ_{03}, σ_{04}, σ_{05}에 도달하면 작동한다. 이러한 모델은

비선형 가공경화 거동을 단계적으로 모사하며, 재료의 복잡한 변형 특성을 정량적으로 설명하는 데 유용하다. 그림 4-5에서처럼 응력-변형률 곡선에서 비선형 가공경화는 다단계 모델로 표현될 수 있다. 곡선의 초기 부분에서는 기울기 E_1로 나타나는 탄성 거동이 관찰된다. 항복 응력 σ_{02}에 도달하면 첫 번째 소성 단계로 넘어가며, 가공경화가 발생하여 추가적인 하중에 따라 변형이 증가한다. 이 단계에서 각각의 경화 기울기는 δE_2, δE_3, δE_4, δE_5로 구분되며, 이는 응력-변형률 곡선의 점진적인 기울기 변화로 나타난다. 이러한 곡선을 설명하기 위해 레올로지 모델이 사용된다. 이 모델은 여러 개의 스프링과 슬라이더를 직렬로 결합한 형태로, 각각의 스프링은 개별적인 탄성 계수 E_1, E_2, E_3, E_4, E_5를 가지며, 슬라이더는 특정 항복 응력 $\sigma_{02}, \sigma_{03}, \sigma_{04}, \sigma_{05}$에 도달하면 작동한다. 이러한 모델은 비선형 가공경화 거동을 단계적으로 모사하며, 재료의 복잡한 변형 특성을 정량적으로 설명하는 데 유용하다.

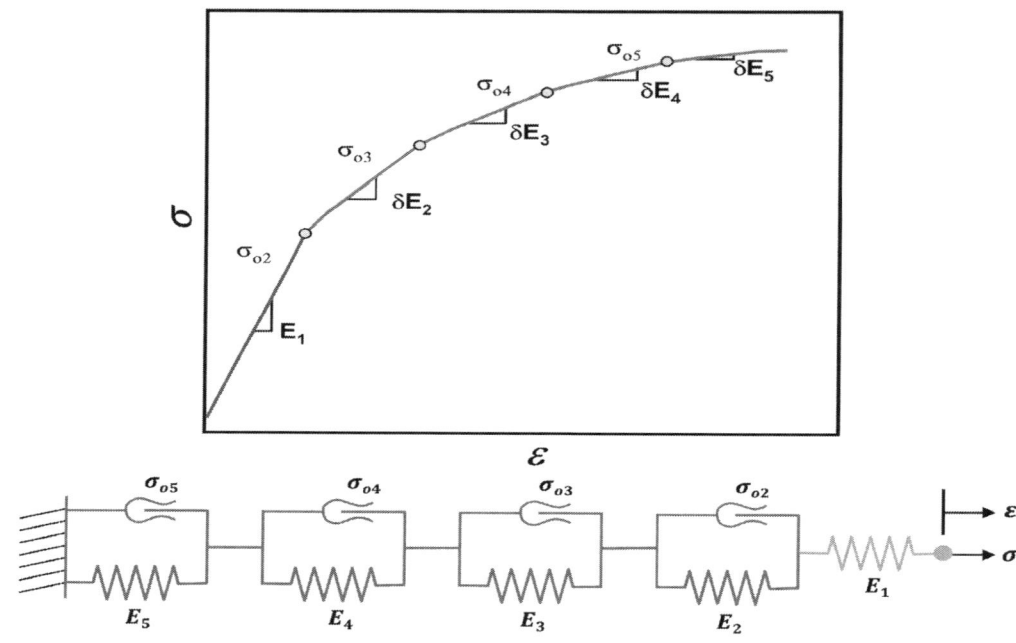

그림 4-6. 재료의 비선형 가공경화를 위한 다단계 모델

응력-변형률 곡선에서 균일 소성 변형 영역에서는 변형률이 증가함에 따라 응력이 비례적으로 증가하지 않는다. 이러한 거동은 가공경화(strain hardening)로 불리며, 재료가 변형을 통해 강도가 증가하는 현상을 나타낸다. Ludwik(1909)와 Holloman(1945)에 의해 제안된 경험적 수학적 관계는 소성 응력-변형 곡선의 형태를 설명하는 데 사용된다. 이 관계식은 다음과 같은 일반적인 형태를 가진다.

$$\sigma = K_H \varepsilon^n \quad \text{or} \quad \sigma = \sigma_o + K_L \varepsilon^n \tag{4-1}$$

여기서, σ는 진응력(true stress), σ_0는 항복 응력(yield stress)은 진변형률(true strain), K_H와 K_L는 각각 다른 강도 계수(strength coefficient), n은 가공경화 지수(strain-hardening exponent)를 의미한다. 특히, K_H는 =1.0일 때 진응력 값과 동일하다. 이 수학적 모델은 재료의 소성 변형 거동을 정량적으로 설명하며, 가공경화로 인한 응력 증가를 정확히 예측하는 데 활용된다.

가공경화 지수(strain-hardening exponent) n는 응력 σ와 변형률 ε 간의 로그 관계로 정의된다. 이는 다음과 같은 수식으로 표현된다.

$$n = \frac{d(\log \sigma)}{d(\log \varepsilon)} = \frac{d(\ln \sigma)}{d(\ln \varepsilon)} = \frac{\varepsilon}{\sigma} \frac{d\sigma}{d\varepsilon} \tag{4-2}$$

가공경화 지수 n은 재료의 거동에 따라 달라지며, 다음과 같은 특성을 가진다.

- n=0: 완전 소성 거동(perfectly plastic solids)
- n=1: 완전 탄성 거동(perfectly elastic solids)
- n=0.1~0.5: 대부분의 금속 재료에서 일반적으로 나타나는 값

가공경화율(strain-hardening rate)은 변형률에 따른 응력 변화율로 정의되며, 다음 수식으로 나타낼 수 있다.

$$\frac{d\sigma}{d\varepsilon} = n\,\frac{\sigma}{\varepsilon} \tag{4-3}$$

이 수식은 재료의 가공경화 특성을 정량적으로 설명하며, 응력과 변형률의 관계에서 재료가 얼마나 강해지는지를 나타낸다.

Ludwik(1909)와 Holloman(1945)의 방정식은 응력-변형 곡선을 설명하기 위해 널리 사용된다. 그러나 이 방정식은 탄성 영역에서의 재료 거동을 적절히 예측하지 못하기 때문에 전체 응력-변형 곡선을 나타내는 데는 한계가 있다. 이러한 이유로 탄성 영역을 포함하는 보다 정교한 모델이 필요한 경우가 있다. Ramberg-Osgood 법칙은 최대 인장 강도(UTS)까지의 응력-변형 곡선을 설명하는 데 사용된다. 이 법칙에 따르면, 총 변형률 ε_{total}는 다음과 같은 식으로 표현된다.

$$\varepsilon_{total} = \frac{\sigma_{true}}{E} + K_{RO}\left(\frac{\sigma_{true}}{E}\right)^{n_{RO}} = \frac{\sigma_{true}}{E} + \alpha\,\frac{\sigma_0}{E}\left(\frac{\sigma_{true}}{\sigma_0}\right)^{n_{RO}} \tag{4-4}$$

여기서, K_{RO}는 Ramberg-Osgood 강도 계수, n_{RO}는 Ramberg-Osgood 가공경화 지수, σ는 항복 응력, E는 영률(Young's modulus), $\alpha = K_{RO}(\sigma_0/E)n_{RO}-1$은 보정 계수를 나타낸다. 응력이 $\sigma_{true} < \sigma$인 경우, 소성 변형률 $\varepsilon_{plastic}$는 0이다. 반면, $\sigma_{true} = K_{RO}$ 도달하면 재료는 완전 소성(perfectly plastic) 상태를 보이며, 이때 큰 변형에서는 탄성 변형 부분을 무시할 수 있다. Ramberg-Osgood 법칙은 항복 이후의 소성 거동을 수학적으로 잘 설명하며, 응력-변형 곡선에서 탄성 및 소성 변형의 기여도를 함께 고려할 수 있다.

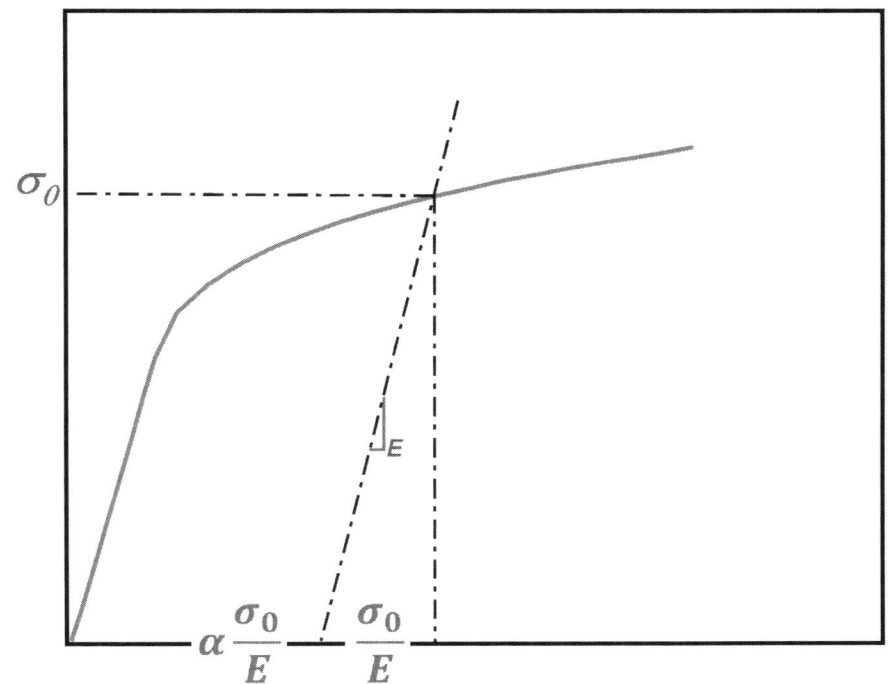

그림 4-7. 재료의 비선형 가공경화를 위한 다단계 모델

인장 시험에서 최대 인장 강도(UTS)에 도달하면 재료는 균일한 소성 변형(uniform plastic deformation)을 넘어서 목(necking)이 시작된다. 이 단계는 응력-변형 곡선에서 UTS로 표시되며, 재료의 단면적이 감소하면서 국부적인 변형이 발생한다. 목이 형성된 이후에는 변형이 국부적으로 집중되며, 비균일 소성 변형(non-uniform plastic deformation)이 진행된다. 이 상태에서는 하중이 감소하고, 결국 재료가 파단(fracture)에 도달하게 된다. 그림 4-8에서처럼 응력-변형 곡선의 각 단계는 다음과 같이 나타난다. 초기 탄성 및 소성 변형 단계에서 재료는 항복 응력(YS)에 도달하며, 이후 균일한 소성 변형이 발생한다. 최대 인장 강도(UTS) 지점에서 목이 형성되며, 이는 곡선의 최고점으로 표시된다. 목 형성 이후에는 비균일 변형이 발생하며, 곡선이 감소하고 파단에 도달한다. 시험편의 길이와 단면적 변화는 각 단계에서 다음과 같이 나타난다. 초기 길이와 단면적은 L_0와 A_0로 표현된다. 목이

형성되면 길이 L_i와 단면적 A_i가 변하며, 최종적으로 파단 시 길이 L_f와 단면적 A_f로 나타난다. 변형률은 길이 변화 $\Delta L = L - L_0$를 기준으로 계산되며, 이는 변형 상태를 정량적으로 설명한다.

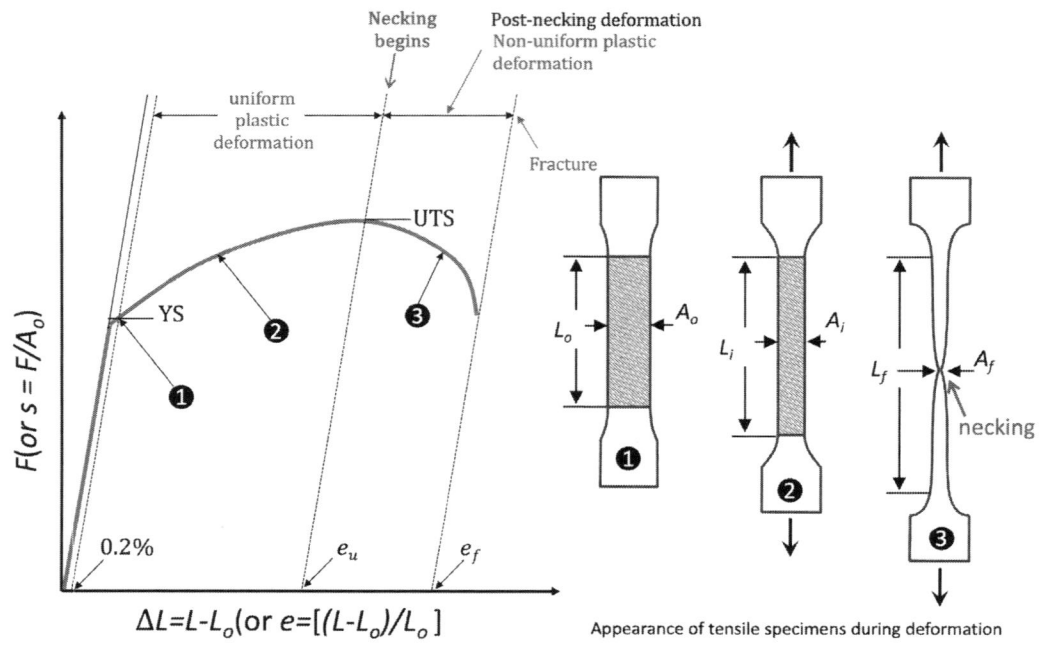

그림 4-8. 재료의 비선형 가공경화를 위한 다단계 모델

인장 변형 동안 변형은 시편의 약한 부분(약점)에서 국부적으로 발생하며, 이는 시편 전체 길이에서 주기적으로 나타난다. 그림 4-9에서 보여주고 있는 것처럼 변형률이 특정 값 ε_{Eu} 보다 작을 때, 약한 부분에서의 가공경화가 주변 영역에 비해 충분히 발생하여 불안정성이 제거된다. 변형률이 ε_{Eu}에 가까워지면, 가공경화율이 감소하면서 약한 부분의 단면적 감소가 가공경화를 상쇄하게 된다. 이 지점에서 영구적인 불안정성이 형성되며, 이는 ε_{Eu}를 약간 초과한 변형률에서 목(neck)이 형성되는 원인이 된다. 목이 형성된 이후 추가적인 변형은 불안정성 영역에 집중되며, 목 현상이 점점 더 두드러지게 나타난다. 이러한 과정은 소성 변형의 국부화와 관련이 있으며, 재료의

파단을 초래하는 주요 메커니즘 중 하나로 작용한다.

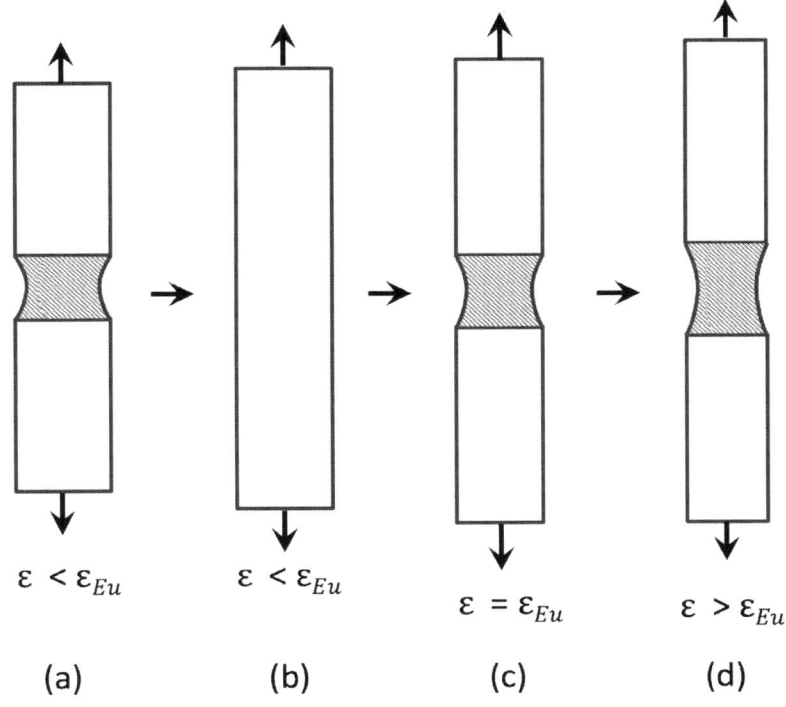

그림 4-9. 재료의 비선형 가공경화를 위한 다단계 모델

목 현상(necking)이 발생하는 이유는 가공경화로 인한 강도 증가와 단면적 감소의 상호작용 때문이다. 소성 변형(plastic deformation)이 진행되면서 재료의 하중 지지 능력은 가공경화로 인해 증가한다. 그러나 동시에 시편의 단면적이 점진적으로 감소하면서 이 하중 지지 능력 증가를 상쇄하려는 효과가 나타난다. 결국, 가공경화로 인한 강도 증가가 단면적 감소로 인한 하중 지지 능력 감소를 더 이상 상쇄하지 못할 때, 불안정성이 발생하며 목이 형성된다. 이러한 현상은 변형이 진행됨에 따라 점점 더 두드러지게 나타난다. 최대 하중(즉, UTS)에서 변형을 계속 진행시키는 데 필요한 응력이 감소된 단면적이 감당할 수 있는 수준을 초과하게 된다. 이로 인해 변형이

국부적으로 집중되며, 이는 비균일한 소성 흐름 또는 목 현상(necking)으로 이어진다. 시편에서 초기 단면적 A_0와 초기 길이 L_0는 변형이 진행됨에 따라 국부적인 단면적 감소 A_i와 길이 변화 L_i를 겪는다. 목이 형성된 이후에는 단면적이 더욱 감소하며 최종 단면적 A_f와 길이 L_f에 도달하게 된다. 이 과정에서 재료는 더 이상 증가하는 응력을 견디지 못하고 국부적인 파단에 이르게 된다. 이러한 현상은 가공경화로 인한 응력 증가와 단면적 감소가 상호작용하며 발생한다. 재료는 변형과 가공경화에 필요한 응력을 더 이상 감당하지 못하게 되며, 이는 수학적으로 분석할 가치가 있는 중요한 현상이다.

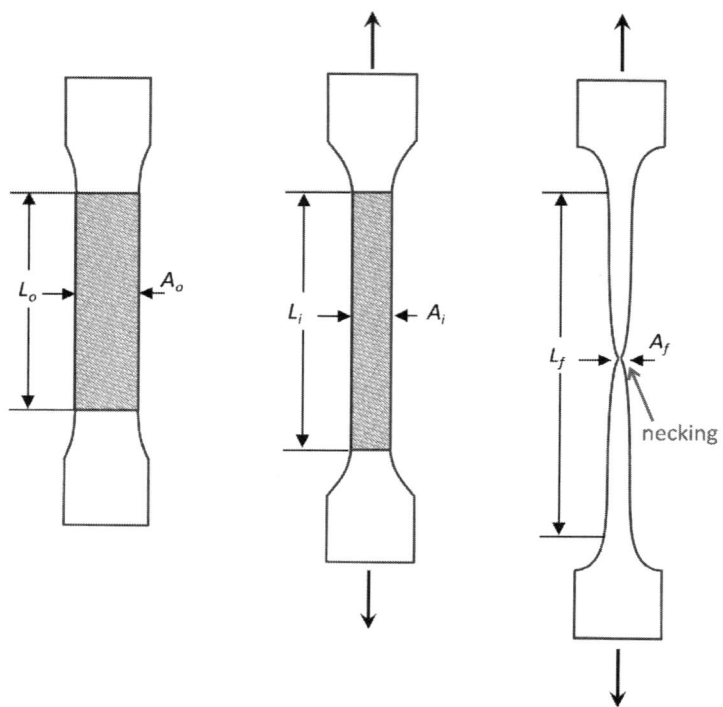

그림 4-10. 재료의 비선형 가공경화를 위한 다단계 모델

시편을 미소 변형량 $d\varepsilon$만큼 변형시키기 위해 필요한 하중 변화량 dF를 고려하면, 이는 다음과 같이 표현된다:

$$F = \sigma A$$

(4-4)

하중의 변화량은 아래 식으로 나타낼 수 있다.

$$\frac{dF}{d\varepsilon} = \left[\sigma\left(\frac{dA}{d\varepsilon}\right)\right] + \left[A\left(\frac{d\sigma}{d\varepsilon}\right)\right] \qquad (4\text{-}4)$$

여기서 두 항은 각각 다음과 같은 물리적 의미를 가진다. σ(dA/dε): 가공경화율(work hardening rate)을 나타내며, 응력-변형 곡선의 기울기이다. 이 값은 항상 양수이며, 변형이 진행됨에 따라 재료의 강도가 증가하는 정도를 설명한다. σ(dA/dε):

이 두 항의 합은 시편의 변형에 기하학적 연화율(rate of geometrical softening)을 나타내며, 변형률 증가로 인해 단면적이 감소하는 비율이다. 이는 체적 보존 법칙으로 인해 단면적이 감소하기 때문에 항상 음수 값을 가진다. 따른 하중 변화율을 설명하며, 이는 목 형성(necking)의 기준을 결정하는 데 중요한 역할을 한다. 여기서 사용된 응력과 변형률은 진응력(true stress)과 진변형률(true strain)을 기반으로 한다. 시편의 국부적인 단면적 감소(A)는 해당 영역에서 상대적으로 가공경화가 증가하도록 만든다. 이는 시편의 나머지 부분이 순차적으로 변형되면서 가공경화를 진행하여 균일한 단면적이 다시 형성되도록 한다. 최대 인장 강도(UTS)에서는 기하학적 연화율(dA/dε)과 가공경화율(dσ/dε)이 균형을 이룬다. 만약 기하학적 연화율(dA/dε)이 가공경화율(dσ/dε)보다 크다면, 변형은 불안정해지며, 재료는 가공경화를 통해 변형을 억제할 수 없게 된다. 이로 인해 목 현상(necking)이 진행되며, 점차적으로 목의 크기가 증가한다.

불안정성(instability)의 기준은 하중이 최대화되는 지점에서 정의되며, 이때 힘-거리 곡선의 기울기가 0이 된다. 이를 수학적으로 표현하면 $dF=0$이다. 여기서, F는 하중, σ는 진응력(true stress), A는 최대 하중 시점에서의 단면적을 나타낸다. 하중의 변화율 dF는 다음 식으로 나타낼 수 있다.

$$dF = \sigma\, dA + A\, d\sigma = 0 \tag{4-5}$$

이 식은 진응력과 단면적 변화율 간의 관계를 설명하며, 목(necking)이 발생하는 지점을 결정하는 데 사용된다. 이 과정에서는 공학적 응력과 변형 대신 진응력(true stress)과 진변형(true strain)이 사용된다. 이 조건은 목 형성의 시작과 불안정성의 발생을 정량적으로 정의한다.

소성 변형은 일정한 부피를 유지하는 과정으로 간주된다. 따라서 부피 V는 다음과 같이 일정하게 유지된다.

$$V = L_o A_o = LA = constant \tag{4-6}$$

이를 기반으로, 부피 변화율을 다음과 같이 나타낼 수 있다.

$$dV = A\, dL + L\, dA = 0 \tag{4-7}$$

위 식을 재구성하면 다음 관계를 얻을 수 있다.

$$\frac{dL}{L} = -\frac{dA}{A} = d\varepsilon \tag{4-8}$$

이 관계는 변형률과 단면적 변화 간의 상호 연관성을 나타낸다. 앞서 정의한 불안정성 조건을 적용하면 다음과 같은 식을 도출할 수 있다.

$$-\frac{dA}{A} = \frac{d\sigma}{\sigma} = d\varepsilon \tag{4-9}$$

또는

$$\frac{d\sigma}{d\varepsilon} = \sigma \tag{4-10}$$

이 식은 소성 변형 과정에서 목(necking)이 발생할 때의 조건을 정량적으로 설명하며, 단면적 변화와 응력 변화 간의 상호 작용을 나타낸다.

목(necking)은 진응력-진변형 곡선의 기울기가 해당 변형에서의 진응력과 같아지는 변형률에서 단축 인장(uniaxial tension) 조건에서 발생한다. 이는 목 형성의 기준을 나타내며, 변형률과 응력 간의 관계를 정의한다. 공학적 변형률 e를 이전에 유도한 식에 포함시키면 보다 명시적인 표현을 얻을 수 있다.

$$\frac{d\sigma}{d\varepsilon} = \frac{d\sigma}{de}\frac{de}{d\varepsilon} = \frac{d\sigma}{de}\frac{dL/L_0}{dL/L} = \frac{d\sigma}{de}\frac{L}{L_0} = \frac{d\sigma}{de}(1+e) = \sigma \tag{4-11}$$

이를 통해 다음과 같은 최종 식을 도출할 수 있다.

$$\frac{d\sigma}{de} = \frac{\sigma}{(1+e)} \tag{4-12}$$

이 표현은 Considère의 기준(Considère's construction)으로 알려져 있으며, 목 형성 조건을 정량적으로 설명하는 데 사용된다. 이 식은 진응력과 공학적 변형률 사이의 관계를 명확히 정의하며, 소성 변형에서 불안정성이 발생하는 시점을 예측할 수 있도록 한다.

Considère의 기준(Considère's construction)은 진응력과 공학적 변형률의 관계를 활용하여 균일 신장(uniform elongation)과 최대 인장 강도(UTS)를 결정하는 방법을 제시한다. 이 기준은 진응력 곡선과 해당 곡선의 접선이 동일한 기울기를 가지는 지점에서 균일 신장이 끝나고 목 형성이 시작된다고 정의한다. 그래프에서 σ_{uts}는 최대 인장 강도(UTS)를 나타내며, 이 지점에서 공학적 변형률 e_u는 균일 신장의 한계를 나타낸다. 또한 $1+e_u$는 해당 변형률을 기반으로 한 비율 관계를 나타낸다.

Considère의 기준을 활용하면 응력-변형 곡선을 기반으로 재료의 균일 장량과 최대 인장 강도를 예측할 수 있으며, 이는 재료의 소성 변형과 강도 특성을 정량적으로 평가하는 데 중요한 정보를 제공한다.

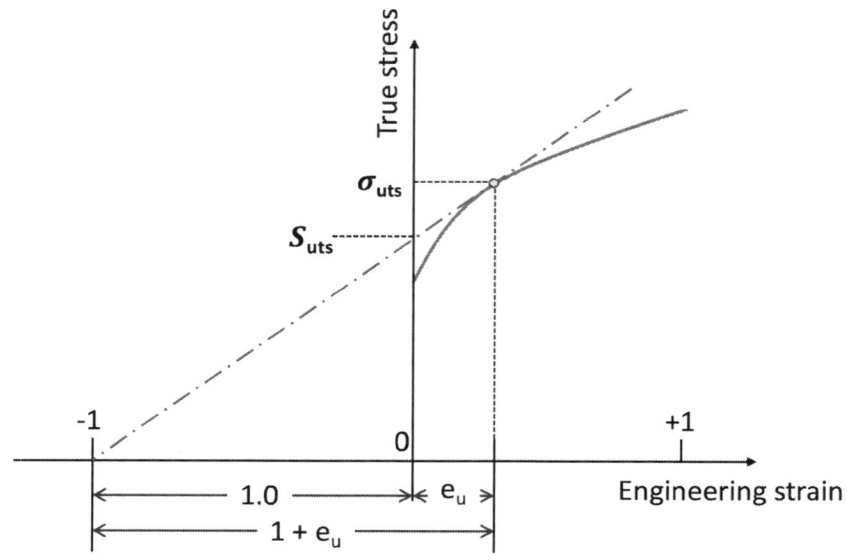

그림 4-11. 재료의 비선형 가공경화를 위한 다단계 모델

목 형성(necking)의 기준식인 $d\sigma/d\varepsilon = \sigma$를 가공경화율(work hardening rate) 식에 대입하면 다음과 같은 식을 얻을 수 있다.

$$\frac{d\sigma}{d\varepsilon} = n\frac{\sigma}{\varepsilon} = \sigma \tag{4-13}$$

이를 정리하면 다음과 같은 관계가 도출된다.

$$n = \varepsilon \tag{4-14}$$

여기서, n은 가공경화 지수(strain hardening exponent)를 나타내며, ε은 진균일 변형률(true uniform strain) 또는 목 형성이 시작되는 변형률을 나타낸다. 이 결과는 목 형성이 발생할 조건을 정량적으로 정의하며, 목 형성 시점에서의 진변형률이 가공경화 지수와 같아지는 것을 설명한다. 즉, 진변형률이 가공경화 지수와 동일해질 때 불안정한 변형이 시작되어 목 형성이 발생한다는 것을 의미한다.

인장 변형 과정에서 변형은 시편 길이를 따라 국부적으로 발생할 수 있다. 변형률이 최대 인장 강도(UTS) 이하일 때, 가공경화는 변형이 발생한 국부 영역을 주변 영역에 비해 강하게 만들어 불안정성을 억제한다. 그러나 변형률이 증가하면서 가공경화율(Work Hardening Rate, WHR)은 감소하게 된다.

UTS에 도달했을 때, 단면적 감소가 가공경화로 인해 증가된 유동 강도와 같아지게 된다. 이로 인해 국부적인 변형 영역(즉, 목)이 영구적으로 형성된다. 변형률이 계속 증가하면 목 현상이 점점 더 뚜렷해지며, 최종적으로 재료가 파단에 도달한다. 이 과정에서 초기 단면적과 길이(A_0, L_0)는 국부 변형의 진행에 따라 점진적으로 감소하여, 목이 형성된 후 최종 단면적과 길이(A_f, L_f)로 변화하게 된다(그림 4-12). 이러한 목 형성 과정은 재료의 소성 변형에서 불안정성과 파단의 주요 메커니즘을 나타낸다.

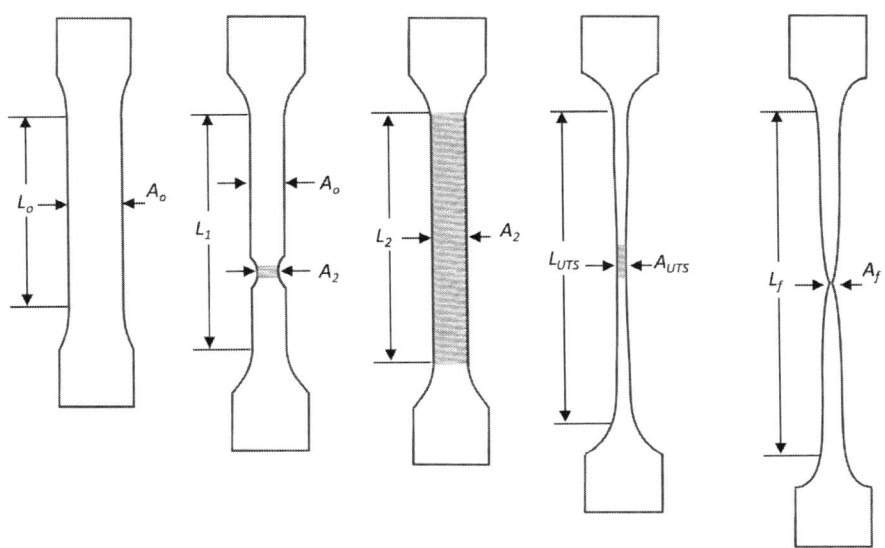

그림 4-12. 재료의 비선형 가공경화를 위한 다단계 모델

많은 재료에서 응력-변형 거동은 변형 속도(즉, 변형률 속도)에 의해 영향을 받는다. 변형률 속도는 변형이 발생하는 속도로, 다음과 같이 정의된다.

$$\dot{\varepsilon} = \frac{d\varepsilon}{dt} \quad (4\text{-}15)$$

일반적으로 변형률 속도가 증가하면 유동 응력(flow stress)도 증가한다. 이 관계는 다음 식으로 표현할 수 있다.

$$\sigma = K'\dot{\varepsilon}^m \quad (4\text{-}16)$$

여기서, σ: 진응력(true stress), K': 상수(변형률 속도가 $1s^{-1}$일 때의 응력), $\dot{\varepsilon}$: 진변형률 속도(true strain rate), m: 변형률 속도 민감도 지수(strain-rate sensitivity factor).

변형률 속도 민감도 지수 m는 다음과 같이 정의된다.

$$m = strain - rate\ sensitivity\ factor = \left.\frac{d\log\sigma}{d\log\dot{\varepsilon}}\right|_{T,\varepsilon} \quad (4\text{-}17)$$

이는 온도와 변형률이 일정할 때 응력과 변형률 속도의 로그 관계의 기울기로 정의된다. 이 식은 변형률 속도가 증가함에 따라 응력이 어떻게 변화하는지를 정량적으로 나타내며, 고속 변형이 재료의 기계적 특성에 미치는 영향을 분석하는 데 유용하다.

그래프는 변형률 속도 증가와 온도 감소가 재료의 기계적 성질에 미치는 영향을 나타낸다. 변형률 속도가 증가하거나 온도(T)가 감소하면 유동 응력($s=F/A_0$)이 증가한다. 이를 통해 변형률 속도가 높은 조건이나 낮은 온도에서 재료가 더 강한 저항을 보임을 알 수 있다.

결론적으로, 재료의 기계적 특성은 변형률 속도와 온도에 민감하게 반응한다. 이를 설명하기 위해서는 미시적 기계적 과정(micromechanical processes)을 논의할 필요가 있다.

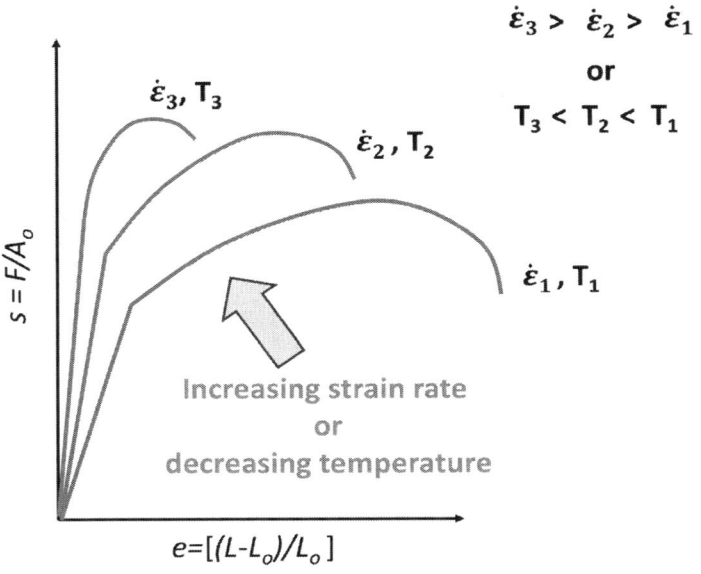

그림 4-13. 재료의 비선형 가공경화를 위한 다단계 모델

변형률 속도에 따른 다양한 실험 조건 및 유형을 나타낸다. 변형률 속도 범위 $10^{-8} \sim 10^{-5} s^{-1}$에서는 일정 하중이나 응력 조건의 크리프 시험이 수행되고, $10^{-5} \sim 10^{-1} s^{-1}$ 범위에서는 정적 인장 시험이 진행된다. $10^{-1} \sim 10^{2} s^{-1}$에서는 동적 인장 또는 압축 시험이, $10^{2} \sim 10^{4} s^{-1}$에서는 충격 바를 이용한 고속 시험이 이루어진다. 마지막으로 $10^{4} \sim 10^{8} s^{-1}$ 범위에서는 초고속 충돌 시험이 수행된다. 변형률 속도 변화 시험을 통해 변형률 민감도 지수 m을 결정할 수 있다. m은 변형률 속도의 변화에 따른 진응력의 변화를 로그 스케일로 나타낸 것이다. 이 값은 다음과 같은 관계식으로 정의된다.

$$m = \frac{d \log \sigma}{d \log \dot{\varepsilon}}\bigg|_{T,\varepsilon} = \frac{\Delta \log \sigma}{\Delta \log \dot{\varepsilon}} = \frac{\log(\sigma_2/\sigma_1)}{\log(\dot{\varepsilon}_2/\dot{\varepsilon}_1)} \tag{4-18}$$

변형률 민감도는 재료의 변형 거동 변화를 나타내는 중요한 지표로, 특히 소성 변형과 관련된 전위 개념을 설명하는 데 자주 사용된다.

연습문제

1. 고체 재료에서 탄성 변형과 소성 변형의 차이를 설명하시오. 응력-변형률 곡선을 활용하여 두 변형의 특징을 비교하고, 항복 응력(offset yield stress)이 갖는 의미를 서술하시오.

2. 공칭 응력-변형률 곡선과 진응력-변형률 곡선의 차이점을 설명하고, 소성 변형이 진행될수록 두 곡선의 차이가 왜 발생하는지 설명하시오.

3. 유변학적 모델(rheological model)의 기본 요소인 선형 스프링, 점성 감쇠기(viscous dashpot), 마찰 슬라이더(frictional slider)에 대해 설명하고, 이들이 각각 어떤 기계적 거동을 나타내는지 설명하시오.

4. 가공경화(strain hardening)란 무엇이며, 가공경화가 소성 변형 과정에서 재료의 강도에 미치는 영향을 설명하시오.

5. Ludwik 방정식($\sigma = K\varepsilon^n$)을 사용하여 가공경화 지수(n)의 의미를 설명하고, n값이 0, 1일 때 각각의 재료 특성을 설명하시오.

6. Ramberg-Osgood 법칙($\varepsilon_{total} = \sigma/E + K_{RO}(\sigma/E)^n$)을 설명하고, 이 법칙이 소성 변형 분석에서 어떤 역할을 하는지 논하시오.

7. Considère의 기준이란 무엇이며, 목(necking)이 발생하는 변형률을 예측하는 방법을 설명하시오.

8. 변형률 속도 민감도(strain-rate sensitivity) 지수(m)의 의미를 설명하고, 변형 속도가 증가할 때 소성 변형 거동이 어떻게 달라지는지 논하시오.

9. 진응력(true stress)과 공학적 응력(engineering stress)의 관계를 수식으로 표현하고, 변형이 진행될수록 두 값이 어떻게 달라지는지 설명하시오.

10. 변형률 속도가 높은 환경에서 소성 변형의 주요 특징을 설명하고, 고온 변형(hot deformation)에서는 변형 속도에 따른 영향이 어떻게 달라지는지 논하시오.

참고문헌

1. G.E. Dieter, Mechanical Metallurgy, 2nd ed., McGraw-Hill Book Co. (1976).

2. J. Rosler, H. Harders, M. Baker, Mechanical Behavior of Engineering Materials, Springer, New York (2008).

3. M.A. Meyers and K.K. Chawla, Mechanical Behavior of Materials, 2nd ed., Cambridge University Press (2008).

4. T.H. Courtney, Mechanical Behavior of Materials, 2nd ed., Waveland Press, Long Grove, IL (2005).

5. A. Mendelson, Plasticity: Theory and Applications, Macmillan, New York (1968).

\#

Appendix

Appendix1. 강화 기구

    A1-1 단위와 차원

    A1-2 단위의 접두어

Appendix2. 벡터와 행렬

    A2-1 벡터

    A2-2 행렬

에듀컨텐츠 휴피아

Appendix 1. 강화기구

A1-1. 단위와 차원

　기초과학과 공학 분야에서 우리는 필연적으로 다양한 물리량을 다루게 된다. 이 물리량들을 정확히 이해하기 위해서는 우선 단위(Unit)와 차원(Dimension)에 대한 기본적인 지식이 필요하다. 이를 통해 여러 가지 물리량을 표현할 수 있으며, 일반적으로 사용되는 네 가지 기본 물리량은 다음과 같다.

* 기본 물리량

　길이(Length, L)　질량(Mass, M)　시간(Time, t)　온도(Temperature, T)

이러한 기본 물리량을 기초로 하여 물리량의 차원을 구해보면 다음과 같다.

* 물리량의 차원

(1) 속도(V) : 움직인 거리/시간 $= L/t = Lt^{-1}$

(2) 가속도(a) : 속도의 변화/시간 $= L/t^2 = Lt^{-2}$

(3) 힘(F) : 질량 · 가속도 $= MLt^{-2}$

(4) 일(W) : 힘 · 거리 = ML^2t^{-2}

물리량의 차원은 일정하고 변함이 없으나, 각 물리량을 표현하는 단위는 지역과 시대에 따라 다양한 형태로 존재한다. 특히, 최근 동서양의 과학과 기술이 빈번하게 교류되면서, 한 단위에서 다른 단위로 변환해야 하는 상황이 자주 발생한다. 이는 산업 현장에서 매우 중요하고 기본적인 사항임에 틀림없다. 예를 들어, 몇 십년 전만 해도 우리나라에서는 길이는 '자', 무게는 '근', 부피는 '되', 넓이는 '평' 등의 단위가 사용되었으며, 현재도 '근'과 '평' 같은 단위는 여전히 사용되고 있다. 또한, 영국과 미국과 같은 나라들은 전통적으로 영국 단위계를 사용하고 있어, 그들의 기계류나 문헌을 사용할 때에는 우리에게 익숙한 단위계로 변환해야 하는 과정을 거쳐야 한다. 현재 과학과 공학 분야에서 가장 일반적으로 사용되는 단위계는 다음의 세 가지이다.

* 3가지 단위계(Unit System)

(1) MKS System : meter-kilogram-second

(2) CGS System : centimeter-gram-second

(3) British Engineering System : foot-pound-second

재료강도학 분야에서 기본이 되는 힘과 일(또는 에너지)의 단위를 위의 세 가지 기본 단위계를 바탕으로 살펴보면 다음과 같다.

* 힘의 단위

(1) MKS 단위 : 1 N = 1 Kg · 1 m/s^2 = 1 Kg·m/s^2

(2) CGS 단위 : 1 dyn = 1 g · 1 cm/s^2 = 1 g·cm/s^2

(3) 영국 단위 : 1 poundal = 1 lbm · 1 ft/s^2 = 1 lbm·ft/s^2

$$1 \text{ lbf} = 1 \text{ lbm} \cdot 32.17 \text{ ft/s}^2 = 32.17 \text{ lbm·ft/s}^2$$

* 일의 단위

   (1) MKS 단위 : $1 \text{ J} = 1 \text{ N} \cdot 1 \text{ m} = 1 \text{ Kg·m}^2/\text{s}^2$

   (2) CGS 단위 : $1 \text{ erg} = 1 \text{ dyn} \cdot 1 \text{ cm} = 1 \text{ g·cm}^2/\text{s}^2$

   (3) 영국 단위 : $1 \text{ ft·lbf} = 32.17 \text{ lbm·ft}^2/\text{s}^2$

다양한 물리량을 나타내기 위해 여러 단위들이 사용되며, 이러한 단위들간의 변환은 매우 중요하다. 단위 변환을 간단히 설명하면 다음과 같다.

* 단위의 변환

   $1 \text{ N} = 1 \text{ Kg·m/s}^2 = 1 \cdot (1000 \text{ g}) \cdot (100 \text{ cm}) / \text{s}^2 = 100{,}000 \text{ g·cm/s}^2$

   즉, 1 N은 100,000 dyn과 같다.

   $1 \text{ J} = 1 \text{ Kg·m}^2/\text{s}^2 = 1 \cdot (1000 \text{ g}) \cdot (100 \text{ cm})^2 / \text{s}^2 = 10{,}000{,}000 \text{ g·cm}^2/\text{s}^2$

   즉, 1 J은 10,000,000 erg와 같다.

   $1 \text{ poundal} = 1 \text{ lbm·ft/s}^2 = 1 \cdot (453.59 \text{ g}) \cdot (12 \cdot 2.54 \text{ cm})/\text{s}^2 = 13{,}825 \text{ g·cm/s}^2$

   즉, 1 poundal은 13,825 dyn과 같다.

(예제 A1-1) 압력과 밀도의 차원을 구해보시오.

(풀이) 압력 = 힘/면적 = $MLt^{-2}/L^2 = ML^{-1}t^{-2}$, 밀도 = 질량/부피 = ML^{-3}

(예제 A1-2) 압력과 밀도의 여러 가지 단위들을 이용하여 단위간 변환을 보이시오.

(풀이) 압력의 단위:　$1 \text{ Pa} = 1 \text{ N/m}^2$, $1 \text{ psi} = 1 \text{ lbf/in}^2$, 1 Kgf/mm^2, 1 atm

밀도의 단위: 1 g/cm^3,　1 lbm/in^3, 1 Kg/m^3

단위의 변환: $1 \text{ Kgf/mm}^2 = 1 \text{ Kg} \cdot 9.8 \text{ m/s}^2 \cdot 1/\text{mm}^2$

$$= 1 \, (\text{Kg} \cdot 9.8 \text{ m/s}^2 \cdot 1/(0.001 \text{ m})^2) = 9.8 \cdot 10^6 \text{ N/m}^2$$

$$= 9.8 \cdot 10^6 \text{ Pa} = 9.8 \cdot 10^3 \text{ KPa} = 9.8 \text{ MPa}$$

$1 \text{ psi} = 1 \text{ lbf/in}^2 = 32.17 \text{ lbm·ft/s}^2 \cdot 1/\text{in}^2$

$$= 32.17 \cdot (0.45359 \text{ Kg}) \cdot (0.3048 \text{ m})/\text{s}^2 \cdot 1/(0.0254 \text{ m})^2$$

$$= 6894 \text{ N/m}^2 = 6.894 \cdot 10^3 \text{ Pa} = 6.894 \text{ KPa}$$

$1 \text{ Kg/m}^3 = (1000 \text{ g})/(100 \text{ cm})^3 = 0.001 \text{ g/cm}^3 = 10^{-3} \text{ g/cm}^3 = 1 \text{ mg/cm}^3$

A1-2. 단위의 접두어

위의 예제에서 볼 수 있듯이, 단위 변환 시 매우 큰 숫자와 작은 숫자들이 필연적으로 나타난다. 이러한 숫자들을 간단히 표현하는 방법은 단위 앞에 접두어를 붙이는 것이다. 우리에게 가장 익숙한 접두어로는 킬로(kilo), 센티(centi), 밀리(milli), 메가(mega) 등이 있으며, 사용 예시는 다음과 같다.

* 접두어의 사용 예

   1 Kg = 1,000 g,   1 mg = 0.001 g, 1 km = 1000 m, 1 mm = 0.001 m,

   1 Mton = 1,000,000 ton,   1 mL = 0.001 L

공학에서 자주 사용되며 반드시 알아두어야 할 단위 접두어를 정리하면 표 A1-1과 같다.

표 A1-1. 단위의 접두어

접두어	기호	승수	접두어	기호	승수
tera	T	10^{12}	pico	p	10^{-12}
giga	G	10^{9}	nano	n	10^{-9}
mega	M	10^{6}	micro	μ	10^{-6}
kilo	k	10^{3}	milli	m	10^{-3}
hecto	h	10^{2}	centi	c	10^{-2}
deka	da	10^{1}	deci	d	10^{-1}

(예제 1-3) 0.9 nm를 mm, cm, μm로 표현하시오. 또한 5.8 Tb를 kb, Mb, Gb로 표현하시오.

(풀이) 0.9 nm = 0.9 · 10^{-9} m = 0.9 · 10^{-3} μm = 0.9 · 10^{-6} mm = 0.9 · 10^{-7} cm

   5.8 Tb = 5.8 · 10^{12} b = 5.8 · 10^{9} kb = 5.8 · 10^{6} Mb = 5.8 · 10^{3} Gb

Appendix 2. 벡터와 행렬

이 부록에서는 연속체 역학을 비롯한 공학 전반에서 필수적으로 사용되는 벡터(vector)와 행렬(matrix)의 기본 개념을 소개한다. 이러한 내용은 이미 다른 수학 또는 공학 교과목을 통해 익숙할 수 있지만, 이 장에서는 본 교재에서 사용되는 표현 방법을 명확히 정리하고자 한다. 만약 독자가 벡터와 행렬에 충분히 익숙하다면 이 장은 생략해도 무방하다.

[1] 벡터 (Vector)

벡터란 크기와 방향을 모두 갖는 양을 의미하며, 다양한 물리 현상을 수학적으로 표현하는 데 필수적으로 사용된다. 예를 들어, 다음과 같은 물리량들은 모두 벡터의 성질을 가진다.

- 변위(Displacement)
- 속도(Velocity)
- 힘(Force)
- 가속도(Acceleration)

벡터는 일반적으로 화살표로 나타낸다. 화살표의 방향은 벡터의 방향을 나타내며, 화살표의 길이는 벡터의 크기를 의미한다. 아래 그림을 통해

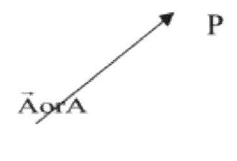

벡터의 표현 방법을 살펴보자.

위 그림에서 벡터 $\vec{A}$는 점 O에서 시작하여 점 P까지 향하는 화살표로 나타낸다.

- 화살표의 꼬리 부분인 점 O를 벡터의 원점(origin) 또는 초기점(initial point) 이라 한다.
- 화살표의 머리 부분인 점 P를 종단점(terminal point) 또는 종착점(terminus) 이라 한다.
- 벡터의 방향은 O에서 P를 향하며, 길이는 벡터의 크기를 나타낸다.

벡터는 수식으로 다음과 같이 표기할 수 있다.

- $\vec{A}$ 또는 $\mathbf{A}$

- 벡터의 크기만을 나타낼 때는 $|\vec{A}|$ 또는 $|A|$로 표현한다.

스칼라 (Scalar)

스칼라는 크기만 있고 방향은 없는 양을 의미한다. 공학 및 자연과학에서 자주 접하는 다음과 같은 물리량들이 스칼라의 대표적인 예이다.

- 질량(Mass)
- 길이(Length)
- 시간(Time)
- 온도(Temperature)

- 실수(Real Number)

따라서, 벡터와 스칼라의 가장 큰 차이점은 방향의 유무에 있다. 벡터는 크기와 방향 모두를 가지며, 스칼라는 크기만을 가진다.

[2] 벡터의 대수적 연산

벡터는 단순히 크기와 방향을 갖는 물리량일 뿐 아니라, 여러 벡터를 결합하거나 변형하는 다양한 대수적 연산을 수행할 수 있다. 이 절에서는 벡터의 연산 규칙과 관련된 기본 개념을 설명한다.

1. 동일한 벡터

두 벡터가 다음 두 조건을 모두 만족하면 이들은 동일한 벡터라고 한다.

- 크기가 같다.
- 방향이 같다.

이때, 두 벡터의 시작 위치(초기점)는 서로 다를 수 있다. 즉, 벡터의 크기와 방향이 같으면, 벡터의 위치는 중요하지 않다.

$$\vec{A} = \vec{B}$$

2. 반대 벡터

벡터 $\vec{A}$ 와 크기는 같고 방향은 정반대인 벡터를 $-\vec{A}$로 표현한다.

3. 벡터의 합 (벡터 덧셈)

두 벡터 $\vec{A}$와 $\vec{B}$의 합을 $\vec{C} = \vec{A} + \vec{B}$로 나타낸다.

- 벡터 $\vec{B}$의 시작점을 벡터 $\vec{A}$의 끝점에 위치시킨다.
- $\vec{A}$ 의 시작점과 $\vec{B}$의 끝점을 연결하면 합 벡터 $\vec{C}$가 완성된다.

이 방법은 흔히 '평행사변형 법칙' 또는 '꼬리-머리 연결법'으로도 불린다.

4. 벡터의 차 (벡터 뺄셈)

벡터 $\vec{A}$에서 벡터 $\vec{B}$를 빼는 연산을 $\vec{A} - \vec{B}$로 나타낸다.

구성 방법:

- 벡터 $\vec{B}$에 대해 방향을 반대로 바꾼 벡터 $-\vec{B}$를 구한다.
- $\vec{A}$와 $-\vec{B}$를 덧셈 연산으로 결합하면 차 벡터 $\vec{A}-\vec{B}$가 완성된다.

$$\vec{A} - \vec{B} = \vec{A} + (-\vec{B})$$

5. 스칼라곱

벡터 $\vec{A}$에 실수 m을 곱하는 것을 스칼라곱(scalar multiplication) 라고 한다.
- 벡터의 방향은 변하지 않는다.
- 벡터의 크기는 m배가 된다.
- m이 양수이면 방향은 그대로, 음수이면 방향이 반대가 된다.

$$m\vec{A}$$

[3] 벡터 연산의 법칙

벡터 연산은 다음과 같은 수학적 법칙을 만족한다. 이들은 벡터 대수의 기초로 매우 중요하다.

1. 덧셈에 대한 교환 법칙 (Commutative Law for Addition)

$$\vec{A} + \vec{B} = \vec{B} + \vec{A}$$

2. 덧셈에 대한 결합 법칙 (Associative Law for Addition)

$$\vec{A} + (\vec{B} + \vec{C}) = (\vec{A} + \vec{B}) + \vec{C}$$

3. 스칼라 곱셈의 교환 법칙 (Commutative Law for Multiplication)

$$m\vec{A} = \vec{A}m$$

4. 스칼라 곱셈의 결합 법칙 (Associative Law for Multiplication)

$$m(n\vec{A}) = (mn)\vec{A}$$

5. 분배 법칙 (Distributive Law)

- 스칼라 분배:

$$(m+n)\vec{A} = m\vec{A} + n\vec{A}$$

- 벡터 분배:

$$m(\vec{A} + \vec{B}) = m\vec{A} + m\vec{B}$$

[4] 단위 벡터 (Unit Vector)

단위 벡터란 크기가 1인 벡터를 의미한다. 일반적으로 어떤 벡터 $\vec{A}$의 크기가 0이 아니면, $\vec{A}$와 같은 방향을 가지면서 크기가 1인 벡터를 만들 수 있다. 이를 단위 벡터라고 하며, 다음과 같이 정의된다.

$$\hat{a} = \frac{\vec{A}}{|\vec{A}|}$$

여기서

- $\hat{a}$: 벡터 $\vec{A}$와 같은 방향을 가지는 단위 벡터
- $|\vec{A}|$: 벡터 $\vec{A}$의 크기 (또는 길이)

결과적으로, 임의의 벡터 $\vec{A}$는 그 방향의 단위 벡터 $\hat{a}$와 크기의 곱으로 표현할 수 있다.

$$\vec{A} = |\vec{A}|\,\hat{a}$$

[5] 직각 단위 벡터 (Rectangular Unit Vectors)

공학과 물리학에서 가장 널리 사용하는 벡터 집합 중 하나가 바로 3차원 직각 좌표계(Cartesian Coordinate System)의 단위 벡터들이다.

- x 방향 단위 벡터: $\hat{i}$
- y 방향 단위 벡터: $\hat{j}$
- z 방향 단위 벡터: $\hat{k}$

이들 세 벡터는 각각 x, y, z 축의 방향을 정의하며 모두 크기가 1이다. 본 교재에서는 별도의 언급이 없는 한, 오른손 좌표계를 기본으로 사용한다.

그림과 같이, 오른손 좌표계에서는

- 엄지를 x 방향
- 검지를 y 방향
- 중지를 z 방향

으로 놓으면 세 축의 방향성을 쉽게 파악할 수 있다.

[6] 벡터의 성분 (Components of a Vector)

3차원 공간의 임의의 벡터 $\vec{A}$는 직각 좌표계를 기준으로 다음과 같이 성분별로 표현할 수 있다.

$$\vec{A} = A_1\hat{i} + A_2\hat{j} + A_3\hat{k}$$

여기서:

- A_1 : x 방향 성분 (스칼라)
- A_2 : y 방향 성분 (스칼라)

- A_3 : z 방향 성분 (스칼라)
- $\hat{i}, \hat{j}, \hat{k}$: 각 방향의 단위 벡터

따라서, 벡터 $\vec{A}$는 각 방향의 성분 벡터의 합으로 나타낼 수 있다.

벡터의 크기 (Magnitude)

위와 같이 성분으로 표현된 벡터 $\vec{A}$의 크기 또는 길이는 다음과 같이 피타고라스 정리를 이용해 구할 수 있다.

$$|\vec{A}| = \sqrt{A_1^2 + A_2^2 + A_3^2}$$

즉, 벡터 $\vec{A}$의 크기는 각 성분의 제곱을 모두 더한 후, 그 합의 제곱근을 취한 값이다.

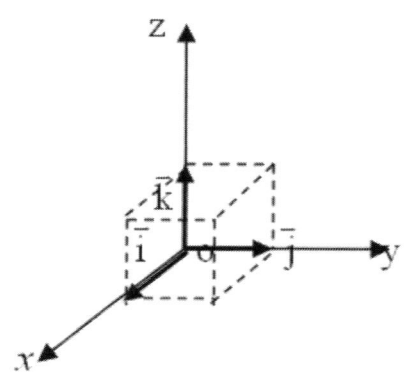

위 그림은 다음 내용을 보여준다.

- 벡터 $\vec{A}$는 원점에서 시작하여 공간 상의 한 점으로 향한다.
- $\vec{A}$의 각 방향 성분인 $A_1\hat{i}, A_2\hat{j}, A_3\hat{k}$가 x, y, z 축을 따라 각각 표시된다.
- 이 세 성분을 종합하면 전체 벡터 $\vec{A}$가 완성된다.

[7] 벡터의 내적 (The Dot Product 또는 Scalar Product)

벡터의 내적은 두 벡터를 곱했을 때 스칼라(숫자) 값을 얻는 연산으로, '스칼라 곱'이라고도 한다.

두 벡터 $\vec{A}$와 $\vec{B}$의 내적은 다음과 같이 정의된다.

$$\vec{A} \cdot \vec{B} = AB \cos \theta$$

여기서:

- $|\vec{A}|, |\vec{B}|$는 각 벡터의 크기
- θ는 두 벡터 사이의 각도 ($0 \leq \theta \leq \pi$)

즉, 내적은 두 벡터의 크기와 그 사이 각도의 코사인 값을 곱한 결과이다. 주의해야 할 점은, 내적의 결과는 벡터가 아니라 스칼라 값이라는 것이다.

내적의 성질 및 법칙

1. 교환 법칙 (Commutative Law for Dot Product)

$$\vec{A} \cdot \vec{B} = \vec{B} \cdot \vec{A}$$

2. 분배 법칙 (Distributive Law)

$$\vec{A} \cdot (\vec{B} + \vec{C}) = \vec{A} \cdot \vec{B} + \vec{A} \cdot \vec{C}$$

3. 스칼라배와의 결합

$$m(\vec{A} \cdot \vec{B}) = \vec{A} \cdot (m\vec{B}) = (m\vec{A}) \cdot \vec{B}$$

여기서 m은 스칼라 값이다.

기본 단위 벡터의 내적

직각 좌표계의 기본 단위 벡터 $\hat{i}, \hat{j}, \hat{k}$에 대해 다음과 같은 관계가 성립한다.

$$\hat{i} \cdot \hat{i} = \hat{j} \cdot \hat{j} = \hat{k} \cdot \hat{k} = 1$$

$$\hat{i} \cdot \hat{j} = \hat{j} \cdot \hat{k} = \hat{k} \cdot \hat{i} = 0$$

즉:

- 같은 방향의 단위 벡터끼리 내적하면 1
- 서로 다른 방향의 단위 벡터끼리 내적하면 0

벡터의 성분을 통한 내적 표현

벡터 $\vec{A}$와 $\vec{B}$가 다음과 같이 주어진 경우

$$\vec{A} = A_1 \hat{i} + A_2 \hat{j} + A_3 \hat{k}$$

$$\vec{B} = B_1 \hat{i} + B_2 \hat{j} + B_3 \hat{k}$$

두 벡터의 내적은 성분을 이용하여 다음과 같이 계산할 수 있다.

$$\vec{A} \cdot \vec{B} = A_1 B_1 + A_2 B_2 + A_3 B_3$$

이로부터

- 벡터 $\vec{A}$의 크기:

$$|\vec{A}| = \sqrt{A_1^2 + A_2^2 + A_3^2}$$

- 벡터 $\vec{B}$의 크기:

$$|\vec{B}| = \sqrt{B_1^2 + B_2^2 + B_3^2}$$

또한, $\vec{A} \cdot \vec{A} = |\vec{A}|^2$ 이며, 마찬가지로 $\vec{B} \cdot \vec{B} = |\vec{B}|^2$ 이다.

내적의 특별한 경우

만약 두 벡터의 내적이 0이라면

$$\vec{A} \cdot \vec{B} = 0$$

이때, $\vec{A}$와 $\vec{B}$가 모두 영 벡터가 아니면, 이 둘은 서로 수직(직교)임을 의미한다.

[8] 외적 또는 벡터 곱 (Cross Product 또는 Vector Product)

두 벡터 $\vec{A}$와 $\vec{B}$의 외적은 또 다른 벡터 $\vec{C}$를 생성하며, 다음과 같이 정의된다.

$$\vec{C} = \vec{A} \times \vec{B}$$

이를 'A cross B' 또는 '벡터 곱'이라고 읽는다.

외적의 크기

벡터 $\vec{A} \times \vec{B}$의 크기는 $\vec{A}$와 $\vec{B}$의 크기와, 두 벡터가 이루는 각도의 사인값을 곱한 값으로 정의된다.

$$|\vec{A} \times \vec{B}| = AB \sin \theta$$

여기서

- $A = |\vec{A}|, B = |\vec{B}|$: 각 벡터의 크기
- θ : 두 벡터 사이의 각도 ($0 \leq \theta \leq \pi$)

- $\hat{u}$: 외적 벡터의 방향을 나타내는 단위 벡터

따라서, 외적 벡터는 다음과 같이 표현된다.

$$\vec{A} \times \vec{B} = AB \sin\theta\, \hat{u}$$

외적의 방향

벡터 $\vec{A}$와 $\vec{B}$의 외적 결과인 $\vec{C}$의 방향은 $\vec{A}$와 $\vec{B}$가 이루는 평면에 수직이며, 오른손 법칙에 따라 결정된다.

오른손 법칙

오른손의 네 손가락을 $\vec{A}$에서 $\vec{B}$로 구부릴 때, 엄지가 가리키는 방향이 $\vec{A} \times \vec{B}$의 방향이다.

외적의 성질

1. 교환법칙 성립 실패

$$\vec{A} \times \vec{B} = -\vec{B} \times \vec{A}$$

1. 분배법칙

$$\vec{A} \times (\vec{B} + \vec{C}) = \vec{A} \times \vec{B} + \vec{A} \times \vec{C}$$

1. 스칼라배와의 결합

$$m(\vec{A} \times \vec{B}) = (m\vec{A}) \times \vec{B} = \vec{A} \times (m\vec{B})$$

여기서 m은 스칼라(숫자) 값이다.

1. 기본 단위 벡터의 외적 관계

$$\hat{i} \times \hat{i} = \hat{j} \times \hat{j} = \hat{k} \times \hat{k} = 0$$

$$\hat{i} \times \hat{j} = \hat{k}, \quad \hat{j} \times \hat{k} = \hat{i}, \quad \hat{k} \times \hat{i} = \hat{j}$$

성분을 이용한 외적 표현

벡터 $\vec{A}$와 $\vec{B}$가 다음과 같이 주어졌을 때

$$\vec{A} = A_1\hat{i} + A_2\hat{j} + A_3\hat{k}$$

$$\vec{B} = B_1\hat{i} + B_2\hat{j} + B_3\hat{k}$$

외적은 행렬식으로 다음과 같이 계산된다.

$$\vec{A} \times \vec{B} = \begin{vmatrix} \hat{i} & \hat{j} & \hat{k} \\ A_1 & A_2 & A_3 \\ B_1 & B_2 & B_3 \end{vmatrix}$$

전개하면

$$\vec{A} \times \vec{B} = (A_2B_3 - A_3B_2)\hat{i} + (A_3B_1 - A_1B_3)\hat{j} + (A_1B_2 - A_2B_1)\hat{k}$$

외적의 기하학적 의미

벡터 $\vec{A} \times \vec{B}$의 크기는 벡터 $\vec{A}$와 $\vec{B}$가 만드는 평행사변형의 넓이에 해당한다.

외적이 0인 경우

만약

$$\vec{A} \times \vec{B} = 0$$

이고, $\vec{A}$와 $\vec{B}$가 영 벡터가 아니라면, 두 벡터는 평행 또는 같은 방향이다.

[9] 삼중곱 (Triple Products)

삼중곱은 세 벡터를 조합하여 스칼라 또는 벡터 값을 얻는 연산으로, 내적과 외적을 혼합하여 정의된다. 벡터 대수에서 매우 중요한 개념으로, 특히 부피, 평면의 방향, 평행 여부 등을 판단하는 데 활용된다.

스칼라 삼중곱 (Scalar Triple Product)

세 벡터 $\vec{A}$, $\vec{B}$, $\vec{C}$에 대해 다음과 같은 스칼라 삼중곱을 정의할 수 있다.

$$\vec{A} \cdot (\vec{B} \times \vec{C})$$

이 값은 하나의 스칼라(숫자)이며, 다음과 같은 특징이 있다:

$$\vec{A} \cdot (\vec{B} \times \vec{C}) \neq \vec{A} \times (\vec{B} \cdot \vec{C})$$

즉, 내적과 외적의 순서와 형태를 구분해야 한다.

스칼라 삼중곱의 성질 및 기하학적 의미

스칼라 삼중곱은 다음과 같이 순환 대칭성을 가진다.

$$\vec{A} \cdot (\vec{B} \times \vec{C}) = \vec{B} \cdot (\vec{C} \times \vec{A}) = \vec{C} \cdot (\vec{A} \times \vec{B})$$

단, 이 결과값은 $\vec{A}, \vec{B}, \vec{C}$가 이루는 방향(오른손 시스템 또는 왼손 시스템)에 따라 부호가 바뀔 수 있다.

(기하학적 해석)

$$\vec{A} \cdot (\vec{B} \times \vec{C})$$

이 값은 세 벡터 $\vec{A}, \vec{B}, \vec{C}$로 이루어지는 평행육면체의 부피를 나타낸다.

행렬식 표현

세 벡터가 각각 다음과 같이 주어졌을 때:

$$\vec{A} = A_1\hat{i} + A_2\hat{j} + A_3\hat{k}$$

$$\vec{B} = B_1\hat{i} + B_2\hat{j} + B_3\hat{k}$$

$$\vec{C} = C_1\hat{i} + C_2\hat{j} + C_3\hat{k}$$

스칼라 삼중곱은 행렬식으로 다음과 같이 계산한다.

$$\vec{A} \cdot (\vec{B} \times \vec{C}) = \begin{vmatrix} A_1 & A_2 & A_3 \\ B_1 & B_2 & B_3 \\ C_1 & C_2 & C_3 \end{vmatrix}$$

이 행렬식의 절댓값이 평행육면체의 부피를 나타내며, 부호는 $\vec{A}, \vec{B}, \vec{C}$가 오른손 좌표계를 이루는지 여부에 따라 결정된다.

벡터 삼중곱 (Vector Triple Product)

다음과 같은 벡터 삼중곱도 정의된다.

$$\vec{A} \times (\vec{B} \times \vec{C}) \neq (\vec{A} \times \vec{B}) \times \vec{C}$$

(주의) 벡터 삼중곱의 괄호 위치에 따라 결과가 다르며, 벡터 곱은 일반적으로 교환법칙을 만족하지 않는다.

A2-2. 행렬 (Matrices)

행렬은 현대 재료과학 및 공학 분야를 비롯해 다양한 학문 분야에서 필수적으로 활용되는 중요한 수학 도구이다. 특히 연속체 역학, 변형 해석, 열해석, 응력-변형률 관계 등을 다루는 데 있어 행렬 개념은 기본적인 배경지식으로 자리 잡았다. 이 절에서는 행렬 이론의 기초 개념을 중심으로, 공학 및 과학 분야의 학습을 위한 기반을 제공한다.

[1] 행렬의 정의

행렬(matrix)은 수 또는 함수들을 직사각형 형태로 배열한 것이다. 일반적으로 다음과 같이 표현한다.

$$[a_{ij}] = \begin{bmatrix} a_{11} & a_{12} & \cdots & a_{1n} \\ a_{21} & a_{22} & \cdots & a_{2n} \\ \vdots & \vdots & \ddots & \vdots \\ a_{m1} & a_{m2} & \cdots & a_{mn} \end{bmatrix}$$

여기서:

- a_{ij} : 행렬의 각 요소 또는 성분
- 첫 번째 첨자 i : 해당 요소가 위치한 행(row)을 나타냄
- 두 번째 첨자 j : 해당 요소가 위치한 열(column)을 나타냄
- m : 행의 개수
- n : 열의 개수

이때 m행 n열로 구성된 행렬을 $m \times n$차수(matrix of size $m \times n$)라고 한다.

예시로:

- 두 번째 행의 모든 요소는 첫 번째 첨자 $i = 2$
- 다섯 번째 열의 모든 요소는 두 번째 첨자 $j = 5$로 구분한다.

[2] 정방행렬 (Square Matrices)

행렬의 행과 열의 개수가 같을 때, 즉 $m = n$인 경우 이를 정방행렬(square matrix)이라고 부른다.

정방행렬 $[a_{ij}]$에서:

- $a_{11}, a_{22}, \ldots, a_{nn}$ 는 대각선 요소(diagonal elements)라고 한다.

정방행렬에서 대각선 요소들의 합은 트레이스(trace)라고 부르며, 다음과 같이 정의한다.

$$\text{trace}(A) = a_{11} + a_{22} + \cdots + a_{nn}$$

트레이스는 선형대수, 응력-변형률 해석, 변형률 텐서의 특성 분석 등 여러 공학적 해석에서 중요한 역할을 한다.

[3] 동일행렬 (Equal Matrices)

두 행렬 **A** = $[a_{ij}]$와 **B** = $[b_{ij}]$가 다음 조건을 모두 만족할 때, 두 행렬은 서로 **동일하다**고 말한다.

- 행렬 **A**와 **B**는 동일한 크기(차수)를 가진다. 즉, 두 행렬 모두 $m \times n$ 행렬이어야 한다.
- 모든 대응되는 원소가 같다.

$$a_{ij} = b_{ij} \quad (i = 1, 2, \ldots, m; \quad j = 1, 2, \ldots, n)$$

즉, 각 행과 열에 위치하는 모든 성분이 정확히 같아야만 두 행렬을 동일하다고 한다.

[4] 영행렬 (Zero Matrix)

영행렬이란, 모든 원소가 0으로 구성된 행렬을 의미한다.

- 표기법: 행렬 **A** = 0
- 구성 예: $m \times n$ 행렬의 모든 요소가 0인 경우

영행렬도 일반 행렬처럼 차수를 가진다. 예를 들어, 3×3 영행렬과 2×3 영행렬은 서로 다른 행렬이다. 간략히 표현할 때는 행렬 전체 대신 **A** = 0이라고 쓰기도 한다.

[4] 행렬의 합 (Sums of Matrices)

동일한 차수를 갖는 두 행렬 $\mathbf{A} = [a_{ij}]$와 $\mathbf{B} = [b_{ij}]$에 대해, 행렬의 합 또는 차는 다음과 같이 각 대응되는 원소끼리 더하거나 빼서 구한다.

$$\mathbf{C} = [c_{ij}] = \mathbf{A} \pm \mathbf{B} = [a_{ij} \pm b_{ij}]$$

즉:
- 행렬의 덧셈과 뺄셈은 오직 동일한 차수의 행렬들끼리만 가능하다.
- 각 위치의 원소들을 서로 더하거나 뺀 결과로 새로운 행렬이 생성된다.

예시:

$$\mathbf{A} = \begin{bmatrix} 1 & 2 \\ 3 & 4 \end{bmatrix}, \quad \mathbf{B} = \begin{bmatrix} 5 & 6 \\ 7 & 8 \end{bmatrix}$$

$$\mathbf{A} + \mathbf{B} = \begin{bmatrix} 1+5 & 2+6 \\ 3+7 & 4+8 \end{bmatrix} = \begin{bmatrix} 6 & 8 \\ 10 & 12 \end{bmatrix}$$

[5] 행렬의 곱 (Multiplication of Matrices)

행렬 곱셈은 선형대수학에서 매우 중요한 연산으로, 벡터 연산, 변환 표현, 공학 해석 등 다양한 분야에서 폭넓게 사용된다. 이 절에서는 행렬 곱의 기본 원리와 계산 방법을 단계적으로 설명한다.

1. 벡터 내적 형태의 행렬 곱

우선 1행 m열 행렬(또는 열 벡터)와 m행 1열 행렬(또는 행 벡터)의 곱을 살펴본다.

예시:
- 1행 m열 행렬 $\mathbf{A}$:

$$\mathbf{A} = [a_{11}, a_{12}, \cdots, a_{1m}]$$

- m행 1열 행렬 **B**:

$$\mathbf{B} = \begin{bmatrix} b_{11} \\ b_{21} \\ \vdots \\ b_{m1} \end{bmatrix}$$

이 두 행렬을 곱하면 결과는 1행 1열, 즉 하나의 수(스칼라)가 된다.

$$\mathbf{C} = \mathbf{A} \times \mathbf{B} = [a_{11}b_{11} + a_{12}b_{21} + \cdots + a_{1m}b_{m1}] = \left[\sum_{k=1}^{m} a_{1k}b_{k1}\right]$$

이 연산은 벡터 내적과 동일하며, 각 대응되는 성분을 곱하고 모두 더하는 방식이다.

2. 일반적인 행렬 곱

더 일반적인 형태로, $m \times p$ 행렬 **A**와 $p \times n$ 행렬 **B**의 곱을 정의할 수 있다.

- 행렬 **A**:

$$\mathbf{A} = [a_{ij}] \quad (i = 1, 2, \cdots, m; \quad j = 1, 2, \cdots, p)$$

- 행렬 **B**:

$$\mathbf{B} = [b_{ij}] \quad (i = 1, 2, \cdots, p; \quad j = 1, 2, \cdots, n)$$

곱의 결과: $m \times n$ 행렬 **C**=$[c_{ij}]$이며, 각 성분 c_{ij}는 다음과 같이 계산한다:

$$c_{ij} = a_{i1}b_{1j} + a_{i2}b_{2j} + \cdots + a_{ip}b_{pj} = \sum_{k=1}^{p} a_{ik}b_{kj}$$

여기서:

- $i = 1, 2, \cdots, m$: 결과 행렬 **C**의 행 위치

- $j = 1, 2, \cdots, n$: 결과 행렬 **C**의 열 위치

요약:
- 행렬 곱이 정의되기 위해서는, 앞 행렬 **A**의 열 수 p와 뒤 행렬 **B**의 행 수 p가 같아야 한다.
- 결과 행렬 **C**의 크기는 m × n이다.

3. 행렬 곱의 물리적 의미

행렬 곱은 선형 변환, 시스템 방정식 표현, 텐서 연산, 회전 행렬, 응력 변환 등 다양한 물리 및 공학적 현상을 수학적으로 표현할 때 핵심적인 역할을 한다.

(예제 A1)

$$\begin{bmatrix} 2 & 3 & 4 \end{bmatrix} \begin{bmatrix} 1 \\ -1 \\ 2 \end{bmatrix} = 2(1) + 3(-1) + 4(2) = 7$$

즉, 1행 3열 행렬과 3행 1열 행렬을 곱하면 스칼라 값이 나온다.

(예제 A2)

$$\mathbf{A} = \begin{bmatrix} a_{11} & a_{12} \\ a_{21} & a_{22} \\ a_{31} & a_{32} \end{bmatrix}, \quad \mathbf{B} = \begin{bmatrix} b_{11} & b_{12} \\ b_{21} & b_{22} \end{bmatrix}$$

$$\mathbf{A} \times \mathbf{B} = \begin{bmatrix} a_{11}b_{11} + a_{12}b_{21} & a_{11}b_{12} + a_{12}b_{22} \\ a_{21}b_{11} + a_{22}b_{21} & a_{21}b_{12} + a_{22}b_{22} \\ a_{31}b_{11} + a_{32}b_{21} & a_{31}b_{12} + a_{32}b_{22} \end{bmatrix}$$

이와 같이 행렬 곱은 성분별로 정의에 따라 계산한다.

[6] 특수 행렬: 삼각 행렬 (Triangular Matrices)

정방 행렬 **A**에서 특정 위치의 원소가 0인 경우, 삼각 행렬로 구분한다.

- 상삼각 행렬 (Upper Triangular Matrix)

    $i > j$인 경우, $a_{ij} = 0$

$$\begin{bmatrix} a_{11} & a_{12} & \cdots & a_{1n} \\ 0 & a_{22} & \cdots & a_{2n} \\ 0 & 0 & \ddots & \vdots \\ 0 & 0 & \cdots & a_{nn} \end{bmatrix}$$

- 하삼각 행렬 (Lower Triangular Matrix)

    $i < j$인 경우, $a_{ij} = 0$

$$\begin{bmatrix} a_{11} & 0 & \cdots & 0 \\ a_{21} & a_{22} & \cdots & 0 \\ \vdots & \vdots & \ddots & 0 \\ a_{n1} & a_{n2} & \cdots & a_{nn} \end{bmatrix}$$

[7] 대각 행렬 (Diagonal Matrix)

모든 비대각 원소가 0인 정방 행렬을 대각 행렬이라 한다.

$$\mathbf{D} = \begin{bmatrix} a_{11} & 0 & \cdots & 0 \\ 0 & a_{22} & \cdots & 0 \\ 0 & 0 & \ddots & 0 \\ 0 & 0 & \cdots & a_{nn} \end{bmatrix}$$

또는 다음과 같이 간략히 표현한다.

$$\mathbf{D} = \mathrm{diag}(a_{11}, a_{22}, \cdots, a_{nn})$$

특히:

- 모든 대각 원소가 동일한 값 k일 경우: 스칼라 행렬 (Scalar Matrix)
- $k=1$인 경우: 단위 행렬 (Identity Matrix)

[8] 단위 행렬 (Identity Matrix)

단위 행렬 I_n 은 $n \times n$ 정방 행렬로, 주대각선에 1, 나머지 원소는 0이다.

(예시)

$$I_2 = \begin{bmatrix} 1 & 0 \\ 0 & 1 \end{bmatrix}, \quad I_3 = \begin{bmatrix} 1 & 0 & 0 \\ 0 & 1 & 0 \\ 0 & 0 & 1 \end{bmatrix}$$

단위 행렬의 중요한 성질

$$I_n \times A = A \times I_n = A$$

(예시)

$$A = \begin{bmatrix} 1 & 2 & 3 \\ 4 & 5 & 6 \end{bmatrix}$$

$$I_2 \times A = A \times I_3 = A$$

단위 행렬은 행렬 연산에서 '곱셈 항등원' 역할을 한다.

[9] 역행렬 (Inverse Matrix)

정방행렬 A와 B에 대해 다음 관계를 만족한다면, B는 A의 역행렬이라고 한다:

$$A \times B = B \times A = I$$

여기서

- I는 단위행렬(Identity Matrix)
- $B = A^{-1}$ (B equals A inverse)

즉, 역행렬은 행렬을 곱했을 때 단위행렬을 만드는 행렬을 의미한다.

(예시)

$$\mathbf{A} = \begin{bmatrix} 1 & 2 & 3 \\ 1 & 3 & 3 \\ 1 & 2 & 4 \end{bmatrix}, \quad \mathbf{B} = \begin{bmatrix} 6 & -2 & -2 \\ 3 & -1 & 0 \\ -1 & 0 & 1 \end{bmatrix}$$

이때, 계산 결과

$$\mathbf{A} \times \mathbf{B} = \begin{bmatrix} 1 & 0 & 0 \\ 0 & 1 & 0 \\ 0 & 0 & 1 \end{bmatrix} = \mathbf{I}$$

따라서 $\mathbf{B}$는 $\mathbf{A}$의 역행렬이다.

(주의) 모든 정방행렬이 역행렬을 가지는 것은 아니다. 역행렬이 존재하려면 행렬의 행렬식(Determinant)이 0이 아니어야 한다.

[10] 전치행렬 (Transpose of a Matrix)

행렬 $\mathbf{A}$의 전치행렬은 행과 열을 서로 바꾼 행렬을 의미하며, $\mathbf{A}^T$로 표시한다. m × n 행렬 $\mathbf{A}$의 전치행렬은 n × m 행렬 $\mathbf{A}^T$이다.

(예시)

$$\mathbf{A} = \begin{bmatrix} 1 & 2 & 3 \\ 4 & 5 & 6 \end{bmatrix}$$

전치행렬은

$$\mathbf{A}^T = \begin{bmatrix} 1 & 4 \\ 2 & 5 \\ 3 & 6 \end{bmatrix}$$

즉, $\mathbf{A}$의 i행 j열의 원소 a_{ij}는, 전치행렬 $\mathbf{A}^T$에서 j행 i열에 위치하게 된다.

[11] 대칭행렬 (Symmetric Matrices)

정방행렬 **A**가 다음 조건을 만족할 때, **A**를 대칭행렬이라고 한다.

$$\mathbf{A}^T = \mathbf{A}$$

즉, 전치행렬을 취해도 원래 행렬과 동일해야 한다. 다시 말해, 모든 원소에 대해:

$$a_{ij} = a_{ji}$$

(예시)

$$\mathbf{A} = \begin{bmatrix} 1 & 2 & 3 \\ 2 & 4 & -5 \\ 3 & -5 & 6 \end{bmatrix}$$

위 행렬은 대칭행렬이며, 임의의 스칼라 k에 대해 $k\mathbf{A}$도 대칭행렬이 된다.

[12] 비대칭행렬 (Skew-Symmetric Matrices)

정방행렬 **A**가 다음을 만족하면 비대칭행렬 또는 스큐대칭행렬이라 한다.

$$\mathbf{A}^T = -\mathbf{A}$$

즉, 전치행렬을 취하면 원래 행렬의 부호가 반대가 된다. 모든 원소에 대해:

$$a_{ij} = -a_{ji}$$

이로부터 대각선 상의 모든 원소는 0이 된다.

(예시)

$$\mathbf{A} = \begin{bmatrix} 0 & -2 & 3 \\ 2 & 0 & 4 \\ -3 & -4 & 0 \end{bmatrix}$$

위 행렬은 비대칭행렬이며, 역시 임의의 스칼라 k에 대해 $k\mathbf{A}$도 비대칭행렬이다.

[13] 순열과 반전 (Permutation and Inversion)

순열(Permutation)이란, 주어진 숫자들의 순서를 바꾸어 나열하는 경우의 수를 의미한다. 예를 들어, 정수 1, 2, 3의 순열은 다음과 같다.

$$\{1,2,3\}, \quad \{1,3,2\}, \quad \{2,1,3\}, \quad \{2,3,1\}, \quad \{3,1,2\}, \quad \{3,2,1\}$$

총 3!=6개의 순열이 존재한다.

[14] 반전 (Inversion)

순열 내에서 큰 수가 작은 수 앞에 오는 경우를 반전(inversion)이라고 한다.
- 반전 수가 짝수이면 해당 순열을 짝순열(even permutation)이라고 한다.
- 반전 수가 홀수이면 해당 순열을 홀순열(odd permutation)이라고 한다.

(예시)
- 순열 1, 2, 3 : 반전 없음 → 짝순열
- 순열 1, 3, 2 : 3이 2 앞에 있으므로 1번 반전 → 홀순열
- 순열 3, 1, 2 : 3이 1, 2 앞에 있으므로 2번 반전 → 짝순열

순열의 짝/홀 구분은 determinant 계산, 부호 결정 등 여러 수학적 연산에서 중요한 역할을 한다.

[15] 정방행렬의 Determinant

정방행렬(Square Matrix) $\mathbf{A}$가 다음과 같이 주어진다고 하자.

$$\mathbf{A} = \begin{bmatrix} a_{11} & a_{12} & \cdots & a_{1n} \\ a_{21} & a_{22} & \cdots & a_{2n} \\ \vdots & \vdots & \ddots & \vdots \\ a_{n1} & a_{n2} & \cdots & a_{nn} \end{bmatrix}$$

이때, **A**의 determinant는 |**A**| 또는 det(**A**)로 표현한다.

Determinant는 다음과 같이 모든 가능한 순열을 고려하여 정의된다.

$$|A| = \sum_{\rho} \epsilon_{j_1 j_2 \cdots j_n} a_{1j_1} a_{2j_2} \cdots a_{nj_n}$$

여기서

- $\rho = n!$은 정수 1, 2,..., n의 모든 순열을 의미한다.
- $j_1, j_2, ..., j_n$은 각 순열에 해당하는 인덱스이다.
- $\epsilon_{j_1 j_2 \cdots j_n}$는 순열의 부호로, 순열이 짝순열(even permutation)인지 홀순열(odd permutation)인지에 따라 값이 달라진다.
    - 짝순열인 경우 $\epsilon = +1$
    - 홀순열인 경우 $\epsilon = -1$

즉, 행렬의 determinant는 행렬의 각 성분을 곱한 값에 순열의 부호를 곱해 모두 더한 결과이다.

특히 3차 행렬의 경우, 순열에 따라 다음과 같이 정의된다:

$$a_{ijk} = \begin{cases} +1, & \text{if } (i,j,k)\text{가 짝순열을 이룸} \\ -1, & \text{if } (i,j,k)\text{가 홀순열을 이룸} \\ 0, & \text{if } (i,j,k)\text{가 중복되어 순열을 이루지 않음} \end{cases}$$

(예시)

- 순열 (1, 2, 3) → 짝순열 → $a_{ijk} = +1$
- 순열 (1, 3, 2) → 홀순열 → $a_{ijk} = -1$
- 인덱스가 중복될 경우(예: $i = j$) → $a_{ijk} = 0$

Determinant는 다음과 같은 중요한 물리적, 수학적 의미를 가진다.

- $|\mathbf{A}| = 0$ → 행렬이 특이행렬(Singular Matrix), 역행렬 존재하지 않음

- $|\mathbf{A}| \neq 0$ → 역행렬 존재

- 기하학적으로는 행렬에 의해 변환된 공간의 면적 또는 부피 스케일링을 나타낸다.

[16] 2차 및 3차 행렬의 Determinant

2차 정방행렬 $\mathbf{A}$가 다음과 같이 주어졌을 때

$$\mathbf{A} = \begin{bmatrix} a_{11} & a_{12} \\ a_{21} & a_{22} \end{bmatrix}$$

Determinant는 다음과 같이 계산한다.

$$|\mathbf{A}| = a_{11}a_{22} - a_{12}a_{21}$$

3차 정방행렬 $\mathbf{A}$가 다음과 같이 주어졌을 때

$$\mathbf{A} = \begin{bmatrix} a_{11} & a_{12} & a_{13} \\ a_{21} & a_{22} & a_{23} \\ a_{31} & a_{32} & a_{33} \end{bmatrix}$$

행렬식은 다음과 같이 전개하여 구한다.

$$|\mathbf{A}| = a_{11}(a_{22}a_{33} - a_{23}a_{32}) - a_{12}(a_{21}a_{33} - a_{23}a_{31}) + a_{13}(a_{21}a_{32} - a_{22}a_{31})$$

위 전개는 소행렬(Minor)과 여인수(Cofactor)를 이용한 전개법이다.

(예제 A3)

다음 2차 행렬을 고려하자.

$$\mathbf{A} = \begin{bmatrix} 1 & 2 \\ 3 & 4 \end{bmatrix}$$

Determinant는

$$|\mathbf{A}| = (1)(4) - (2)(3) = 4 - 6 = -2$$

(예제 A4)

다음 3차 행렬의 determinant를 구하자.

$$\mathbf{A} = \begin{bmatrix} 2 & 3 & 5 \\ 1 & 0 & 1 \\ 2 & 1 & 0 \end{bmatrix}$$

전개하면

$$|\mathbf{A}| = 2 \begin{vmatrix} 0 & 1 \\ 1 & 0 \end{vmatrix} - 3 \begin{vmatrix} 1 & 1 \\ 2 & 0 \end{vmatrix} + 5 \begin{vmatrix} 1 & 0 \\ 2 & 1 \end{vmatrix}$$

각 소행렬의 행렬식은

$$\begin{vmatrix} 0 & 1 \\ 1 & 0 \end{vmatrix} = (0)(0) - (1)(1) = -1$$

$$\begin{vmatrix} 1 & 1 \\ 2 & 0 \end{vmatrix} = (1)(0) - (1)(2) = -2$$

$$\begin{vmatrix} 1 & 0 \\ 2 & 1 \end{vmatrix} = (1)(1) - (0)(2) = 1$$

따라서

$$|\mathbf{A}| = 2(-1) - 3(-2) + 5(1) = -2 + 6 + 5 = 9$$

[17] 소행렬(Minor)과 여인수(Cofactor)

정방행렬 **A**의 i번째 행과 j번째 열의 원소 a_{ij}를 기준으로, 그 행과 열을 제거한 나머지 $(n-1) \times (n-1)$ 정방행렬의 행렬식을 소행렬(minor) 또는 $|M_{ij}|$로 정의한다.

소행렬에 부호를 곱한 값을 여인수(cofactor)라고 한다.

수식으로 표현하면

$$\alpha_{ij} = (-1)^{i+j}|M_{ij}|$$

여기서

- $|M_{ij}|$: a_{ij}에 대응되는 소행렬의 행렬식

- α_{ij} : a_{ij}의 여인수

3차 행렬 **A**가 다음과 같이 주어졌을 때

$$\mathbf{A} = \begin{bmatrix} a_{11} & a_{12} & a_{13} \\ a_{21} & a_{22} & a_{23} \\ a_{31} & a_{32} & a_{33} \end{bmatrix}$$

소행렬 계산은 다음과 같다.

- $|M_{11}|$: 1행 1열 제거

$$|M_{11}| = \begin{vmatrix} a_{22} & a_{23} \\ a_{32} & a_{33} \end{vmatrix}$$

- $|M_{12}|$: 1행 2열 제거

$$|M_{12}| = \begin{vmatrix} a_{21} & a_{23} \\ a_{31} & a_{33} \end{vmatrix}$$

- $|M_{13}|$: 1행 3열 제거

$$|M_{13}| = \begin{vmatrix} a_{21} & a_{22} \\ a_{31} & a_{32} \end{vmatrix}$$

여인수 계산은 다음과 같다.

$$\alpha_{11} = (-1)^{1+1}|M_{11}| = |M_{11}|$$
$$\alpha_{12} = (-1)^{1+2}|M_{12}| = -|M_{12}|$$
$$\alpha_{13} = (-1)^{1+3}|M_{13}| = |M_{13}|$$

3차 행렬 **A**의 determinant는 다음과 같이 여인수를 이용해 전개할 수 있다.

$$|\mathbf{A}| = a_{11}\alpha_{11} + a_{12}\alpha_{12} + a_{13}\alpha_{13}$$

이는 주로 첫 번째 행을 기준으로 한 전개이지만, 임의의 행 또는 열을 기준으로 동일한 방식으로 전개가 가능하다.

[18] 정방행렬의 수반행렬 (Adjoint of a Square Matrix)

정방행렬 $\mathbf{A} = [a_{ij}]$ 에 대해, 각 원소 a_{ij}의 여인수(cofactor)를 이용하여 수반행렬(Adjoint)을 정의할 수 있다.

행렬 $\mathbf{A}$의 여인수를 α_{ij}라 할 때, 수반행렬 adj $\mathbf{A}$ 또는 Adjoint $\mathbf{A}$는 다음과 같이 구성된다.

$$\mathrm{adj}\,\mathbf{A} = \begin{bmatrix} \alpha_{11} & \alpha_{12} & \cdots & \alpha_{1n} \\ \alpha_{21} & \alpha_{22} & \cdots & \alpha_{2n} \\ \vdots & \vdots & \ddots & \vdots \\ \alpha_{n1} & \alpha_{n2} & \cdots & \alpha_{nn} \end{bmatrix}$$

여기서 α_{ij}는 다음과 같이 정의된 여인수이다.

$$\alpha_{ij} = (-1)^{i+j}|M_{ij}|$$

$|M_{ij}|$는 i행과 j열을 제거한 나머지 (n-1)차 소행렬의 행렬식이다.

(주의) $\mathbf{A}$의 i번째 행의 여인수들은 adj $\mathbf{A}$의 i번째 열의 요소와 일치하므로, 행과 열의 전치 관계에 주의해야 한다.

행렬 $\mathbf{A}$와 그 수반행렬 adj $\mathbf{A}$를 곱하면 다음과 같은 결과가 성립한다.

$$\mathbf{A} \times \operatorname{adj} \mathbf{A} = \begin{bmatrix} a_{11} & a_{12} & \cdots & a_{1n} \\ a_{21} & a_{22} & \cdots & a_{2n} \\ \vdots & \vdots & \ddots & \vdots \\ a_{n1} & a_{n2} & \cdots & a_{nn} \end{bmatrix} \times \begin{bmatrix} \alpha_{11} & \alpha_{12} & \cdots & \alpha_{1n} \\ \alpha_{21} & \alpha_{22} & \cdots & \alpha_{2n} \\ \vdots & \vdots & \ddots & \vdots \\ \alpha_{n1} & \alpha_{n2} & \cdots & \alpha_{nn} \end{bmatrix} = |\mathbf{A}| \times \mathbf{I}_n$$

여기서

- $|\mathbf{A}|$는 $\mathbf{A}$의 determinant

- $\mathbf{I}_n$은 $n \times n$ 단위행렬

[19] 역행렬 (Inverse Matrix)의 계산

정방행렬 $\mathbf{A}$에 대해, 만약 $\mathbf{A}$가 비특이행렬(non-singular matrix), 즉 determinant $|\mathbf{A}|$가 0이 아닌 경우, 역행렬을 다음과 같이 구할 수 있다.

행렬 $\mathbf{A}^{-1}$은 다음과 같이 정의된다.

$$\mathbf{A}^{-1} = \frac{\operatorname{adj} \mathbf{A}}{|\mathbf{A}|}$$

여기서

- adj A는 A의 수반행렬(adjoint matrix)

- $|\mathbf{A}|$는 A의 determinant

연습문제

1. 아래 두 벡터
$$\vec{r_1} = 2\vec{i} + 4\vec{j} - 5\vec{k}, \quad \vec{r_2} = \vec{i} + 2\vec{j} + 3\vec{k}$$
의 합 벡터에 평행한 단위 벡터를 구하시오.

2. 초기점 $P(x_1, y_1, z_1)$및 종단점 $Q(x_2, y_2, z_2)$를 가진 벡터를 결정하고 그 크기를 계산하시오.

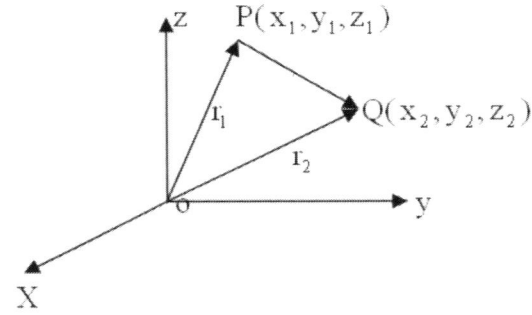

3. 벡터 $\vec{r} = x\vec{i} + y\vec{j} + z\vec{k}$ 이 좌표축의 양의 방향과 만드는 각도 α, β, γ를 결정하고 다음을 증명하시오.
$$\cos^2 \alpha + \cos^2 \beta + \cos^2 \gamma = 1$$

4. 벡터 $\vec{A}$의 $\vec{B}$에 대한 투영이 $\vec{A} \cdot \vec{b}$와 같음을 증명하시오. 여기서 $\vec{b}$는 $\vec{B}$방향의 단위 벡터이다.

5. $|\vec{A} \times \vec{B}|^2 + |\vec{A} \cdot \vec{B}|^2 = |\vec{A}|^2|\vec{B}|^2$ 임을 보이시오.

6. 만일 $\vec{A} = 2\vec{i} - 3\vec{j} - \vec{k}$, $\vec{B} = \vec{i} + 4\vec{j} - 2\vec{k}$ 인 경우 다음을 증명하시오.

(a) $\vec{A} \times \vec{B}$
(b) $\vec{B} \times \vec{A}$
(c) $(\vec{A} + \vec{B}) \times (\vec{A} - \vec{B})$

7. 변 $\vec{A}$와 $\vec{B}$로 구성된 평행사변형 면적이 $|\vec{A} \times \vec{B}|$임을 증명하시오.

8. $\vec{A} = 2\vec{i} - 6\vec{j} - 3\vec{k}$, $\vec{B} = 4\vec{i} + 3\vec{j} - \vec{k}$의 면에 수직한 단위 벡터를 결정하시오. $\vec{A} \times \vec{B}$는 $\vec{A}$와 $\vec{B}$가 놓인 면에 수직한 벡터이다.

9. 아래 행렬

$$\mathbf{A} = \begin{bmatrix} 1 & 2 & 3 \\ 2 & 3 & 2 \\ 3 & 3 & 4 \end{bmatrix}$$

의 Adjoint를 결정하시오.

10. 아래 행렬에 대한 Adjoint와 역행렬을 구하시오.

$$\begin{bmatrix} 1 & 2 & -1 \\ -1 & 1 & 2 \\ 2 & -1 & 1 \end{bmatrix}$$

참고문헌

1. *Theory and Problems of Vector Analysis*, by Murry R Spiegel, Metric Editions, Schaum's Outline Series.
2. *Theory and Problems of Matices*, by JR Frandk Ayres, Metric Editions, Schaum's Outline Series.

재료의 변형 거동 및 강화기구
Deformation Behavior and Strengthening Mechanisms of Materials

2025년 8월 10일 초판 1쇄 인쇄
2025년 8월 20일 초판 1쇄 발행

저　자	최 시 훈 · 지음
발 행 처	도서출판 에듀컨텐츠휴피아
발 행 인	李 相 烈
등록번호	제2017-000042호 (2002년 1월 9일 신고등록)
주　소	서울 광진구 자양로 28길 98, 동양빌딩
전　화	(02) 443-6366
팩　스	(02) 443-6376
e-mail	iknowledge@naver.com
web	http://cafe.naver.com/eduhuepia
만든사람들	기획 · 김수아 / 책임편집 · 이진훈 박현경 하지수 정민경 디자인 · 유충현 / 영업 · 이순우
ISBN	978-89-6356-510-1 (93550)
정　가	24,000원

이 책은 저작권법에 따라 보호받는 저작물이므로 무단전재와 무단복제를 금지하며, 책 내용의 전부 또는 일부를 이용하려면 반드시 저작권자의 서면 동의를 받아야 합니다.